전차선로 및 시설유지보수

박창옥 · 정이섭 공저

도서출판 태영문화사

머리말

전기철도를 20대 중반에 처음 접하였으며 시작부터 생소하여 조금 부담스러워 했던 기억이지만 지금은 누군가 선택의 기로에서 갈등을 겪는다면 전철인으로서 삶이 보람 있었고 지인들에게 건하고 싶다는 생각을 갖게 되었다.

강원도 영동선 동해전기사무소에 발령 받으면서 방황과 갈등은 끝이나고 나의 인생은 전기철도와 함께 새로운 전환기를 맞이하였다. 70년도초 근대화 초석인 석탄, 시멘트, 철강 등 화물수송을 목적으로 산업선 전철화사업이 시작되었고 국가 대동맥으로서 지역 경제발전 및 국민 생활수준 향상에 크게 공헌하였다는 것은 누구나 부인할 수 없을 것이다.

특히 전기철도는 우수한 견인력으로 대용량 장거리수송에 유리하며 또한 매연이 없고, 소음이 적어서 도시간 근거리 교통망으로 적합하며, 대도시 밀집공간 인구분산의 성과와 무엇보다도 공해문제 해소의 최고 친환경적인 교통수단으로 오래전부터 우리 곁에 가까이 하였다.

최근 전기철도의 건설은 2004. 4. 1일 역사적인 경부고속철도 300[km/h] 시대를 열었으며 첨단기술의 발전을 거듭하여 무인설비, 자동화설비의 구축으로 인건비, 운영비감축 등 예산절감 효과가 기대되어 기존선 전철화사업이 계속 증가추세에 있다. 산업선 전기철도의 발전은 1973년 중앙선 청량리～제천간 개통을 시작으로 1974년 태백선 제천～고한, 1975년에는 고한～동해간 산업선 전철이 개통되었다. 1980년 중반에는 수도권방식을 산업선에 접목하여 기술발전의 초석을 이루었다. 또한 많은 전철인의 노력으로 이렇게 우리나라 전기철도의 중흥기를 마련하였으며 최근 수도권 전철을 중심으로 지방도시에도 전기철도의 건설이 계속 확장되어 가고 있다.

그러나 사업의 확장도 중요하지만 기존 시설물 유지보수를 철저히 하여 철도인의 최대사명인 열차안전운행 확보 및 장애사고를 사전에 예방하기 위하여 시설물 안전점검에 심혈을 기울려야 한다.

열악한 주변 환경과 선로구조가 취약하고 대부분 산악철도로 형성된 산업선 전철시설물을 오랜 기간 유지보수 및 공사시공을 담당하면서 축적된 경험과 국내 기존자료를 정리하여 전차선 실습교재를 출간하게 되었으며 앞으로 전기철도를 배우는 후배들에게 조금이나마 쉽게 적응하고 이론과 실무를 터득하는데 보탬이 되길 바란다.

앞으로도 본서의 수정이 필요한 부분이나 내용이 미흡한 것은 작은 소리라도 가볍게 생각하지 않겠으며, 그리고 아직까지 전철교재가 풍부하지 못하여 기존자료를 일부 참조한 부분도 있지만 가급적 현장 경험을 최대한 반영하여 작성하였으니, 표현의 차이를 하나의 잣대로 가름하지 않길 바라며 또한 부족한 부분은 추가로 보완할 것이다.

본 서는 전기철도 분야의 실무도서로 이해하고 또한 전기철도 기사시험, 기타 전기분야 자격시험 등 현장실무에 직접 활용할 수 있도록 하였다.

인근 변전설비 기본내용을 추가하였으며 사고(장애)복구, 안전사고 예방 등 전차선 분야를 집중적으로 다루었다.

끝으로 전차선 실습교재를 출간하는데 도와주신 많은 전철인 선·후배 등 관계분들께 깊은 감사를 드립니다.

저자 씀.

차 례

제1장 전차선 실습

제2장 전차선 실습(시설)

제3장 전차선 실습

붙 임

제 1 장

전차선 실습

실습 1

전기철도의 구성 및 급전계통도 이해

1. 실습목적

전기철도(電氣鐵道) 구성요소 및 특성을 파악하고 변전설비(變電設備)에서 전차선로(電車線路) 급전(給電) 계통도를 이해한다.

2. 관련이론

전기철도(Electric Railway)는『전기를 주동력으로 하는 전기차를 운행하여 여객 및 화물수송을 하는 철도를 말한다』라고 정의한다.

(1) 전기철도의 구성

전기차에 적정한 전력을 변성(變成)하고 분배해주는 전철변전소와 전력을 전기차까지 공급하는 급전선로(전차선로) 및 부하설비인 전기차로 구성되어 있다.

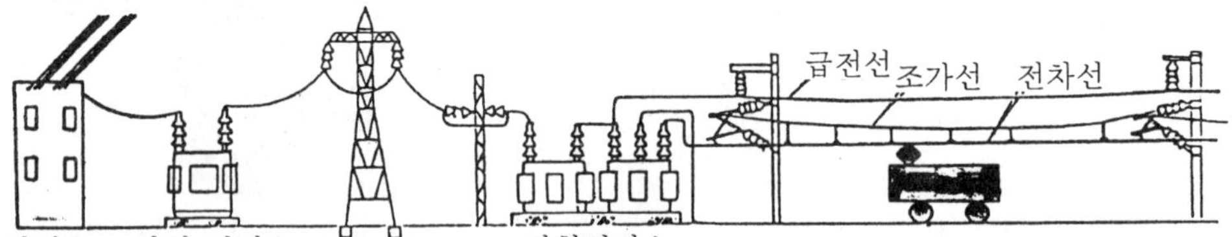

※ 그림 1-1 전기철도 수전계통도 ※

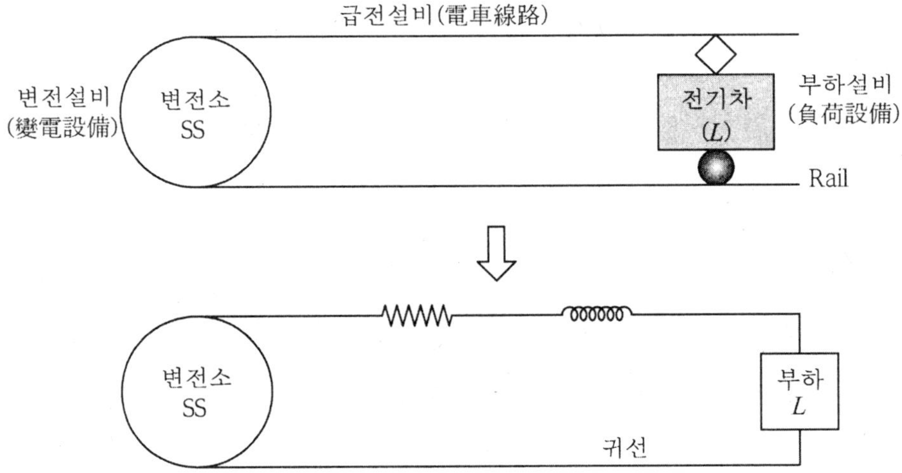

※ 그림 1-2 전기철도 구성 ※

(가) 직류급전방식(Direct Current)

일반전력 계통으로부터 수전하는 특별고압(22.9[kV], 154[kV] 등)의 교류전기를 철도용 변전소 변압기에서 적절한 전압으로(1,200[V] 등) 강압하여 정류기에 의한 장치에서 직류(1,500[V] 등)로 변환 전차선로에 직류전력을 공급하여 운전을 하는 방식으로 세계 전기철도의 약 43[%]를 점유한다.

✍ 직류 급전방식 관련도(例)

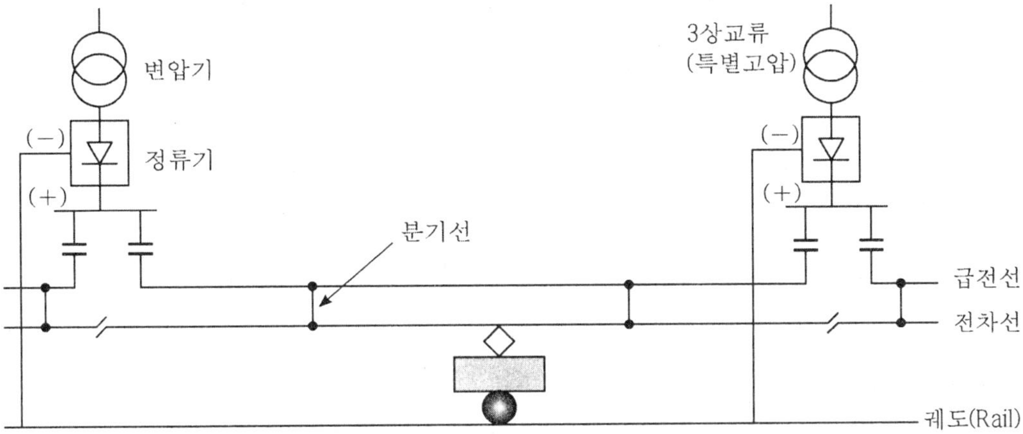

※ 그림 1-3 직류 급전방식 ※

> 📖 **참고**
>
> 직류방식의 특징은 전압이 낮아 절연계급을 낮출 수 있고 통신유도장해가 없으며 경량, 단거리 수송에 유리하나 운전전류가 커서 누설전류에 의한 전식(電蝕) 대책이 필요하다.

(나) 교류 급전방식(Alternating Current)

일반적으로 한전변전소로부터 수전하는 상용주파수 3상 전기를 변환장치에 의해 단상교류 전기를 전차선로에 공급하여 운전하는 방식으로 세계 전기철도의 57[%]가 이 방식을 채택하고 있다.

또한 급전방식에 따라 직접방식, 흡상 변압기방식(BT), 단권변압기(AT)방식으로 구분된다.

① **직접 급전방식**(Simple Feeding System) : 가장 간단한 급전회로이며 구성은 전차선로 레일만으로 된 것과 레일과 병렬로 별도의 귀선(歸線)을 설치한 2가지 방식이 있지만 최근에는 많이 쓰이지 않는다.

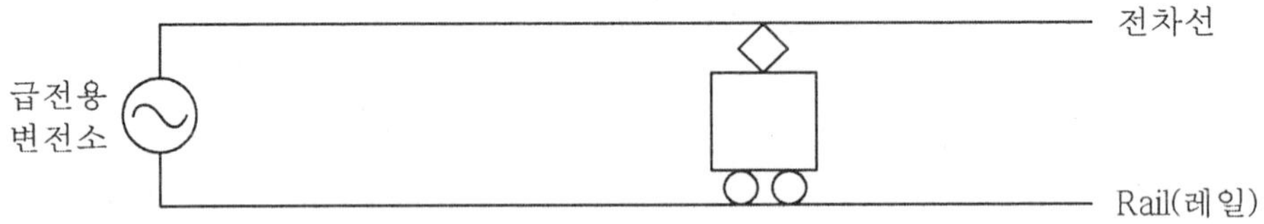

(a) 직접급전회로 원형

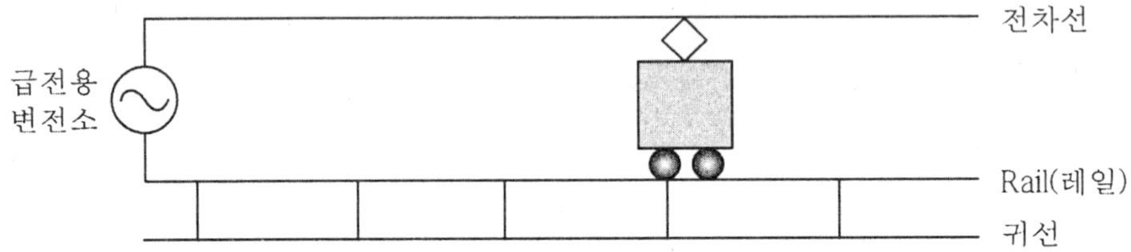

(b) 귀선이 있는 직접급전회로

※ 그림 1-4 직접 급전방식 계통도 ※

② 흡상변압기 급전방식(Booster Transformer) : 권선비 1 : 1의 특수변압기를 약 4 [km] 마다 설치하여 전차선에 섹션을 설치하고 BT의 1, 2차측을 전차선과 부급전선(NF : Negative Feeder)에 각각 직렬 접속하고 BT와 BT 사이는 중간점에 흡상선을 접속하여 레일 누설전류를 강제적으로 흡상시켜 통신유도를 경감하는 방식이다. 여기서 변압기는 전류를 흡상하므로 흡상변압기라 하고 부급전선을 사용하는 방식과 사용하지 않는 2가지 방식이 있다. 한편 BT급전방식은 통신유도 경감효과가 크지만 부스터섹션 부분에서 부하전류를 차량의 팬터그래프에서 개폐하므로 아크발생으로 부하전류가 크고 속도가 고속화되면 운전 및 보수상의 문제점이 된다.

✍ 흡상변압기(BT)방식 관련도(例)

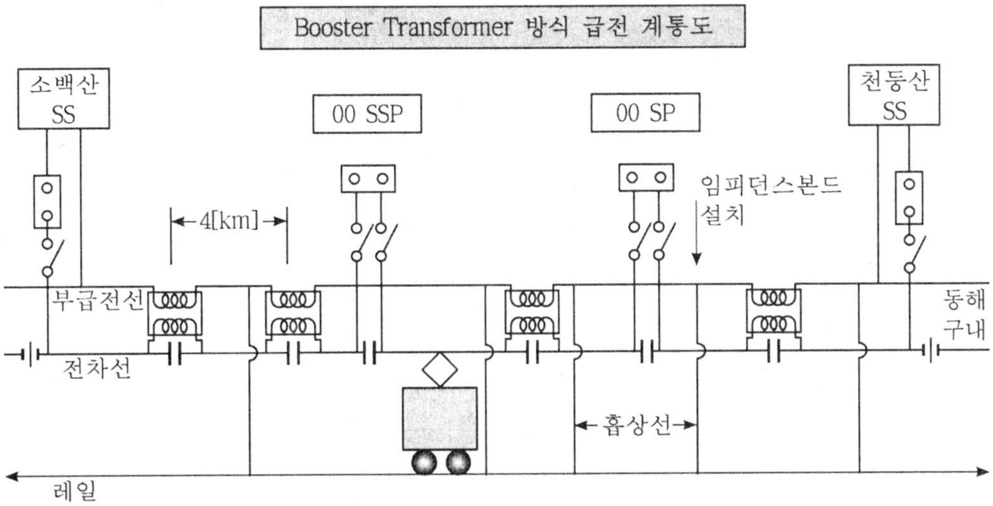

※ 그림 1-5 BT 급전방식 ※

③ 단권변압기 급전방식(Auto Transformer) : 변전소에서 급전선(Feeder)을 선로를 따라 가선하여 이 급전선과 전차선 사이에 약 10[km] 간격으로 AT를 병렬로 설치 접속하여 변압기 권선의 중성점을 레일에 접속하는 방식이며, 수도권 및 고속철도에도 이 급전방식이 채택되어 사용 중에 있다. 이 방식은 대용량 열차 부하에서도 전압변동, 전압 불평형이 적어 안정된 전력공급이 가능하여 고속전철에도 이 방식이 채택되고 있으며 레일에 흐르는 전류는 차량을 중심으로 각각 반대방향의 AT쪽으로 흐르기 때문에 근접 통신선에 대한 유도장애도 적게 되는 장점이 있다.

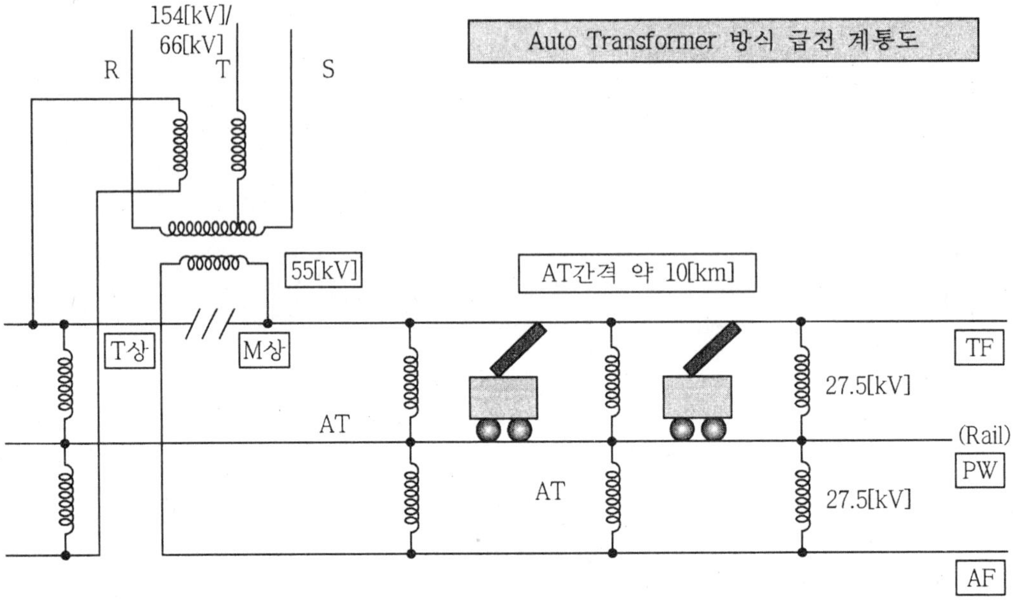

※ 그림 1-6 AT 급전방식 ※

📖 참고

① 주변압기 전압비 : 154[kV]/55[kV]/6.6[kV], 66[kV]/55[kV]

- AF와 TF간 전압 : 55[kV]
- AF와 PW, TF와 PW간 전압 : 27.5[kV]

② 교류방식의 특징은 대용량 중, 장거리 수송에 유리하며 에너지 이용률이 높고 사고시 선택차단이 용이하며 전식의 우려가 없으나 통신유도장애 대책이 필요하다.

(2) 급전계통의 구성

전철급전계통이란 변전소로부터 급전거리, 전압강하, 사고시의 구분, 보수 등을 고려하여 전차선로를 적당한 구간으로 나누어 급전, 정전이 가능하도록 한 전기적인 계통구성을 말한다. 특히 전철부하는 차량의 특성상 기동, 정지가 빈번하게 반복되고 그 위치가 이동하기 때문에 부하의 크기 및 시간적 변동이 극히 심하다. 따라서 전철화 계획시 상기사항을 고려하여 설계에 반영하여야 한다.

✍ 산업선 변전소 계통도[BT]

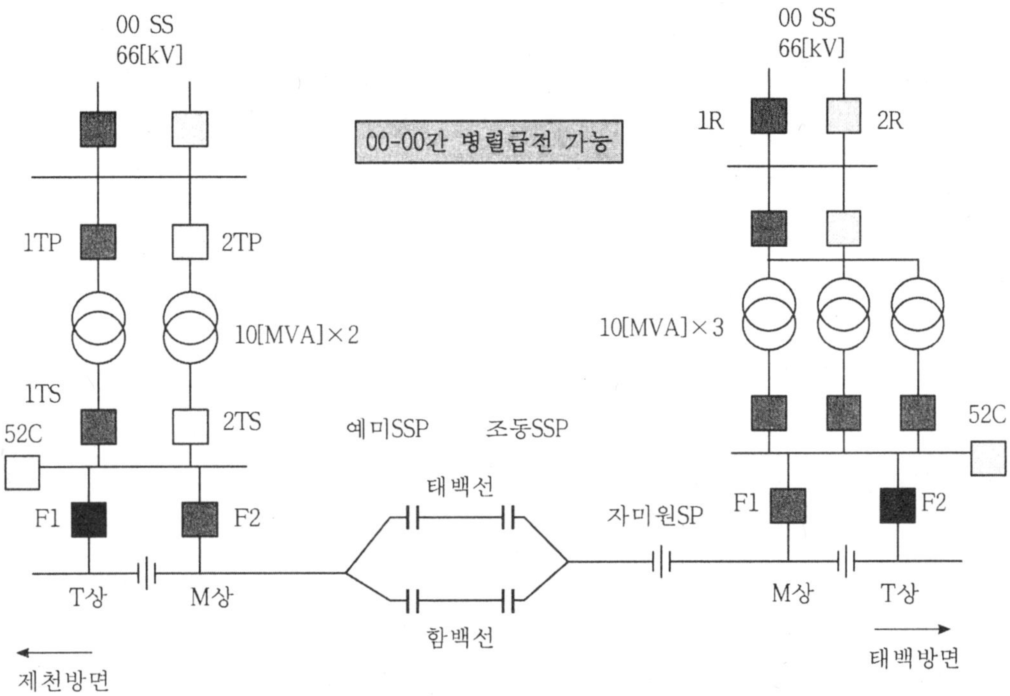

※ 그림 1-7 교류 급전계통도 ※

※ 그림 1-8 주변압기(M.Tr 154[kV]/55[kV]/6.6[kV] 33[MVA]) ※

(例) 전차선 30[MVA], 고배선로 3[MVA]

※ 그림 1-9 흡상변압기(BT) 방식 ※

※ 그림 1-10 단권변압기(AT) 방식 ※

📖 참고

- SS(Sub Station)-변전소, SP(Sectioning Post)-구분소
  SSP(Sub Sectioning Post)-보조구분소
  ATP(Auto Transformer Post)-단말급전구분소
  AT방식(Auto Transformer)-단권변압기
  BT방식(Booster Transformer)-흡상변압기
- GIS(가스절연개폐장치 : Gas Insulated Switchgear)
- 원방감시제어설비
  SCADA System(Supervisory Control And Data Acquisition)

(가) 교류 급전계통

① 방면별 이상급전방식(현재 채용하고 있는 방식)
② 상·하선별 이상급전방식

(나) 직류 급전계통

직류 급전구간에는 변전소(SS) 및 급전구분소(SP)간을 1구간으로 하여 방면별, 상·하선별로 급전하는 것을 표준으로 하고 있다. 상·하선 또는 방면별 외에 큰 역구내, 차량기지 등에 별도의 단독 급전회로를 구성한다.

✍ 일반 전차선로 용어해설 (전철전력시설규정 2003. 5. 24 훈령 제7965호)

전차선로의 규정에 사용하는 용어의 정의는 다음 각 호와 같다.

① "전기설비"라 함은 발전 · 송전 · 변전 · 전철 · 배전 또는 전기사용을 위하여 설치하는 기계 · 기구 · 전선로 · 보안 통신선로 기타의 설비를 말한다.

② "전철설비"라 함은 전기철도에서 송전선로 · 변전설비 · 전차선로와 이에 부속되는 설비를 총괄한 것을 말한다.

③ "수전설비"라 함은 타인의 전기설비로부터 전기를 공급받거나 구내 발전설비로부터 전기를 공급받아 구내 배전설비로 전기를 공급하기 위한 전기설비로서 수전지점으로 부터 구내 배전설비에 전기를 공급하기 위한 배전반까지의 설비를 말한다.

④ "전기 수용설비"라 함은 수전설비와 구내 배전설비를 말한다.

⑤ "구내 배전설비"라 함은 수전설비의 배전반 이후로부터 전기기계 · 기구에 이르는 전선로 · 개폐기 · 차단기 · 분전반 · 콘센트 · 제어반 · 스위치 기타 부속설비를 말한다.

⑥ "수용장소"라 함은 전기 사용장소를 포함하여 전기를 사용하는 구내 전체를 말한다.

⑦ "변전소"라 함은 구외로 부터 전송된 전기를 구내에 시설한 변압기 · 전동발전기 · 회전변류기 · 정류기 등 기타의 기계기구에 의하여 변성하는 장소로서 변성한 전기를 다시 구외로 전송하는 곳을 말한다.

⑧ "급전구분소"라 함은 급전구간의 구분과 연장을 위하여 개폐장치를 시설한 곳을 말한다.

⑨ "보조급전구분소"라 함은 작업시 또는 사고시에 정전구간을 한정하거나 연장급전할 목적으로 개폐장치를 설치한 곳을 말한다.

⑩ "단말 보조급전구분소"라 함은 전차선로의 말단에 가공전차선의 전압강하 보상과 유도장해의 경감을 위하여 단권변압기를 시설한 곳을 말한다.

⑪ "변전소 등"이라 함은 변전소 · 급전구분소 · 보조급전구분소 · 단말보조급전구분소를 말한다.

⑫ "전기실 등"이라 함은 변전소 · 수전설비 이외의 장소에 개폐기 기타의 장치에 의하여 전로를 개폐할 수 있는 설비와 배전용 변압기 등이 설치되어 있는 역구내의 옥내 · 외 장소를 말한다. 다만, 변압기만 설비되어 있는 장소는 제외한다.

⑬ "전기사령"이라 함은 원격감시제어(이하 "원제장치"라 한다)에 의하여 변전소 등의 감시제어와 동시에 전기설비 전반에 대하여 지시와 통제를 하는 곳을 말

한다.

⑭ "역소"라 함은 역 · 조차장 · 신호장 · 각 사무소, 기타 이와 유사한 장소를 말한다.

⑮ "구내"라 함은 벽 · 울타리 · 도랑 등으로 구분된 지역 또는 시설자 및 그 관계자 이외의 사람이 자유로이 출입할 수 없거나 지형상 및 사회통념상 이에 따르는 장소를 말한다.

⑯ "전선"이라 함은 강전류 전기의 전송에 사용하는 나전선 · 절연전선 · 코드선 · 케이블 등의 전기도체를 말한다. 또한, 부급전선 · 보호선 · 비절연보호선 및 가공 공동지선 · 섬락보호지선도 전선으로 본다.

⑰ "전선로"라 함은 전기 사용 장소 상호간의 전선 및 이를 지지하거나 또는 보장하는 시설물을 말한다.

⑱ "전로"라 함은 보통의 사용상태에서 전기를 통하는 회로의 전부 또는 일부를 말한다.

⑲ "송전선로"라 함은 발전소 상호간 · 변전소 상호간 및 발전소와 변전소간에 시설된 전선로를 말한다.

⑳ "전차선"이라 함은 전기차량의 집전장치에 습동 접촉하여 이에 전기를 공급하는 가공전선을 말한다.

㉑ "합성전차선"이라 함은 조가선(강체포함) · 전차선 · 행거 · 드롭바 등으로 구성한 가공전선을 말한다.

㉒ "가공전차선"이라 함은 합성전차선과 이에 부속된 곡선당김장치 · 건널선장치 · 장력조정장치 · 구분장치 · 급전분기장치 · 균압장치 · 흐름방지장치 등을 총괄한 것을 말한다.

㉓ "가공전차선로"라 함은 가공전차선 및 이를 지지하는 설비(전주 · 빔 · 하수강 · 애자 · 브래키트 등)를 총괄한 것을 말한다.

㉔ "급전선"이라 함은 합성전차선에 전기를 공급하는 전선[AT급전방식의 경우 변전소 등 인출 전차선급전선(TF), 주변압기와 단권변압기간을 연결하는 단권변압기급전선(AF)과 BT급전방식에서 주변압기의 2차측 또는 BT에서 전차선에 이르는 정급전선(PF)을 포함한다.]을 말한다.

㉕ "급전선로"라 함은 급전선 및 이를 지지 또는 보장하는 설비(전주 · 완철 · 문형 완철 · 애자 · 관로 등)를 총괄한 것을 말한다.

㉖ "부급전선"이라 함은 통신유도장해 경감을 위하여 귀선레일에 병렬로 시설하

여 운전용 전기를 변전소로 통하게 하는 전선을 말한다.

㉗ "귀선"이라 함은 운전용 전기를 통하는 귀선레일 · 보조귀선 · 부급전선 · 흡상선 · 중성선 · 보호선용접속선 및 변전소 인입귀선을 총괄한 것을 말한다.

㉘ "귀선로"라 함은 귀선 및 이를 지지 또는 보장하는 설비를 총괄한 것을 말한다.

㉙ "전차선로"라 함은 가공전차선로 · 급전선로 · 귀선로 및 이에 부속하는 설비를 총괄한 것을 말한다.

㉚ "급전회로"라 함은 전기철도에 있어서 급전선 · 합성전차선 · 레일(부급전선 또는 보호선)등으로 구성되는 전기회로를 말한다.

㉛ "배전선로"라 함은 전철설비 이외의 전선로 및 이에 속하는 개폐장치 등 기타의 시설물을 말한다.

㉜ "간선"이라 함은 인입구로 부터 분기 과전류 차단기에 이르는 배선으로서 분기회로의 분기점으로부터 전원측의 부분을 말한다.

㉝ "분기회로"라 함은 간선으로부터 분기하여 분기 과전류 차단기를 거쳐서 부하에 이르는 사이의 배선을 말한다.

㉞ "제어회로"라 함은 계전기 또는 이와 유사한 기구를 통하여 다른 회로를 제어하는 회로를 말한다.

㉟ "약전류 전선"이라 함은 약전류 전기의 전송에 사용하는 전기도체, 절연물로 피복한 전기도체, 절연물로 피복한 위를 보호 피복으로 보호한 전기도체를 말한다.

㊱ "약전류 전선로"라 함은 약전류 전선 및 이를 지지하거나 보장하는 설비(조영물의 옥내 또는 옥측에 시설하는 것 제외)를 말한다.

㊲ "급전구간"이라 함은 차단장치에 의하여 구분할 수 있는 급전회로의 1구간을 말한다.

㊳ "급전점"이라 함은 변전소의 전력을 급전회로에 공급하는 점을 말한다.

㊴ "병렬급전"이라 함은 1급전 구간에 2이상의 급전점을 가진 급전방식을 말한다.

㊵ "연장급전"이라 함은 2이상의 급전점에서 급전할 수 있는 급전구간을 1급전점에서 급전하는 방식을 말한다.

㊶ "흡상변압기"라 함은 통신유도장해 경감을 위하여 급전회로에 직렬로 연결하여 레일에 통하는 운전전류를 부급전선으로 흐르게 하는 변압기를 말한다.

㊷ "단권변압기"라 함은 교류전차선로에서 전압강하 및 유도장해 등을 경감시킬 목적으로 전차선로에 설치하는 변압기를 말한다.

㊸ "흡상선"이라 함은 흡상변압기방식에서 부급전선과 귀선레일을 접속하는 전선을 말한다.

㊹ "중성선"이라 함은 단권변압기의 중성점과 귀선레일을 접속하는 전선을 말한다.

㊺ "보호선(PW)"이라 함은 단권변압기 방식에서 애자의 부측 또는 빔 등을 연접하여 귀선레일에 접속하는 가공전선으로서 대지에 대하여 절연한 전선을 말한다.

㊻ "비절연보호선(FPW)"이라 함은 단권변압기 방식의 지하전철구간 등에서 섬락보호를 위하여 철재·지지물을 연접하여 귀선레일에 접속하는 가공전선으로서 대지에 대하여 절연하지 아니하는 전선을 말한다.

㊼ "섬락보호지선"이라 함은 섬락보호를 위하여 빔·철주 등 철 지지물을 연접하여 접지시키는 가공전선을 말한다.

㊽ "가공지선"이라 함은 가공전선로의 뇌격방지를 위하여 전선로 상부에 설치하는 접지전선을 말한다.

㊾ "지락도선"이라 함은 애자의 부측을 섬락보호지선·부급전선 또는 보호선에 접속하는 전선(애자보호선)과 콘크리트주 등에 설치한 가동브래키트·빔 등의 설치밴드와 섬락보호지선·부급전선 또는 보호선에 접속하는 전선(지락 유도선)을 말한다. 또한, 섬락보호지선에 연결되지 아니한 인접 철 지지물 상호간을 연결하는 연접가공접지선(연접지선)을 포함한다.

㊿ "전차선로용 보안기"라 함은 한쪽은 대지와 접지 또는 섬락보호지선에 연결 일정한 간극을 유지하여 다른 한쪽의 부급전선 또는 보호선에 접속하여 대지의 정격 전압을 제한하기 위하여 삽입하는 방전간격장치를 말한다.

51 "인류구간"이라 함은 가공전차선의 한 인류지점에서 맞은편 인류지점까지의 구간(흐름방지장치 제외)을 말한다.

52 "장력구간"이라 함은 가공전차선의 한 인류지점에서 장력조정장치의 힘이 미치는 구간을 말한다.

53 "장력조정장치"라 함은 전차선과 조가선을 일괄 인류하는 장치와 전차선 또는 조가선을 개별로 인류하는 장치(자동식 및 수동식포함)를 말한다.

54 "이행구간"이라 함은 커티너리 가선구간과 강체 가선구간의 접속 구간을 말

한다.

㉟ "가고"라 함은 합성전차선의 지지점에서 조가선과 전차선과의 수직 중심간격을 말한다.

㊱ "보호선용 접속선"이라 함은 단권변압기 방식에서 보호선과 귀선레일을 접속하는 전선을 말한다.

㊲ "직렬콘덴서"라 함은 인덕턴스에 의한 전압강하의 경감을 위하여 급전선·부급전선 또는 전차선에 직렬로 접속하는 콘덴서를 말한다.

㊳ "영구신장조성(Prestretch)"이라 함은 합성전차선을 정상적으로 인류하기 전에 합성전차선에 영구신장이 생기도록 미리 과장력을 가하여 주는 것을 말한다.

㊴ "건식게이지(Gauge)"이라 함은 전주중심과 궤도중심과의 직선 이격거리를 말한다.

㊵ "보조조가선"이라 함은 보조로 설치한 조가선을 말한다. 또한, 콤파운드 가선방식에서 본 조가선 밑에 설치한 조가선도 이에 포함한다.

㊶ "이중조가선"이라 함은 합성전차선의 지지점(과선교 하부 등)에서 조가선의 손상을 방지하기 위하여 2중으로 설치한 조가선을 말한다.

㊷ "보조곡선 당김장치"란 곡선로의 경간내 또는 건널선에서 중간편위를 조정하기 위하여 보조로 설치하는 곡선당김장치를 말한다.

제6조 (전기방식)

가공전차선의 전기방식은 단상 교류 25,000[V] 단권변압기 방식(이하 "AT방식"이라 한다) 또는 흡상변압기 방식(이하 "BT방식"이라 한다)으로 한다.

제7조 (가선방식)

① 가공전차선의 가선방식은 가공단선식(Heavy Simple Catenary 및 Simple Catenary)을 표준으로 한다. 다만, 열차의 속도 및 부하전류 특성에 따라 적합한 가선방식을 채택하여야 한다.

② 도시철도의 지하철도는 강체 가선방식으로 한다. 다만, 토목구조물에 따라 가공 단선식으로 할 수도 있다.

제8조 (전압)

① 송전선로의 전압은 송전전력·송전거리 및 이와 연계된 전력계통과의 관련을

고려하여 다음 표에 의해 결정한다.

[송전선로의 전압]

접지방식	공칭전압[kV]
비유효 접지계	66
유효 접지계	154, 345

② 송전선로는 동일한 전압으로 직접 연계하는 회로 등의 중성점에 발전소 및 변전소에 있어서는 저항 또는 리액터를 통하여 접지하거나 직접 접지하여야 한다.

③ 전차선로의 전압은 다음 각 호에 의한다.(2005년 현재 우리나라)

㉠ 흡상변압기방식 : 영동선, 태백선 일부구간 2004년부터 AT방식으로 변경 공사중

표준전압 : 25,000[V]

최고전압 : 27,500[V]

최저전압 : 20,000[V]

㉡ 단권변압기방식 : 수도권, 중앙선, 영동선 일부 및 고속철도

· 급전선과 전차선간(AF - TF간) 단, 진한서체는 고속철도 관련

표준전압 : 50,000[V] **55,000**[V]

최고전압 : 55,000[V] **58,000**[V]

최저전압 : 40,000[V] **40,000**[V]

· 급전선과 레일간 및 전차선과 레일간(AF, TF-Rail간)

표준전압 : 25,000[V] **27,500**[V]

최고전압 : 27,500[V] **29,000**[V]

최저전압 : 20,000[V] **19,000**[V]

㉢ 직류방식 : 수도권, 지방 등

표준전압 : 1,500[V]

최고전압 : 1,650[V]

최저전압 : 900[V]

3. 실습결과 및 고찰

① 전기철도의 정의 및 필요성(효과)을 말할 수 있다.

② 교류 전기철도의 계통도를 이해할 수 있다.

③ 전기철도 구성요소(변전설비, 급전설비, 부하설비)를 이해할 수 있다.

④ AT(Auto Transformer), BT(Booster Transformer) 급전방식(給電方式)을 이해할 수 있다.

⑤ 직접급전 및 AT, BT방식의 급전계통도을 이해하고 설명할 수 있다.

⑥ 직류 전기철도의 급전방식을 이해하고 있다.

⑦ 전차선로(電車線路) 각종 용어를 이해하고 있다.

⑧ AT, BT 전차선과 궤도(Rail)간 공급전압을 이해하고 설명할 수 있다.

실습 2

전차선 편위, 높이 측정

1. 실습목적

전기기관차 집전장치(Pantograph)에 직접적으로 영향을 미치는 전차선 높이, 편위를 측정하고 전차선로 점검정비 및 유지보수 기술향상을 목적으로 한다.

2. 관련이론

(1) 전차선 높이 및 편위

(가) 전차선의 높이(Height of contact wire)

전차선 높이는 레일(Rail)면상에서 전기차가 직접 접촉하여 전기를 공급받는 전차선 하부까지를 말하며, 전기차 집전장치(Pantograph)등과의 관계를 고려해서 전차선 높이를 결정하여야 한다. 전차선 높이의 결정 여하에 따라 구조물의 크기에 직접적인 영향을 미치게 된다. 예를 들어 지하구간의 경우에는 100[mm]의 높이차에 의하여 막대한 건설비가 더 소요되며 기존선 전철화의 경우에는 터널이나 과선교 등을 새로 건설하게 되므로 전차선 높이의 결정은 전차선 가선에 고려해야할 매우 중요한 사항이다.

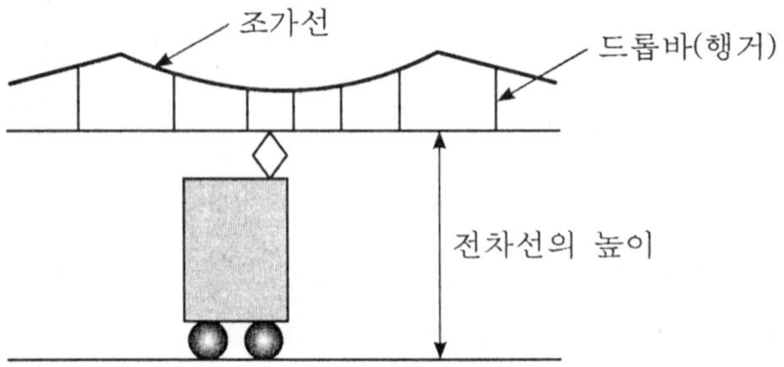

※ 그림 2-1 전차선의 높이 ※

(나) 전차선 편위(偏位, Deviation of contact wire)

전차선의 궤도 중심면에서 수평거리를 편위(Deviation)라 한다. 전차선의 편위가 너무 크면 집전장치(Pantograph)가 전차선을 벗어나 사고를 일으키게 되는데 전차선의 편위는 일정한 한계를 두어 그 값이 정해지고 있다.

- 전차선의 편위를 정하는 요소는
  - 전기차 동요에 따른 집전장치(Pantograph)의 편위
  - 풍압에 따른 전차선의 편위
  - 곡선로에 의한 전차선의 편위
  - 가동Bracket, 곡선당김금구(Pull-off arm)의 이동에 따른 전차선의 편위
  - 지지물의 변형에 따른 전차선의 편위

전차선의 높이, 편위는 정지상태를 기준으로 한 것으로 전차선의 높이, 편위 측정방법은 정적인 상태에서 궤도면상에서 가선측정기에 의한 방법, 동적인 상태에서 전철시험차에 의한 방법이 있다.

가공단선식 전차선의 편위는 궤도면에 수직한 궤도중심면에서 250[mm]내로 하여야 한다. 가공전차선은 곡선로에서 궤도중심면에 대하여 반드시 Zigzag편위를 주어야 하며 직선로에서도 집전장치(Pantograph)는 그 유효면에 분산하여 집전할 필요가 있기 때문에 그 시설에 대하여 궤도중심에서 좌우 편위를 주는 것이 바람직하다. 그러나 한도를 넘어서는 안되는데 풍속 30[m/s]일 때 전차선의 풍압편위, 지지물의 변형, 전기차 동요 등을 감안해서 최대 250[mm]로 규정하고 있다.

전차선의 편위의 증대는 집전장치(Pantograph)를 벗어나 사고의 위험성이 있거나 전차선의 마모가 많게 된다. 그러나 편위를 일정하게 한다면 집전장치(Panto-graph)의 편마모를 발생시키는데 직선구간에서는 그 방지대책으로서 Zigzag로

편위를 주어 집전장치(Pantograph)의 습동판을 균일하게 마모시킨다.

강풍구간의 편위는 100[mm], 일반구간에서는 풍압에 따라 편위를 증대해서 정하고 있다. 또한 곡선로는 지지점의 편위를 최대로, 경간 중앙부의 편위를 최대로 작게 할 필요성이 있다.

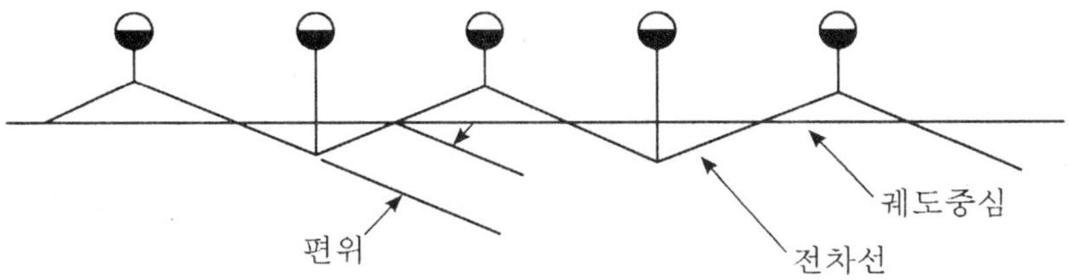

※ 그림 2-2 직선구간의 전차선 편위 ※

> **📖 참고**
>
> ① 정적인 상태에서 가선측정기에 의한 곡선구간의 측정은 외측궤도를 기준으로 한다.
>
> ② 가선측정기에 의한 전차선 편위, 높이측정시 열차운행상황을 수시로 확인하여 안전사고 예방에 주의하여야 한다.

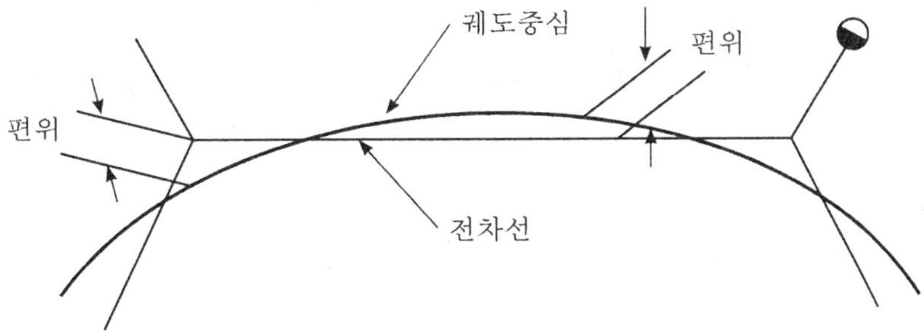

※ 그림 2-3 곡선구간의 전차선 편위 ※

전차선의 횡장력에 따라 전주의 경사 혹은 선로의 Cant의 불량에 따라 편위의 증대 등에 대해서 주의해야 할 필요가 있다. 과거 그 지역의 풍해, 한해 등을 충분히 조사하고 그 결과를 편위관리에 활용함과 더불어 성토개소에 의해 돌풍 등의 특수풍도 고려하여야 한다. 운전가능한 풍속이 30[m/s]일 때에도 전차선의 편위는 전기차의 동요, 지지물의 변형 등을 고려, 항상 집전장치(Pantograph)의 유효폭 이내에 있도록 지지물, 경간 등을 설계하지 않으면 안된다.

(2) 전차선의 구배(Gradient of contact wire)

가공전차선의 구배의 변화 또는 궤도면에 대한 구배는 양쪽 드롭바간의 전차선을 직선으로 간주하고 그것에 대한 구배 변화 또는 궤도면에 대한 구배를 말한다.

전차선의 구배 3/1000는 1000[m]의 거리에서 3[m]의 높이가 변하는 것을 말하는 것으로서 통상 1경간의 전차선 높이의 변화를 그 경간의 길이로 나눈 것으로 표시한다.(단, 수도권 지하 강체가선구간은 전차선의 구배를 1/1000 이하로 규정하고 있다)

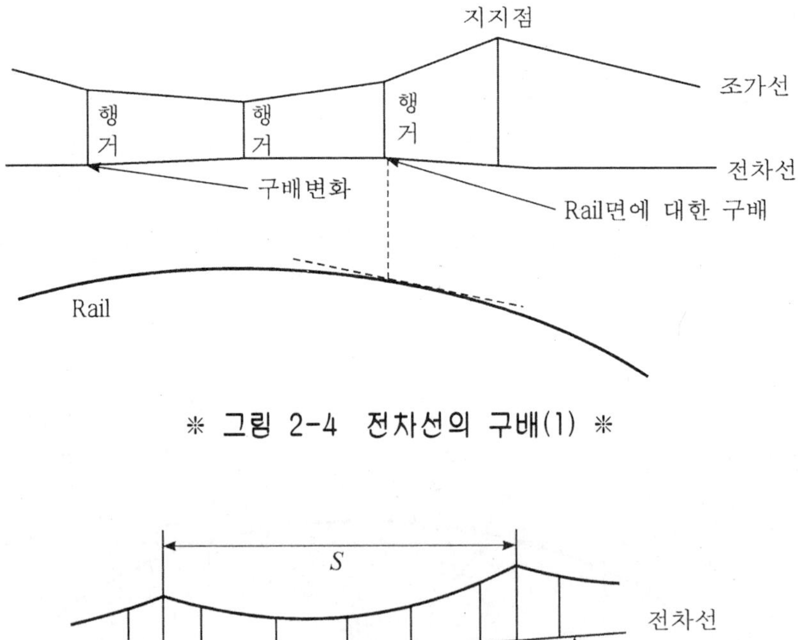

※ 그림 2-4 전차선의 구배(1) ※

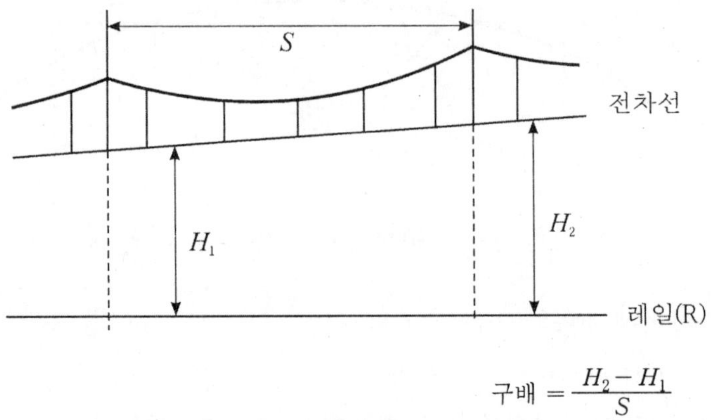

$$구배 = \frac{H_2 - H_1}{S}$$

※ 그림 2-5 전차선의 구배(2) ※

일반적으로 전차선의 구배보다도 구배의 차(구배의 변화)가 중요한 요소가 된다. 직접조가방식의 전차선 높이의 변화는 경간 중앙과 지지점의 고저차가 된다. 본선로에서 궤도면에 대한 구배의 차는 3/1000 이하로 하고 있다.

다만 과선교·터널 등과 건널목이 인접하는 개소에 대해서는 4/1000 이하로 하고 측선에 있어서는 15/1000 이하로 한다.

3. 사용재료 및 공구(장비)

품 명	단위	수량	품 명	단위	수량	비 고
팬터그래프 설치 전철시험 모터카	대	1	검전기(필요시)	개	1	안전공구류 : 안전모 안전화 기타 작업준비물 (모터카 사전계획)
편위자(눈금자)	대	1	접지걸이(필요시)	조	2	
개인 안전공구류	식	1				
메모지 및 필기구	식	1				

㈜ 편위자 측정인원 : 3명 1조(조장 1명, 편위자 1명, 기록 1명)

4. 실습순서 및 방법

① 당일 작업구간(개소)을 설정한다.

② 팀별 구성 및 담당임무 부여(위험예지훈련 등 기타 안전교육시행)

③ 소요재료 및 작업공구 준비(개인 안전장비 착용상태 확인)

④ 곡선구간의 측정은 바깥 궤조를 기준으로 한다.

⑤ 가선측정기(편위자)로 전차선 편위, 높이 측정시는 작업전 반드시 0점 조정 후 시행하여 가급적 오차를 최대한 줄이도록 한다.

⑥ 측정작업시 경간의 중간지점 및 필요시 측정개소를 변경할 수 있으며, 터널 내 측정시는 열차운행상황을 수시로 확인하고 사전에 열차감시원(안전관리자)을 배치할 것.

⑦ 전차선 편위, 높이 불량개소는 필요시(사고 또는 장애예상) 긴급단전(전기사령)을 요구하여 조치하여야 한다.

⑧ 작업전, 후에는 작업구간 및 내용을 관계부서(역, 사령 등)에 철저히 협의.

5. 실습보고서 작성

00~00간 전차선 높이, 편위측정 기록부(例)

측정일 : ○○년 ○월 ○일 요일 날씨 :

표 2-1 측정기록(역간)

단위 : mm

선 별	역간(구내)	전주번호	편 위	높 이	비 고
영동선	청룡~백호간	1호	좌 150	5120	R : 300
		중간	우 20	5160	
		2호	우 200	5180	수목근접
		중간	좌 30	5130	교량
		3호	우 180	5160	○○ 터널입구

표 2-2 측정기록(터널)

○○선 ○○~○○간 ○○터널

선 별	역간(구내)	전주번호	편 위	높 이	비 고
영동선	청룡~백호간 (00터널)	1호	좌 150	4850	터널 길이 : 1200[m] 최대 R : 250 대피소 : 28개
		중간	우 20	4860	

표 2-3 전차선로 약어 해설(전선류)

기호	명 칭	원 어	기호	명 칭	원 어
GT	홈경동선	전차선 Grooved Trolley	TF	전차선급전선	Trolley Feeder
MW	조가선	Messenger Wire	PF	급전선(BT)	Positive Feeder
ACSR	경심알루미늄 연선	Aluminum Conductor Steel Reinforced	NF	부급전선	Negative Feeder
CdCu	카드륨동연선	Cadmim Cupper	PW	보호선	Protective Wire
IV	비닐절연전선	Indoor PVC	NW	중성선	Neutral Wire
St	강선	Steel (동선 Cupper)	GW	가공접지선	Ground Wire
OW	옥외용비닐전선	Outdoor Weathere Proot	T/L	송전선로	Transmission Line
AF	급전선(AT)	Auto-Transformer Feeder	D/L	배전선로	Distibution Line

6. 실습결과 및 고찰

① 전차선 3요소인 등고 · 등요 · 등장력을 이해하고 설명할 수 있다.

② 전차선 표준편위를 설정하는 필요성을 설명할 수 있다.

③ 전차선 표준높이(등고) 설정하는 필요성을 설명할 수 있다.

④ 전차선 구배를 이해하고 본선 또는 측선등 규정치를 설명할 수 있다.

⑤ 기타 전차선 편위, 높이측정시 주의사항을 이해하고 있다.

⑥ 각종 전차선로 전선의 명칭과 기호을 이해할 수 있다.

⑦ 각종 전차선로 전선별 설치위치와 기능을 이해하고 설명할 수 있다.

⑧ AT/BT방식의 급전선 목적을 이해하고 설명할 수 있다.

실 3 습

행거 및 드롭바 제작설치

1. 실습목적

Simple Catenary 조가방식의 전차선 높이(등고)를 일정하게 유지하기 위하여 조가선에 조가하는 드롭바 및 행거를 제작설치하는데 목적이 있다.

2. 관련이론

(1) 행거(Hanger)

전차선을 조가선에 조가하기 위한 금구는 행거와 이어로 구성된다. 행거에는 스테인레스 강봉을 사용하고 있고 전차선을 지지하는(집는) 이어로는 볼트 체부형을 사용하고 있다. 일본의 전기철도에서는 역구내 홈의 상부개소 등 조가선의 절연이 필요한 경우에는 애자 또는 합성수지등을 삽입한 절연행거가 사용되고 있다.

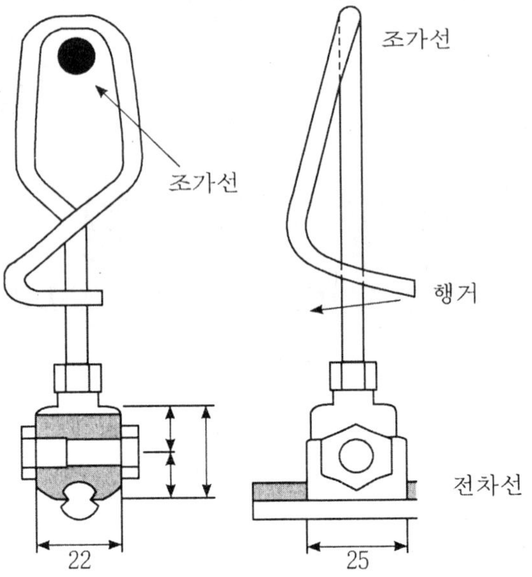

※ 그림 3-1 행거(Hanger) 형상 ※

(2) 드롭바(Dropper)

전차선을 조가선에 조가하기 위한 금구로서 조가선 및 전차선을 지지하는(집는) 드롭바 금구와 카드뮴동연선(CdCu 10[mm^2])이 사용되고 있다.

제작 및 설치시 드롭바 특성을 감안하여 기계적 강도가 저하되지 않도록 주의하고 특히 소선의 부식 또는 마찰로 인한 가닥 단선이 되지 않도록 해야 한다.

또한 드롭바의 배분은 각 표준경간에 따라 적용되며 전차선과 집전장치의 집전성능을 높이기 위하여 전주경간을 짧게 하여 탄성을 상대적으로 균일하게 하는 방법이 있으나 조건과 경제성을 감안하여 적절한 경간 결정이 대단히 중요하며 경간 중앙부와 경간양단부에 일정한 압상력이 유지되도록 한다.

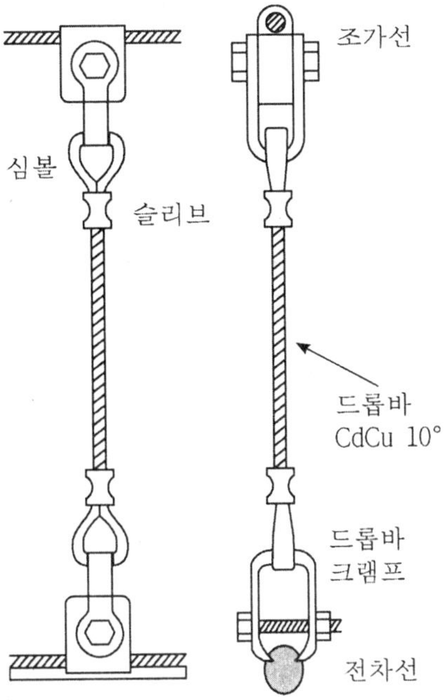

※ 그림 3-2 드롭바(Dropper)의 형상 ※

(3) 행거 및 드롭바에 요구되는 성능

전차선은 어느 정도의 가요성을 갖게 되는 것이 불가결하기 때문에 경점이 있으면 팬터그래프의 도약현상을 일으켜 이선에 따른 전기운전에 지장을 주기 때문에 경점을 제거하고자 하는 견지에서 행거, 드롭바는 가능한 가볍게 하는 것이 필요하다.

또한 가선진동이 가해지는 상태에서 사용되고 있기 때문에 기계적 강도가 큰 것이 필요하다. 또 각종 환경에 대한 내식성을 작도록 함은 물론, 가선본체와의 수명협조, 신뢰도의 향상을 도모하여야 한다. 행거, 드롭바의 구비 조건으로는 다음과 같은 것이 있다.

① 기계적 강도가 클 것(진동으로 인한 늘어짐이 없는 것)

② 가벼울 것

③ 내부식성이 좋을 것

④ 점검 등이 용이할 것
(특히 전차선을 교체할 때 단시간에 설치가 가능할 것)

(4) 행거, 드롭바의 설치간격

전차선을 커티너리 조가식에 의하여 조가하는 경우 행거 간격은 5[m], 드롭바 간격은 10[m]를 표준으로 한다. 행거의 간격은 전차선이 단선하여 늘어졌을 경우 행거 간격이 전차선의 높이보다도 작게 하여 접지사고를 일으키지 않도록 하기 위해 4.5[m]를 표준으로 하였으나, 현재에는 차단기, 보호장치의 발달에 따라 가능한 한 사고시 신속히 접지되어 차단기에 의한 사고점을 개방하여 신속하게 알 수 있도록 하는 방법으로 변화하였다. 또한 현재 기설치 드롭바 간격은 10[m], 신설 또는 시설물 개량시 행거, 드롭바 간격은 각각 5[m]를 표준으로 하고 있다.

그림 3-3은 행거·드롭바 간격에 따른 이선(離線) 아크 발생 빈도를 시험한 결과를 나타낸 것이다. 이 그림에서 행거·드롭바 간격을 3.5[m]로 하였을 때 이선 아크 발생 빈도가 가장 작음을 알 수 있다.

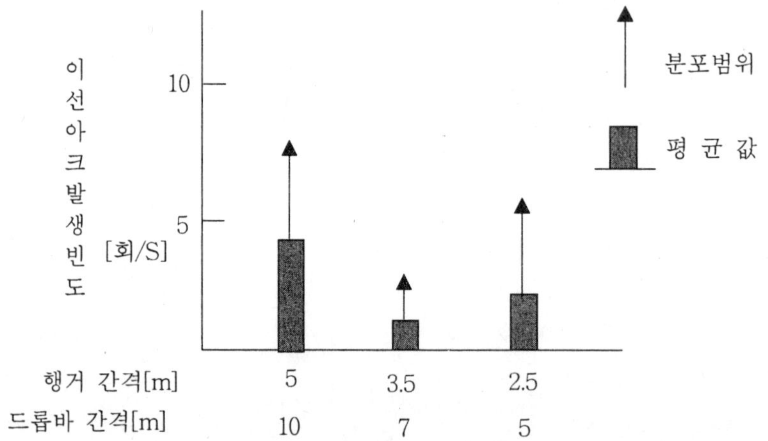

※ 그림 3-3 행거 및 드롭바와 이선 아크 발생 빈도 ※

3. 사용재료 및 공구(장비)

품 명	규 격	단위	수량	품 명	규 격	단위	수량
행거이어	110[mm^2], 170[mm^2]	개	1	행거랜치	L형(6각)	개	1
조가선 보호 덮게(실패형)	1호 90[mm^2]용 2호 135[mm^2]용	개	1	행거이어 제작기	OF-121A-201 도면번호	대	1
드롭바크램프	[GT 110[mm^2] CdCu 70[mm^2]용	개	2	슬리브압착기	드롭바용	대	1
단말압축 슬리브	10[mm^2] 용	개	2	전선절단기	카타(소형)	대	1
카드뮴동연선	CdCu 10[mm^2]	m	1	랜치 및 기타	일 반	식	1
심 벌	16[mm^2] 용	개	2				

4. 실습순서 및 방법

① 당일 작업내용 및 안전사고예방, 기타 주의사항 전달

② 사용자재 및 작업공구를 준비한다.

③ 드롭바, 행거 길이 산출(관련식(式) 참조)

$L = H - D + R$ 단위 : [mm]

L = 행거길이

H = 가고(架高) $H = D + h$(드롭바, 행거 최소 길이)

D = 이도(弛度) $D = WS^2/8T$[m]

S = 경간(徑間) T = 수평장력[kg]

R = 경간중심에서 구하고자 하는 드롭바(행거)까지의 이도

※ $R = Wx^2/2T$

W = 합성전차선 단위중량[kg/m] - (합성전차선 : 전차선, 조가선, 행거, 드롭바)

x = 경간중앙에서 부터 행거 위치까지 거리

즉, 행거(드롭바)길이 $L = H - WS^2/8T + Wx^2/2T$[mm]

* [역간 標準架高]=기존선 960[mm], 고속철도 1400[mm]

④ 행거 길이가 산출되면 사전 준비한 행거에 필기구(사인펜 등)로 정확하게 표시하고 행거이어 제작기로 행거를 제작한다.

⑤ 드롭바는 길이가 산출되면 일단 한쪽에 심벌과 드롭바 크램프를 조합하여 체결하고 줄자 등으로 산출 길이에 25[mm] 더한 값으로 드롭바를 카터기로 절단하여 마무리 제작한다. 단, 드롭바선을 한조씩 재단시는 산출길이에서 45[mm] 더한 값을 자를 것 또한 슬리브 단말은 5[mm] 남김.

⑥ 드롭바는 연선이므로 절단시 또는 작업중 단말이 풀어짐이 생기지 않도록 절단부위를 1~2회 정도 꼬임을 한 후 필요시 테이프 등으로 보강 유지할 것.

⑦ 드롭바(행거) 제작이 종료되면 길이의 적정여부를 확인하고 설치한다.
단, 작업시 전차선, 조가선에 조임 등으로 손상이 가지 않도록 주의하여 작업한다.

⑧ 전차선과 조가선에 드롭바(행거) 설치시 기울림이 생기지 않도록 할 것.
(설치상태가 기울면 팬터그래프 손상, 파손 초래)

⑨ 고속전철 건설시에는 정확한 전주경간과 함께 드롭바 간격 및 길이를 전산화 규격품으로 하여 시공하고 있다.

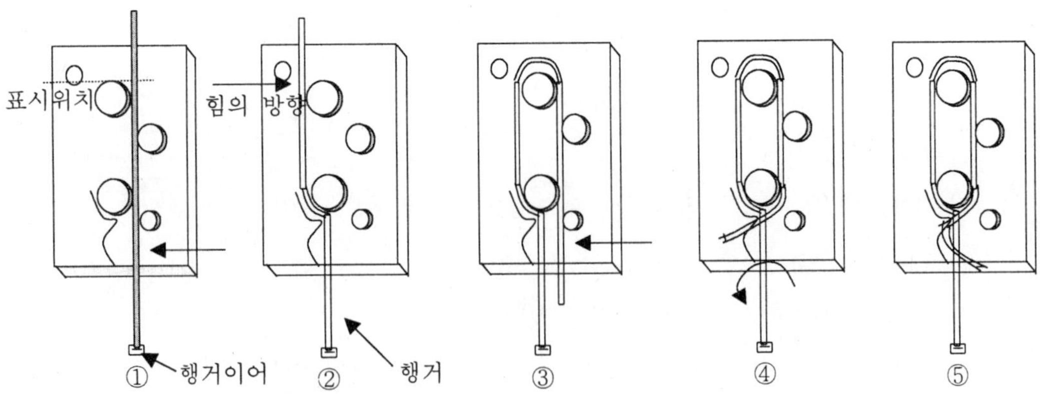

※ 그림 3-4 행거 제작기 작업순서 ※

※ 행거 제작시는 행거 신품(1200, 1500[mm])을 필요한 길이에 약 1~2[mm] 정도 더한 값을 행거에 표시하고 행거제작기에 행거를 올려 놓은 뒤 수동 핸들을 이용하여 충분한 힘을 가하여 그림 3-1을 참조하여 곡선부를 완료한다. 그

림 3-4의 순서에 따라 행거형상이 종료되면 사전에 표시한 길이를 확인하고 조가선에 삽입하고 이어는 전차선에 체결한다.

참고

- 행거 검수(점검) 요령
  - 이어의 너트조임 상태 및 행거 길이 적정여부
  - 행거설치개소에서 조가선 손상여부
  - 카드뮴동연선 가선개소 보호커버 설치여부
- 드롭바 검수(점검) 요령
  - 이어의 너트조임 상태
  - 드롭바 길이 적정여부 및 조가선 손상여부
  - 드롭바 설치상태(설치상태가 기울면 팬터그래프 파손초래)
  - 카드뮴동연선(10[mm^2])의 부식 및 소선단선 여부

5. 실습결과 및 고찰

① 행거 및 드롭바의 구비조건 및 특성을 설명할 수 있다.

② 드롭바(행거)의 설치간격 및 경간 설치방법을 설명할 수 있다.

③ 드롭바(행거)의 설치작업시 주의사항을 이해할 수 있다.

④ 행거길이 산출식을 이해하고 제작할 수 있다.

⑤ 이도, 가고, 급전선, 전차선, 조가선 등 용어를 이해할 수 있다.

실습 4

가동브래키트(BRACKET) 설치

1. 실습목적

가공 전차선로 합성전차선을 지지하는 가동브래키트 또는 터널내 브래키트 등의 설치 및 유지보수 기술능력 향상을 목적으로 한다.

2. 관련이론

전차선 및 조가선을 지지하기 위하여 전주 또는 터널 벽면에 설치한 외팔보를 브래키트라 하며 두 전주 사이에 연결된 보를 빔이라 한다.

사용목적에 따라 브래키트는 고정브래키트와 가동브래키트가 있고 빔은 고정식과 스팬선식의 2종류가 있으며 우선 구체적으로 브래키트에 대한 습득을 한다.

(1) 고정브래키트

고정브래키트는 전주밴드 또는 설치 철물에 의하여 전주에 설치하면서 스팬선 롯드 또는 지지재에 의하여 지지한다. 하수 브래키트는 설치 철물로 헤드 스팬선 빔에 설치한다.

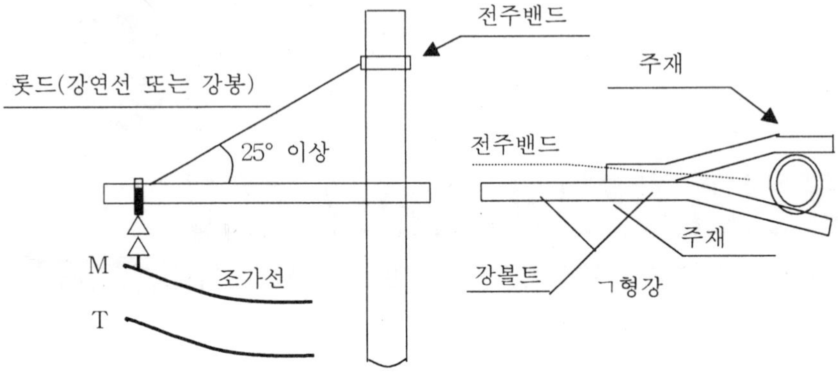

※ 그림 4-1 고정브래키트의 구성 ※

(2) 가동브래키트

가동브래키트는 현재 교류, 직류전철에 있어 역 중간의 전차선 지지물로서 널리 사용되고 있다. 가동브래키트의 구조는 주파이프, 지지파이프 및 이에 부속하는 곡선당김, 진동방지장치 등 여러 가지로 구성되어 장간애자로서 절연한다.

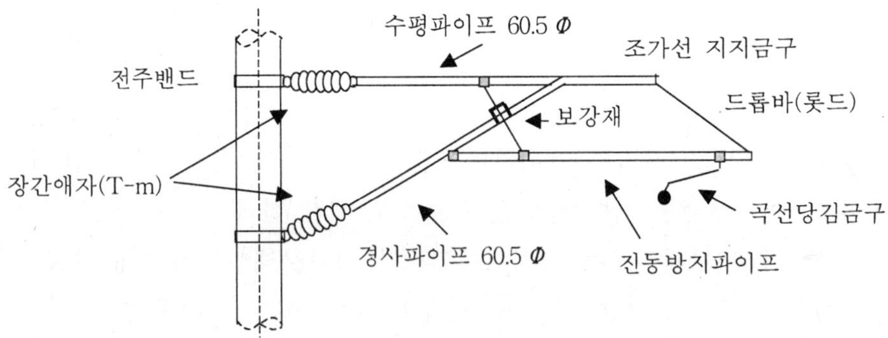

※ 그림 4-2 가동브래키트의 구성(수도권 O형) ※

(가) 가동브래키트의 장점

① 절연애자(장간애자)가 전주측에 설치되므로 보호설비의 배선이 용이하다.

② 고속도 운전에 대한 가선상태를 좋게 하기 위하여 전차선 및 조가선의 장력 조정을 할 필요가 있을 때는 가동브래키트 방식이 가장 적당하다.

③ 진동방지 및 곡선당김장치 등은 가동브래키트 부속품으로 단독 절연할 필요

가 없다. 따라서 전차선의 경점을 적게 한다.

④ 가동브래키트는 경량이므로 가선효율이 양호하게 된다.

(나) 가동브래키트의 단점

가동브래키트를 사용하는 경우는 지지주는 일반적으로 단주가 되므로 풍압등의 하중에 대하여 지지주는 콘크리트주 또는 철주를 사용하고 가동브래키트는 선로방향으로 회전하는 구조로 되어 있으므로 이 회전으로 전차선이 궤도중심으로부터 허용편위를 초과하게 되어 있으므로 이 회전으로 전차선이 궤도중심으로부터 허용편위를 초과하게 되며 전차선에서 팬터그래프가 이탈할 염려가 있어 표준상태에 있어서의 전차선의 편위를 적게 선정하여 둘 필요가 있다. 또한 가동브래키트 방식은 복잡한 역구내 선로에는 사용하기 어렵다.

(3) 브래키트 형상 및 사용개소에 따른 분류

① I형 : 직선개소 또는 내곡선 바깥쪽에 설치(in type)

② O형 : 직선개소(지그재그 편위) 또는 내곡선 안쪽에 설치(out type)

③ F형 : 에어조인트 및 에어섹션(비상섹션) 구분장치에 사용(flat type)

④ 특수 I형 : 부득이한 조건으로 레일중심에서 전주건식 위치가 규정치 이상으로 큰곳이나 빔 설치가 곤란한 역구내 등 특수한 장소 또는 조건에 적합하게 제작하여 사용한다.

⑤ I형(FRP제) : 터널브래키트(그림 4-4 참조)

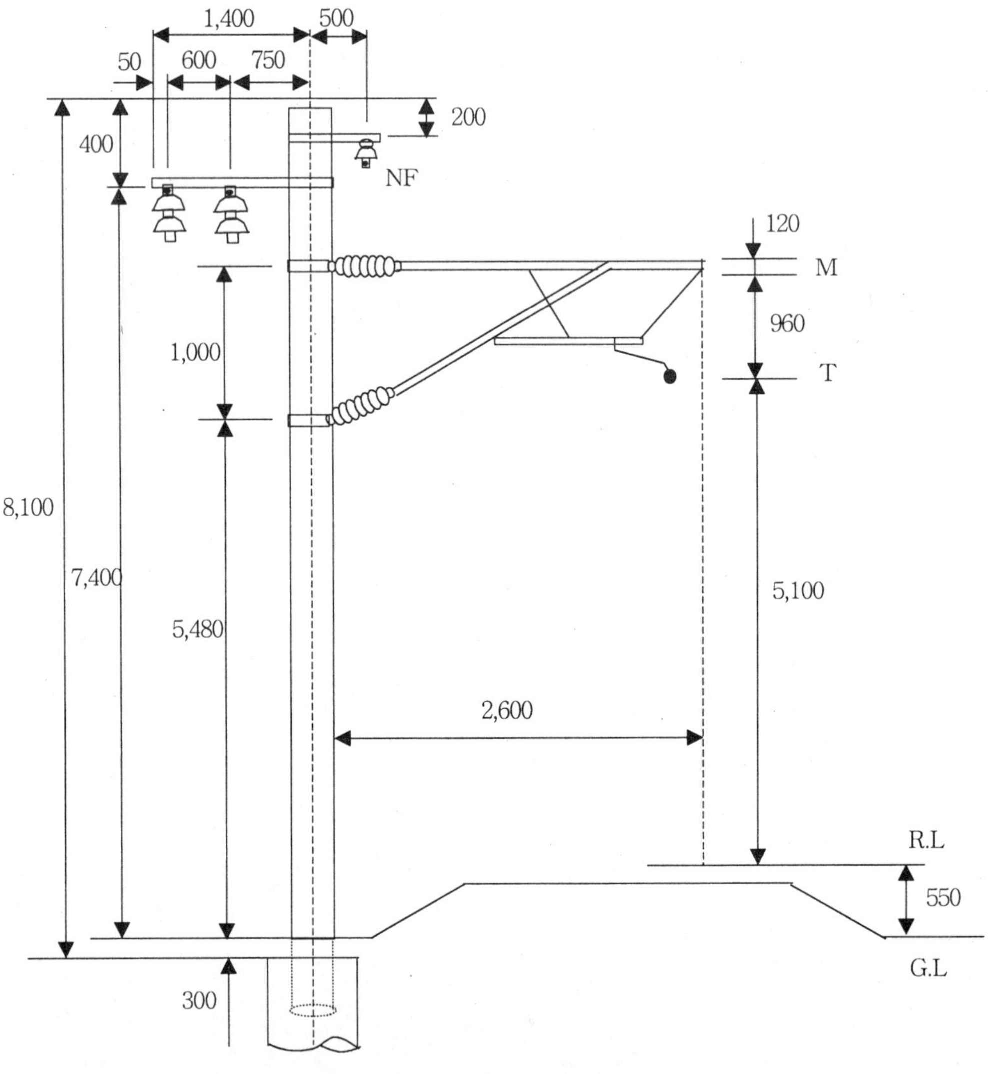

※ 그림 4-3 가동브래키트 장주도(수도권 I형) ※

✍ 가동브래키트 회전성능

수평방향으로 회전이 가능한 각도는 90°로 하고 회전에 의하여 전차선 위치가 좌우 ±500[mm] 미만의 범위에서는 조가선에 변동이 없도록 하여야 한다. 이것은 가동브래키트 본체가 전주와 설치된 축에 회전이 가능한 구조로 되어 있기 때문에 기온의 변화에 의한 전차선의 장력조정을 원활하게 하고 고속집전 성능의 유지가 가능하도록 하여야 한다.

✍ 평행틀

전차선 평행개소(Over lap) 등에서 1본의 전주에 2개의 가동브래키트를 지지하기 위한 구조를 평행틀이라 말한다. 평행틀 사용개소는 평행개소(에어섹션, 에어조인트)와 역구내 건널선 개소 등이다.(그림 4-7 참조)

✍ 하수강

전주의 건실이 곤란한 개소에서 고정빔이나 터널의 천정 아래로 가동브래키트 또는 곡선당김장치 등을 지지하기 위한 구조물을 "하수강"이라 한다. 하수강은 주로 터널내 , 역구내의 고정빔개소, 트러스 교량개소 등에 사용되고 있다.

(4) 터널브래키트(FRP제) 상세도

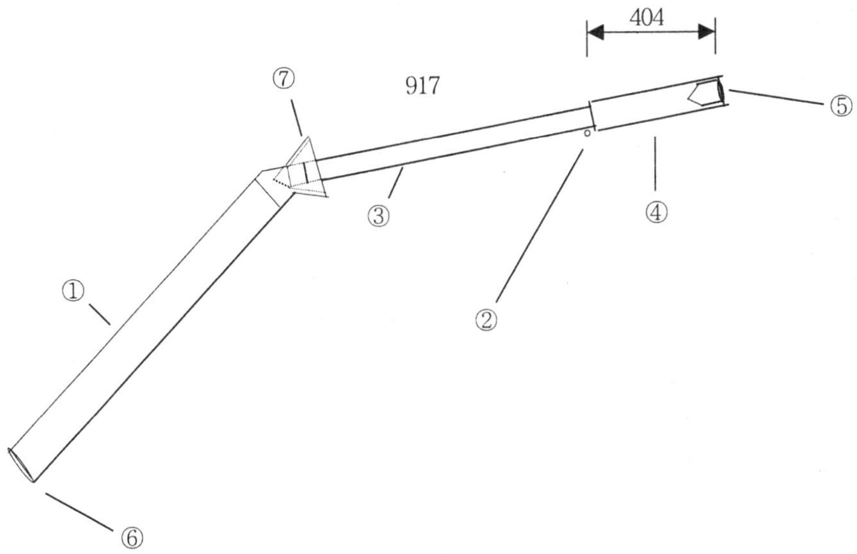

※ 그림 4-4 터널브래키트 본체 ※

표 4-1 브래키트 본체 품명

품명 : 터널브래키트 본체(GLASS FIBRE SUPPORT ARM-ASSEMBLY)				
기호	품 명	규격(재질)	형상, 치수	비고
1	지 지 관	강 관		
2	연결구멍		Φ 4.8	
3	절 연 봉	FRP	Φ 30	
4	연 결 관	흑색포리클로로프제		
5	연결관 마개	흑색포리클로로프제	Φ 30	
6	지지관 마개	흑색포리클로로프제		
7	나 팔 관			

(5) 가동브래키트 설치시 주의사항

(가) 공통사항

① 브래키트 설치 작업을 하고자 할 때에는 먼저 전철주 전면(레일쪽)에 레일면을 정확히 표시한다.

② 가동브래키트 길이는 건식 게이지에 따라 소정의 것을 사용하여야 한다.

③ 터널, 과선교 등 구조물 전후에 있어서는 전차선 구배를 검토하여 전주 전면에 지워지지 않는 필기구로 상부밴드 위치(높이)를 기록한다.

④ 신설 선로의 경우 장래 레일 상승을 고려하여 상부밴드의 위치를 규정치 보다 100[mm] 높게(전차선 높이 5,300[mm] 기준)한다. 다만, 책임자 또는 감독자의 지지가 있을 때는 그 지시에 따른다.

⑤ 터널, 과선교 전후에 있어서 부득히 가동브래키트 가고를 줄이고자 할 때에는 보조조가장치를 설치한다. 이때 지지점에서 보조 조가선의 각도는 120°를 표준으로 한다.(그림 4-5 참조)

⑥ 브래키트의 수평 주파이프는 특별한 경우 이외에는 원칙적으로 수평으로 설치한다. 전주의 위치 등으로 부득이 한 경우에는 하부밴드 간격조정 등으로 수평을 유지토록 한다.

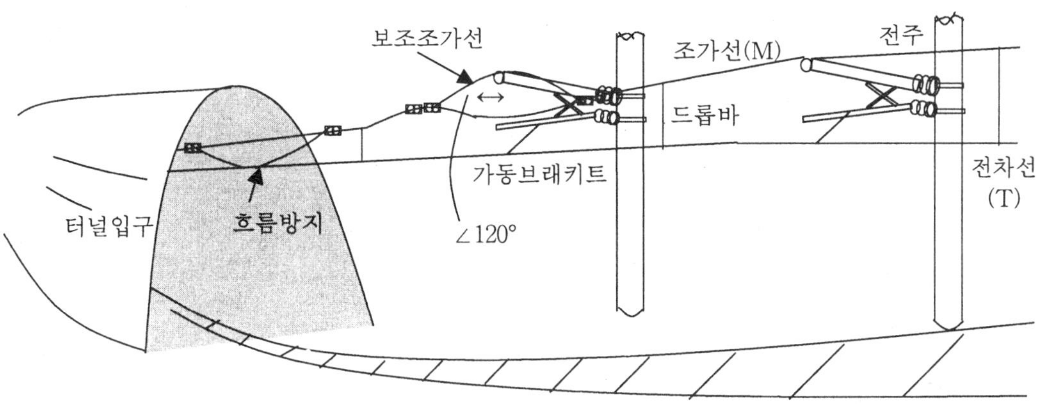

※ 그림 4-5 터널입구 보조 조가장치 설치도 ※

(나) 수도권형(A식) 가동브래키트

① 선로의 곡선반경, 전주의 건식위치, 지지물의 형식, 가고 등을 전주별로 정밀하게 조사하여 명세표를 작성한 후 브래키트의 규격을 결정하고 이 명세표에 의거 설치한다.

② 브래키트의 상부 전주밴드의 설치 위치는 조가선의 높이(지지점에 있어서 레일면상의 전차선 높이+가고)에서 40[mm]를 낮추어야 하며, 표준온도(10[℃])를 기준으로 선로와 직각방향으로 설치한다.

③ 진동방지 파이프의 위치는 전차선 높이보다 350[mm] 높이고 선로의 캔트를 고려하여 레일면과 수평을 이루도록 설치하고 수평 주파이프와 진동방지 파이프의 표준간격은 570[mm]가 원칙이다.

④ 브래키트는 브래키트용 전용밴드 또는 설치 철물로 전주, 하수강, 벽체 등에 견고하게 설치하며 보강재는 브래키트형(I형 및 O형)에 따라 압축에 견디는 구조로 U볼트를 체결하여야 한다.

⑤ 하부 전주밴드의 설치 위치는 지지점 가고에 따라 상부밴드와 하부밴드의 간격을 규정하고 있다.
(보통 역간 가고 960[mm]에서 건식게이지 3.0[m], 밴드간격 1,000[mm]이다.)

⑥ 평행개소에는 2본의 브래키트를 평행틀 또는 2본의 전주(복주방식에 한함)에 설치하며, 강체 가선방식에서는 그러하지 아니한다.

⑦ 브래키트 조립시 모든 체결 볼트는 견고하게 조여야 하고 분할핀 삽입개소는 누락없이 꽂은 후 빠지지 않게 끝을 벌려 놓아야 한다. 다만, 편위조정시 이동

부분은 전차선 편위 조정후 고정시켜야 한다.

(다) 산업선형 가동브래키트(전차선 개량으로 제외)

(라) 터널브래키트

① 터널 인출 부분의 첫 브래키트의 설치 위치는 터널 끝에서 부터 2.5[m]~5.0[m] 위치에 설치하여야 하며 설치간격은 20[m]를 표준(더블 조가선 시설구간은 10~15[m])으로 한다.

② 브래키트 지지금구는 건축한계에 저촉되지 않도록 설치하여야 하고, 앵커볼트매입시는 주위의 터널벽에 손상을 주지 않아야 하며, 앵커가 빠지지 않도록 견고하게 매입하여야 한다.

③ 터널내는 절연이격 거리와 전차선 높이가 제한되므로 설계도의 지지점 경간보다 확대 시공하는 것은 금하며 각부의 볼트 너트는 완전하게 조임을 하여야 한다.

④ 터널브래키트의 설치 높이는 터널 천정과 조가선의 이격거리 범위내에서 최대한 높여서 시공하여야 하며 인접브래키트와의 차는 40[mm](20[m]경간 기준) 이내로 한다.

⑤ 직선구간 터널브래키트의 편위는 6경간을 1사이클로 하여야 한다.

⑥ 절연물의 오손(汚損)을 방지하기 위하여 브래키트의 포장은 전차선로의 가압시험 직전까지 두어야 하며, 제거 후에는 절연물 표면에 실리콘 도료를 1.0[mm] 두께로 균등하게 칠하여야 한다.

(마) 절연브래키트

여객 홈, 화물 홈등 사람의 접근이 용이한 곳에 설치하는 가동브래키트는 절연가동브래키트를 설치하여야 하며 철주 이외의 지지물에 설치하는 경우에는 접지설비를 하여야 한다. 단, 절연브래키트 방식은 부득이한 경우 이외에는 사용하지 않는 것으로 하며 건식 게이지가 4.2[m]를 넘는 경우에는 고정브래키트 또는 빔 방식으로 한다.

3. 사용재료 및 공구

품 명	규 격	단위	수량	품 명	규 격	단위	수량
가동브래키트	I형 3.0	개	1	st 강연선	다이스키용 (22[mm^2])	식	2
전철용밴드	가동브래키트용 1호 Φ300	개	2	도르래	주상작업용 (1[t])	개	1
장간애자	T-m Φ80×L921	개	2	줄자	일반 5[m]용	대	1
모터카 또는 사다리차	전차선 가선용	대	1	장선기	1.5[t]	대	1
전차선가선측정기	편위, 높이측정자	대	1	심부름바	10[mm](pp로프)	m	30
접지걸이	25[kV]용	조	2	각종 작업공구	전차선작업	식	1
검전기	일반	개	1				

4. 실습순서 및 설치방법

① 재료준비 및 개인보호장구 확인(안전모, 안전요대, 안전화 등)

② 참고자료 확인 및 당일 작업내용, 주의사항 등 담당별 임무 부여

③ 지선 설치개소는 사전에 설치 완료.(터널브래키트 지지금구는 사전 설치)

④ 설치할 전철주 번호와 가동브래키트에 표시되어 있는 번호 확인

※ 주의 : 평행틀 위에 2본의 가동브래키트를 설치할 경우

- 각각의 번호를 표시(1, 2등으로 전철주 번호 위에 표시)
- 전주별 장주도 참조
- 가선방향에 주의

⑤ Rail 레벨로부터 설치위치를 측정하고 상부 전주밴드를 먼저 설치한다.

⑥ 전주두부에 도르래를 설치하여 서서히 브래키트를 들어올린다.(가선모터카 이용시는 작업원 상호 또는 도금의 손상 등 시설물에 접촉되지 않도록 주의)

⑦ 가동브래키트의 장간애자와 브래키트 가동고리를 설치한다.(단 하수강, 터널 브래키트는 벽체 등에 설치한다)

⑧ 상승 작업차 위에 2명의 전공이 시행하며 가동브래키트가 좌, 우로 움직이지 않도록 고정볼트 등으로 고정시켜 둔다.

⑨ 가동브래키트의 지지재는 필요에 따라 압축에 견디는 구조로 한다.

⑩ 평행개소에는 2본의 브래키트를 평행틀 또는 2본의 전주(복주방식)에 설치한다.

다만, 강체가선방식에서는 그러하지 아니한다.

⑪ 설치후 전차선, 조가선에 손상이 가지 않도록 브래키트 지지금구에 설치하고 전선 수평장력을 대비하여 장선기를 사전에 준비한다.

⑫ 작업후 제반규정에 맞게 설치되었는지 확인하고 뒷정리를 시행한다.

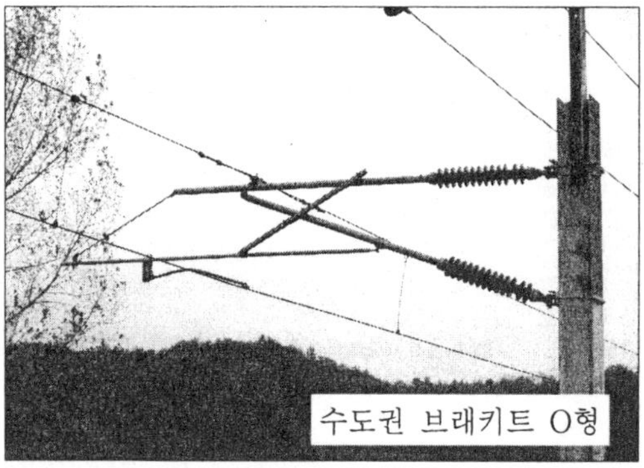

수도권 브래키트 O형

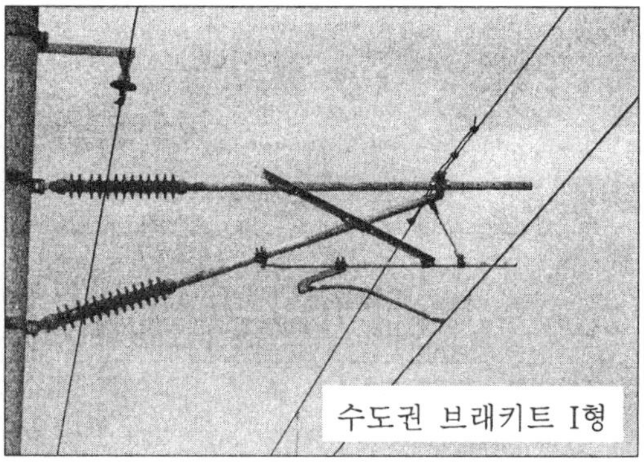

수도권 브래키트 I형

※ 그림 4-6 가동브래키트 G3.5 I형, O형 ※

📖 참고

✍ 전철전력시설규정(개정 2003. 5. 24 훈령 제7965호)

제103조 (빔 및 브래키트 안전율)

① 빔 및 브래키트는 소재 허용응력에 대하여 안전율을 1이상으로 시설한다.

· 안전율 : 항장력/허용장력

- 항장력 : 어떤 물체에 외력이나 힘을 가하였을 때 변형이 되는 항복점(降伏點)
- 허용장력 : 설치하는 지지물 또는 설비의 최대장력 또는 토크

② 가동브래키트 애자의 안전율은 최대 만곡하중에 대하여 2.5이상으로 한다.

제104조 (고정빔 및 고정브래키트)

① 고정빔 및 고정브래키트는 전주밴드 또는 설치 철물에 의하여 전주에 설치하며 서스팬선 롯드 또는 지지재에 의하여 지지한다.

② 스팬선 브래키트는 설치 철물로 헤드스팬선 빔에 설치한다.

제105조 (가동브래키트의 설치)

① 가동브래키트는 설치 철물로 전주, 하수강, 벽체 등에 설치한다. 다만, 정거장구내 등에 사람의 접촉이 우려되는 장소에는 절연브래키트를 설치한다.

② 터널시, 종단에 설치하는 브래키트는 터널시, 종점으로부터 5[m]이내의 위치에 설치함을 원칙으로 한다.

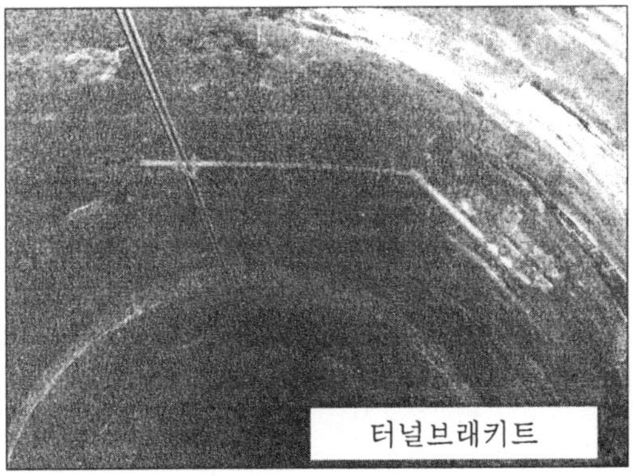
터널브래키트

에어조인트 평행틀

※ 그림 4-7 각종 설치개소별 브래키트 설치형상 ※

5. 실습결과 및 고찰

① 브래키트 종류와 특성을 설명할 수 있다.

② 가동브래키트 장・단점을 이해하고 설명할 수 있다.

③ 터널브래키트 부분별 품명과 규격을 알고 있다.

④ 브래키트 설치작업시 안전사고 예방에 의하여 조치사항을 설명할 수 있다.

⑤ 전주에 설치된 전차선로(급전선, 보호선 등)를 이해하고 용도를 설명할 수 있다.

⑥ 안전율을 이해하고 전차선로 각 시설물의 안전율을 알고 있다.

실 5 습

전차선, 조가선의 접속

1. 실습목적

전차선로 장애/사고 또는 이례상황 발생시 전차선, 조가선을 신속하게 복구하여 원활한 송전 및 열차안전운행 확보(복구시간단축)을 하는데 목적이 있다.

2. 관련이론

(1) 전차선(電車線:Trolley wire)

(가) 전차선의 정의(定意)

전차선은 레일면상 일정 높이에 가선되고 전기차의 집전장치와 직접 접촉하여 전기차의 모터에 전기를 공급하기 위한 전선이다.

전기차의 Trolley에 접촉하는 전선이라는 의미로 Trolley wire 또는 Contact wire라고 부르기도 한다.

(나) 전차선에 요구(要求)되는 성능(性能)

전차선은 집전장치가 직접 습동해서 집전하는 것으로 전차선로 설비 중에서 가장 중요한 설비이다. 따라서 전차선에는 다음과 같은 성능이 요구된다.

① 가선 장력에 대하여 충분히 견딜것.

② 집전장치 통과와 집전에 지장이 없을것.
③ 집전율이 높을 것.
④ 전류용량이 클 것.
⑤ 내열성이 우수할 것.
⑥ 내마모성이 우수할 것.
⑦ 내부식성이 우수할 것.
⑧ 피로강도에 충분히 견딜 것.
⑨ 접속개소의 통전상태가 양호할 것.

(다) 전차선(電車線)의 선종(線種)

① **전차선의 굵기** : 일반적으로 전선의 굵기를 결정하기 위해서는 허용전류, 전압강하, 기계적 강도, 작업성과 경제성 등에 의하여 결정 되어 진다. 전차선은 일반의 가공전선과 달리 장력이 크고 팬터그래프의 충격을 받는 것을 고려하여야 하고 또한 차량사고로 대전류가 흘러 단선 위험을 수반하기 때문에 이것을 방지하기 위하여 송배전 전선 보다 굵게 할 필요가 있다.

전차선의 굵기를 결정하기에는 전기차의 집전전류 뿐만이 아니고 기타 제반여건을 감안하여 설계하여야 한다. 단면적에 대하여는 110[mm^2] 또는 170[mm^2]가 사용되고 있지만 전류용량 및 기 전차선의 굵기를 결정하기에는 전기차의 집전전류 뿐만이 아니고 이런점을 타의 측면에서 검토되어 선정되어야 할 것이다. 굵은 전선은 전류 용량, 장력 등을 크게 갖는 이점은 있지만 초기 투자비의 증대와 작업이 불리한 점을 가지고 있다.(고속철도 150[mm^2] 사용)

② **전차선(電車線)의 단면형상(斷面形狀)** : 전차선 단면 모양은 원형, 홈원형, 홈제형(梯形), 홈이형(異形) 등이 있으나 홈원형을 많이 사용하고 있다. 전차선은 보통 홈경동선을 주로 사용하고 있으나 전차선의 성능을 향상시키기 위하여 합금 전차선을 사용하기도 하는데 홈Ag합금전차선은 동에 은을 0.2[%] 정도 넣은 합금으로, 도전율이 그다지 저하되지 않고 내열성, 내마모성을 크게 한 것이다. 사용온도는 경동의 2배 가까이 할 수 있어 터널방재 대책 개소 등에 사용하고 있다.

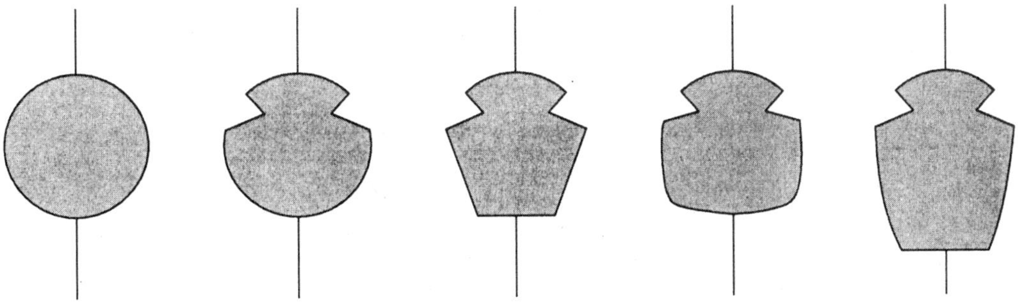

※ 그림 5-1 전차선의 단면형상 ※

표 5-1 홈경동선(Trolley wire)의 치수형상

공 칭 단면적	A	B	C	D	E	F	G	H	WT [kg/m]
170[mm^2]	15.49	15.49	7.32	7.74	11.43	2.4	27°	51°	1.511
110[mm^2]	12.34	12.34	6.85	7.27	9.75	1.7	27°	51°	0.9877
107[mm^2]	12.24			6.92			27°	51°	0.951

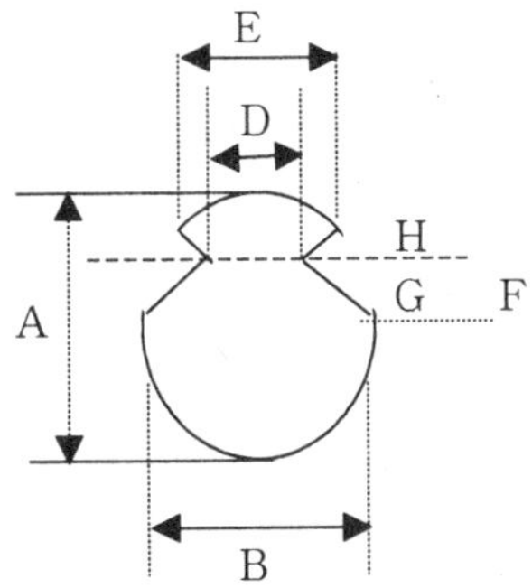

(2) 조가선(吊架線)

(가) 조가선의 정의(定義)

조가선이라고 하는 것은 가공전차선에 있어서, Simple가선에서는 행거를 이용하여 전차선을, Compound가선에서는 드롭바(Dropper), 행거(Hanger)를 이용하여 보조 조가선 및 전차선을 조가하는 전차선의 최상부에 가선되는 전선이다.

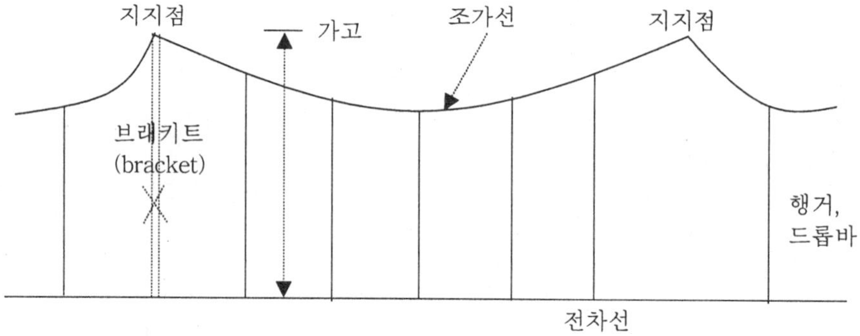

※ 그림 5-2 조가선 ※

(나) 조가선의 특성

일반적으로는 전선은 부식, 기계적 진동, 마찰 등을 받아 항장력이 저하하기 때문에 내식성, 내마모성, 내진동 등에 강한 것이 바람직하다.

조가선에 제일 요구되는 성능은 인장하중이 큰 것이지만, 전차선용 전선은 단일로 사용되는 것이 아니고 드롭바, 행거 등으로 병행 구성되기 때문에 기계적 진동, 마모특성, 이종금속과의 전기 화학적 접촉부식 특성을 고려할 필요가 있다.

① 기계적(機械的) 강도(强度)가 클 것 : 조가선은 전차선을 단순히 지지하는 것만이 아니고, 이선을 방지하고 고속운전을 행하기 위하여는 조가선 및 전차선의 장력을 크게하여 가선의 탄성계수를 높게 하는것이 필요하고 인장강도가 큰 것이 가장 중요한 조건이다.
또 높은 응력에 견딜 수 있고 진동피로 강도가 큰 것이 필요하다.

② 내식성(耐蝕性)이 클 것 : 특히 전차선로는 시가지, 공장지대, 해안지대를 지나기 때문에 아황산가스((H_2SO_4), 염수 등에 강한 내식성이 우수한 것이 필요하다.

③ 내마모성(耐磨耗性)이 클 것 : 조가선은 드롭바, 행거 등으로 전차선을 지지하고, 기계적 진동을 받기 때문에 지지점과 드롭바, 행거 등에 의한 기계적 마모를 무시할 수 없다. 특히, 도금강선은 피막의 손상으로 이종금속 접촉부식을 발생하게 하여 수명을 단축시킬 우려가 있다.

④ 도전성(導電性)이 좋을 것 : 부하전류의 일부를 부담하기 때문에 도전성이 좋아야 한다.

⑤ 선팽창계수(線膨脹係數)가 적절(適切)할 것 : 특히 고정 Beam 개소의 Simple catenary 등에는 조가선의 열 신축에 따라 전차선이 수평을 유지하지 않으면 고속집전에 지장을 주기 때문에 선팽창계수가 적은 것이 좋다.
조가선은 지지점, 접속부의 소선 단선 및 부식, 손상의 확인, 이도, 장력의 조정 등이 보전상 가장 중요하다. 동과 철과의 접촉(이종금속의 접촉에 따른 부식)은 가장 주의를 하여야 하는 것 중의 하나로 이 경우는 철이 부식된다.

⑥ 이종금속(異種金屬)의 접촉부식(接觸腐蝕)

㉠ 이종금속의 접촉에 의한 부식 : 두 종류의 금속이 접촉하고 있는 개소가 염분 등 전해질의 용액에 접촉하면, 그 곳에서 국부전지가 형성되어 그 용액중의 금속의 전극 전위에 의하여 생성된 마이너스 전위가 높은 금속이 양극으로 되어 용액중에 용해되어 부식한다.
접촉 부식에 따른 부식량은, 그 경우의 부식 전류량과 비례관계가 있고, 그것은 전극전위차에 기인한다. 예를 들면, 알루미늄과 동이 조합된 알루미늄의 부식량은 철과 동이 조합된 경우의 철의 부식량보다 크게 된다. 또 알루미늄과 동의 슬리브에서 중간금속으로 주석 합금 등을 사용하고 있으나, 주석은 알루미늄과 동의 중간의 전위가 되기 때문에 이것이 게제된 것에는 각각의 전위차가 적어 부식이 경감된다. 실제로는 각종 금속체는 표면에 산화피막이 형성된다든지, 표면이 부식 생성된 생성물로 피막되어 있다든지 하는 복잡한 현상을 나타내고 있는 경우가 많아, 꼭 전위차에 비례하지는 않으나 원칙적으로는 이와 같은 경향을 나타낸다.

㉡ 이종금속(異種金屬)의 접촉부식(接觸腐蝕) 요인(要因)

ⓐ 수분의 부착, 온도의 영향 : 이종금속의 접촉부식은 국부전지 작용(일종의 전기분해작용)이기 때문에 수분이 없으면 절대 부식은 발생하지 않지만, 온도에 의한 영향을 어느 정도는 받는다.

ⓑ 부식환경(腐蝕環境)의 영향(影響) : 부착 수분의 성질, 예를 들면 염수(해안지대), 아황산수(공해지대)등에 따라 물의 도전성이 높게 되고, 또 그 농도에 따라 부식은 상당히 빨라진다.

ⓒ 온도조건(溫度條件) : 온도가 높으면 부식이 빨라지고, 온도가 20[℃] 높아지면 부식속도는 약 2배가 된다. 년간 기온이 높은 개소 또는 전류 등에 의하여 온도가 상승하는 개소는 주의가 필요하다.

ⓓ 분진(粉塵)의 부착(付着) : 분진이 부착되면 습기를 먹고 또 분진의 성분

이 습기에 용해된다.

⑦ 이종금속(異種金屬)의 접촉(接觸)에 의한 부식방지(腐蝕防止) 방법(方法)

㉠ 이종 금속간을 절연한다 : 국부전지의 전류를 차단시키므로서 부식을 방지한다.

㉡ 중간금속을 삽입한다 : 중간금속을 삽입하므로서 이종금속 상호의 전위차를 감소시켜 부식을 감소시킨다.

📖 **참고**

표 5-2 전차선의 마모한도

전차선의 종류	마모한도(磨耗限度)	
	잔존직경	잔존면적
170[mm²](15.49[mm])	8.5[mm]	87.45[mm²]
150[mm²](13.60[mm])	8.2[mm]	81.25[mm²]
110[mm²](12.34[mm])	7.5[mm]	67.59[mm²]

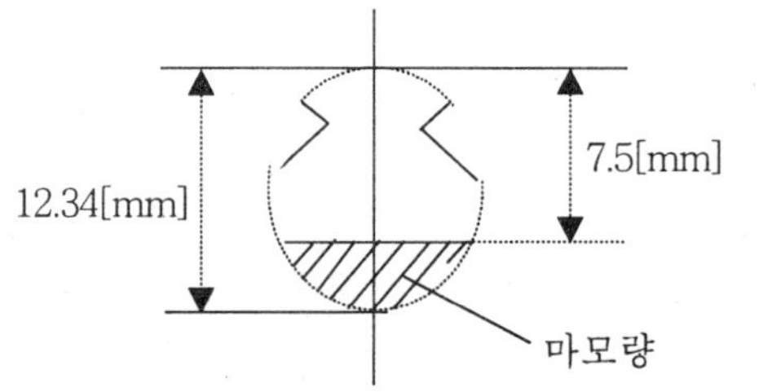

※ 그림 5-3 110[mm²] 잔존직경 ※

3. 실습순서 및 접속방법

(1) 더블이어 접속요령(전차선 국부마모 또는 사고발생시)

시설 초장기에는 전차선 접속시 직선접속 크램프를 사용하여 연결하였으나 온도 및 장력변화 등으로 접속개소의 밀착불량, 작업시간 과다소요 등으로 최근에는 더블이어 사용을 원칙으로 하고 있다. 또한 전차선 접속으로 인하여 장력이 불균형하거나 인장력의 감소, 전차선의 뒤틀림 등이 발생하지 않도록 주의하여 작업하여야 한다.

① 작업공구 및 재료준비(안전사고 예방을 위한 주의사항 교육)

② 전차선의 접속부분을 잘편 다음 팬터그래프의 통과에 지장이 없도록 구부리고 두선 접속부분을 와이어 브러쉬로 잘 딱은 다음 더블이어를 채울 개소에 구리스를 바른다.

③ 전차선 접속개소에는 본체에 손상이나 충격으로 전차선이 변형되지 않도록

주의하여 작업하고 표면을 깨끗하게 하여야 한다.

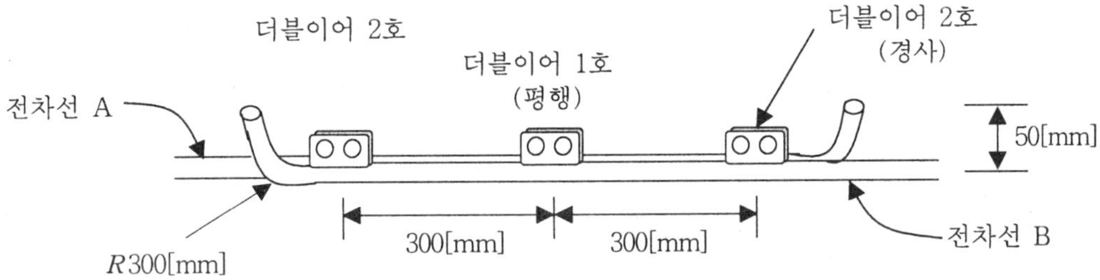

※ 그림 5-4 전차선 더블이어 접속도 ※

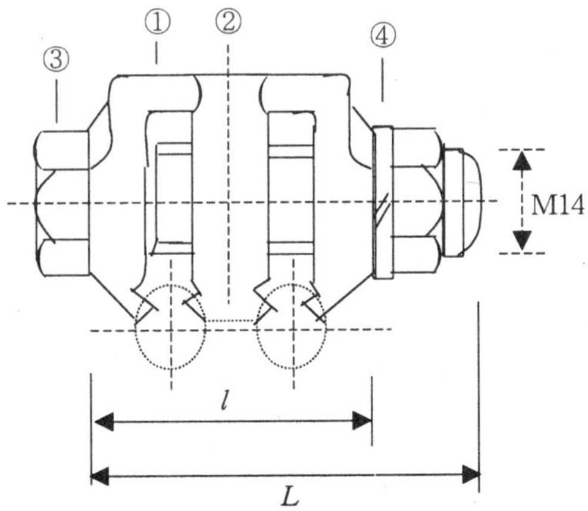

※ 그림 5-5 전차선 더블이어 형상 ※

📖 참고

표 5-3 더블이어 길이

종 별	L	l
GT 110[mm²]	58	41
GT 170[mm²]	65	46

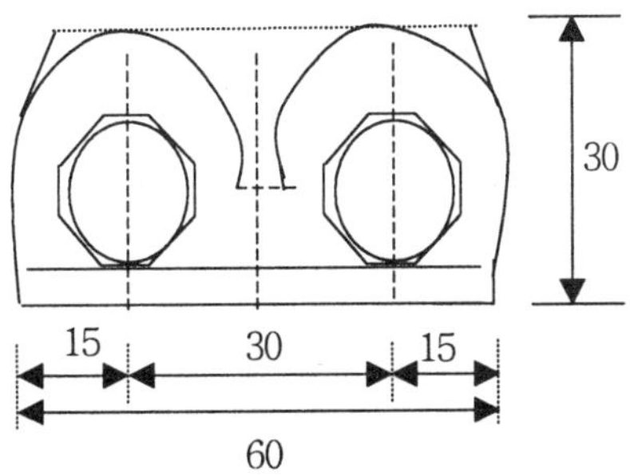

	① 평행등위 접속용(그림 5-5) (3개 설치시 중간에 사용) ② 단층 접속용은 보수 또는 신설시 양단에 사용 ③ GT 110[mm²] 및 170[mm²] 겸용

④ 더블이어의 볼트, 너트는 반드시 두 사람이 마주보고 서로 꼭 조인다.

⑤ 더블이어는 3개를 사용하고 완전히 조인 다음에는 더블이어의 볼트, 너트를 다시한번 조이고 이어가 전차선의 홈에 완전히 들어가 있는가를 확인하고 이어의 간격은 300[mm] 정도로 한다.

⑥ 반대측의 단말처리는 더블이어에서 50[mm] 정도 떨어져서 1.6[mm] 철선을 몇 번 감고 전차선의 끝을 잡고 위로 구부린다.
이때 전차선이 구부러지는 정도를 보아 철선을 움직이며 전차선이 원만하게 구부러 지도록 이어에서 약 50[mm] 되는 곳을 끊고 철선을 푼다.

⑦ 더블이어를 300[mm] 간격으로 3개 설치한 상태에서, 전차선의 길이 방향으로 800[kgf]의 장력을 가한 후, 1,000[kgf·cm]의 체결력으로 다시 체결하여 2,000[kgf]의 하중을 두어 3분간 두어도 미끄러지지 않고 어떤 이상이 발생하지 않도록 한다.

(2) 쐐기형 크램프 접속(전차선, 조가선)

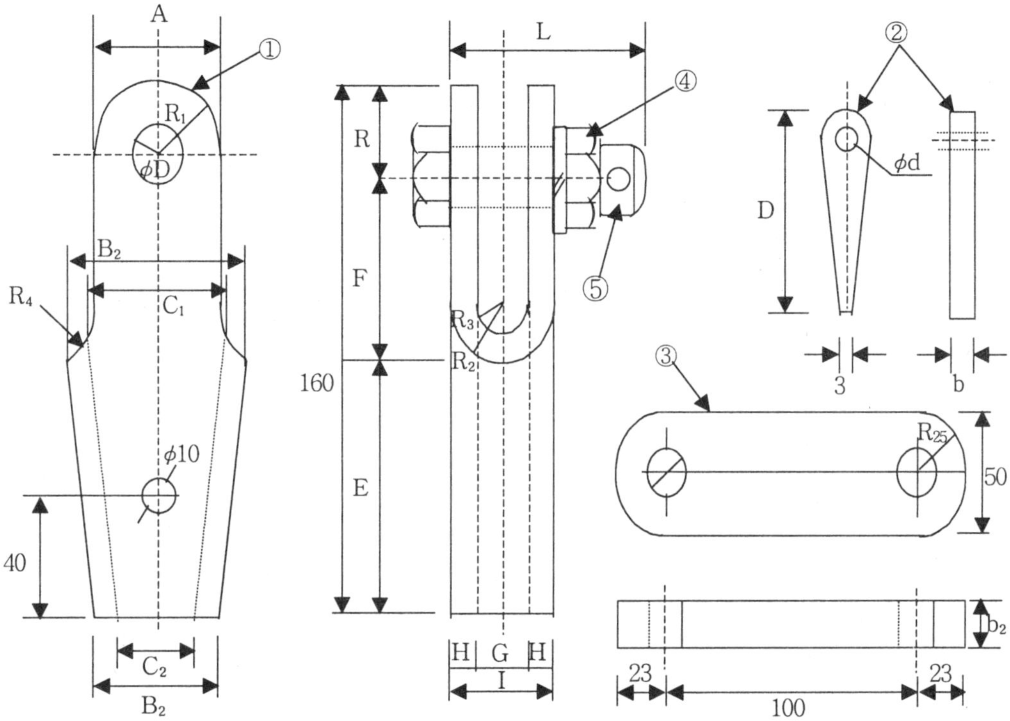

※ 그림 5-6 쐐기형 크램프 형상 ※

표 5-4 쐐기형 크램프 치수

구 분	본 체															쐐 기				스트랩		볼트	
	A	B_1	B_2	C_1	C_2	D_1	E	F	G	H	I	R_1	R_2	R_3	R_4	a	b_1	d	r	D_2	b_2	L	M
135～170 [mm^2]	45	67.5	50	52	34	21.5	86.5	51	19	8	35	22.5	18	10	26	83	16	6	9	21.5	16	75	20
90～110 [mm^2]	42	62	44	48	28	17.5	80	59	16	8	32	21	16	8	20	80	14	6	9.5	17.5	12	65	16

(가) 쐐기형 크램프 접속요령(전차선, 조가선)

① 쐐기크램프의 본체를 전차선(조가선)에 끼운다.

② 전선의 비틀림이나 구부러짐을 바로 잡으며 전차선 구부릴곳을 1.6[mm] 철

선으로 감아 표시하고 전선을 구부린다.

이때 주의할 것은 쐐기보다 조금 작게 링을 만든다.

③ 전차선을 구부리는 작업은 전차선 밴다를 사용.(조가선은 수작업)

④ U형상으로 구부린 전차선(조가선) 사이에 쐐기를 끼운다. 이때 쐐기와 전차선의 간격이 벌어지지 않도록 한다.(측부 평면쪽으로 삽입 후 끝단은 경사쪽 나오도록)

⑤ 쐐기본체에 끼워 넣은 다음 햄머 등으로 본체 후미를 두들겨 전차선을 금구 내부에 완전히 들어 보낸후 확인한다.

⑥ 쐐기에 한쪽 단말은 본체 끝단에서 약 20~30[mm] 남겨두고 절단한 후 최종 점검후 스트랩(평철)을 이용하여 접속 완료한다.

⑦ 접속이 완료되면 리벳트 볼트와 코타핀을 조립하고 코타핀 끝을 적당히 구부려서 빠지지 않도록 마무리 한다.

⑧ 조가선에 걸어두었던 장력을 서서히 풀어 연결개소의 이상유무를 확인하고 인류구간과 장력장치 추 높이를 확인하여야 한다.(장력장치보수 참조)

⑨ 당일 작업개소에 팬터그래프 통과에 지장이 없는지 확인하고 장선기 및 감마롱 철거시 전차선로에 손상이 가지 않도록 하여야 한다.

📖 참고

✍ 철도청 전철전력시설규정[2003. 5. 24 훈령 제7969호]

제124조 (전차선 및 조가선의 접속) 전차선 및 조가선의 접속은 다음 각호에 의하여 시설한다.

1. 전차선 및 조가선의 접속지점는 팬터그래프의 통과에 지장이 없도록 시설한다.
2. 전차선 상호간은 더블이어를 사용하여 접속한다.
3. 신설시에 있어서 본선의 전차선은 부득이한 경우 이외에는 접속하지 아니한다.
4. 조가선의 접속은 다음 방법에 의한다.
   가) 카드뮴동연선은 압축접속 또는 접속 철물로 접속하며, 접속 철물로 접속한 경우에는 상호 균압한다.
   나) 기설치된 아연도강연선은 접속 철물로 접속한다.

✍ 철도청 전철전력설비보수규정[2003. 5. 24 훈령 제7964호]
(제6장 접속개소 관리)

第29조 (접속개소 관리) ①전기사무소장은 관할 전철설비의 접속개소 관리부를 작성하여 측정치를 기록, 분석 관리하고 통합시설관리시스템에 등록하여야 한다.

② 절연구분장치 전차선 단말접속개소 관리는 다음과 같이 한다.

1. 절연구분장치 교체에 따른 단말크램프에 의한 접속시는 홈이 있는 전차선을 100[mm] 절단 후 조임접속을 하여야 한다.
2. 절연구분장치를 3회 이상 교체시에는 해당섹션의 전차선을 교체하여야 한다.

第30조 (정기측정) 전기사무소장은 관할 전철설비의 접속개소 온도를 적외선 온도 측정기를 이용하여 급전분기개소는 분기 1회, 기타개소는 연 1회 이상 측정하여야 한다.

✍ 각 국의 전차선로(표 5-5 참조)

표 5-5 각국 전차선로의 비교

구 분	TGV(대서양)	경부고속철도	기존선고속화	기존철도
전차선 전압	교류단상 25[kV] 50[Hz]	교류단상 25[kV] 60[Hz]	교류단상 25[kV] 60[Hz]	교류단상 25[kV] 60[Hz]
가선방식	심플커티너리	심플커티너리	심플커티너리	심플커티너리
전주형별	H형강주 8[m]	H형강주 9[m]	H형강주 9[m], PC주	H형강주 9[m]
전주경간(가고)	63[m](1.4~1.1)	63[m](1.4~1.1)	50[m]	60~20[m](0.9~0.15)
전주건식게이지	3.5	3.235	3.0	3.0
전차선지지	가동브래키트	가동브래키트	가동브래키트	가동브래키트
전차선(장력)	Cu 150[mm^2] (2.0)	Cu 150[mm^2] (2.0)	Cu 150[mm^2] (2.0)	Cu 107, 110, 170 [mm^2](2.0, 3.0)
전차선 형식	평편한 원형	평편한 원형	평편한 원형	원형
조가선 및 장력	Bz 65[mm^2](1.4)	Bz 65[mm^2](1.4)	Bz 65[mm^2](1.4)	CdCu 70[mm^2], 동복 강선 90[mm^2], St 90[mm^2]
장력방식(활차)	개별자동(5:1)	개별자동(5:1)	개별자동(5:1)	일괄자동(4:1, 3:1)

구 분	TGV(대서양)	경부고속철도	기존선고속화	기존철도
조가선방식	Bz 12[mm²]	드롭바(6.75) Bz 12[mm²]	Bz 12[mm²]	행거, 드롭바 Fe, CdCu
절연구분장치	이중 overlap	이중 overlap	이중 overlap	FRP 절연체방식
동상용구분장치	다이아몬드형	다이아몬드형	다이아몬드형	애자, 다이아몬드형
전차선 높이	5.08[m]	5.08[m]	5.20[m]	5.20[m](4.85)
전차선 편위	좌우 200[mm]	좌우 200[mm]	좌우 200[mm]	좌우 200[mm]
최대인류구간	1,200[m]	1,200(1,500)[m]	1,600[m]	1,600[m]
가 고	1,400[mm]	1,400[mm]	960[mm]	960[mm]
이도(pre-sag)	경간/2,000	경간/2,000	경간/2,000	-
운전최고속도	300[km/h]	300[km/h]	160[km/h]	110[km/h]
수전방식	교류3상3선식 154[kV](2회선)	교류3상3선식 154[kV](2회선)	교류3상3선식 225[kV](2회선)	교류3상3선식 154[kV](2회선)
변전소간격	22.4~93[km]	50~70[km]	50~70[km]	20~70[km]
주변압기 형 식	AT(단권변압기)	SCOTT	SCOTT	SCOTT
주변압기 용 량	60[MVA]×2	120[MVA]×2	60[MVA]×2	33[MVA]×2
급전방식	AT(단권변압기)	AT(단권변압기)	AT(단권변압기)	AT, BT
급전구분	방면별	방면별	방면별	방면별
개폐장치	GIS	GIS	GIS	GIS, 일부 GCB
고압배전방식	-	22[kV](△-Y방식)	66[kV]3 ϕ 3[W]	66[kV]3 ϕ 3[W]

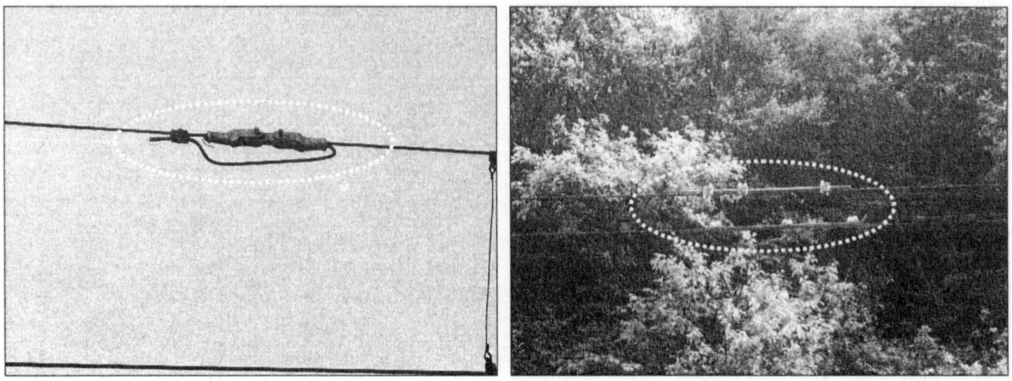

※ 그림 5-7 조가선, 전차선접속 및 조가선 보강 ※

4. 사용재료 및 공구

품 명	규 격	단위	수량	품 명	규 격	단위	수량
전차선	Cu 110[mm²]	m	4	전차선Key	110[mm²]용	개	2
조가선	CdCu 70[mm²]	m	4	전차선 밴다	전차선용	개	1
쐐기형 크램프	50~70[mm²]용	개	2	전선카타기	大(대)	개	1
평 철(스트랩)	150×10×50	개	2	망 치	大(일반)	개	1
더블이어	1호(평행)	개	1	각종 전기공구	일반	식	1
더블이어	2호(경사)	개	2	철사, 장갑 등	일반	식	1

5. 실습결과 및 고찰

① 전차선 구비조건 및 형상을 구별하고 설명할 수 있다.

② 조가선 구비조건 및 특성을 이해하고 있다.

③ 이종금속 접속시 부식에 관련된 내용을 이해하고 설명할 수 있다.

④ 더블이어 및 쐐기형 크램프 접속방법을 알고 설명할 수 있다.

⑤ 전차선의 이선의 종류(소, 중, 대이선)을 이해하고 이선의 영향을 알고 있다.

⑥ 전차선 마모의 종류 및 경감대책을 대하여 이해하고 있다.

⑦ 사용재료 및 공구의 이름과 사용법을 알고 있다.

⑧ 각 국의 전차선로를 비교하여 장·단점을 설명할 수 있다.

실 6 습

각종 균압선(I형, II형) 설치

1. 실습목적

전기적인 접속설비인 균압선(Connections)은 전차선로 전원공급의 확보와 전기적인 연속성 및 전류배분을 위한 균압설비의 제작설치를 이해한다.

2. 관련이론

(1) 균압선 설치의 종류

① 전차선로 설비의 도체간의 적절한 전류 배분을 위한 균압선

② 전력급전개소(변전소 인출)의 균압설비

③ 구분개소의 전차선로 상호 연결용 균압설비(구분장치와 단로기 조합)

④ 애자형 섹션 연결예비용 균압선

⑤ 인류 단말개소의 가압용 균압선

⑥ 장력조정장치 및 분기선의 전기적인 연속을 유지하기 위한 균압선

⑦ 장력장치와 개폐기에 전력공급

⑧ 조가선과 전차선 사이의 균압(A형)

⑨ 교차개소의 전차선 및 조가선균압(C형)

(2) 균압설비의 종류와 사용구분(철도청 전철전력설비시설규정 제126조 참조)

(가) 카드뮴동연선(CdCu)조가선 사용시

표 6-1 균압선 종류와 사용구분

사용구분	종별	사용전선	길 이	비 고
일반설비	A형(T-M-T형)	Cu 60[mm^2], CdCu 70[mm^2], Bz 65[mm^2]	소요량	장력, 인류, 구분장치 양단 및 일정거리 균압(장력, 인류는 M-T형으로 가능) (Bz : 청동연선, Cu : 동선, CdCu : 카드뮴동연선)
	S형(M-T형)	Cu 60[mm^2], CdCu 70[mm^2], Bz 65[mm^2]	소요량	
	B형(M-M-M형)	Cu 38[mm^2], CdCu 70[mm^2], Bz 65[mm^2]	소요량	―― 〃 ―― 무효부분 전차선을 조가선 대용
평행설비 및 건널선 장치	C형(T-M-M-T형)	Cu 95[mm^2] (가요연동연선)	소요량	부득이할 경우 Cu 100[mm^2] 연동연선 사용
	D형(T-M-M-T형)	Cu 95[mm^2] (가요연동연선)	소요량	부득이할 경우 Cu 100[mm^2] 연동연선 사용
빔하스팬선	E형(M-S-T형)	Cu 38[mm^2], CdCu 70[mm^2], Bz 65[mm^2]	소요량	대운전 전류구간 하스팬선의 각 지지점 마다
터널, 과선교	F형(T-M형)	CdCu 70[mm^2], Bz 65[mm^2]	소요량	조가선 단선시 이탈방지용

(나) 아연도강연선(St)조가선 사용시

표 6-2 균압선 종류와 사용구분

사용구분	종별	사용전선	길이(장력조정장치 유무별)		
			유 - 유	유 - 무	무 - 무
평행설비	T-T용	Cu 100[mm²]	800~1,000[mm]		
	M-M용	St 55[mm²]	1,200[mm]	1,000[mm]	800[mm]
건널선 장치	M-T용	Cu 100[mm²]	800[mm]	600[mm]	600[mm]
	M-M용	St 55[mm²]	800[mm]	600[mm]	600[mm]
	M-T용	Cu 38[mm²]	800[mm]	600[mm]	600[mm]
일반구간	M-T용	Cu 38[mm²]	800~1,000[mm]		
	M-M용	St 55[mm²]	1,200mm		

① 균압겸용 드롭바를 사용하는 구간을 제외하고는 조가선과 전차선은 250~300[m]마다 A형으로 균압함을 표준으로 한다. 이 경우 건널선장치의 균압, 흐름방지장치등도 균압설비로 간주한다. 다만 운전전류가 큰 구간(수도권)은 균압구간을 2분의1 이하로 단축한다.

② 전기차가 상시 정차 출발하는 곳에는 반드시 균압설비를 하여야 한다.

③ 터널 입·출구 및 과선교 양쪽에는 F형(T-M형)의 균압장치를 한다.

(3) 각종 균압선 형상

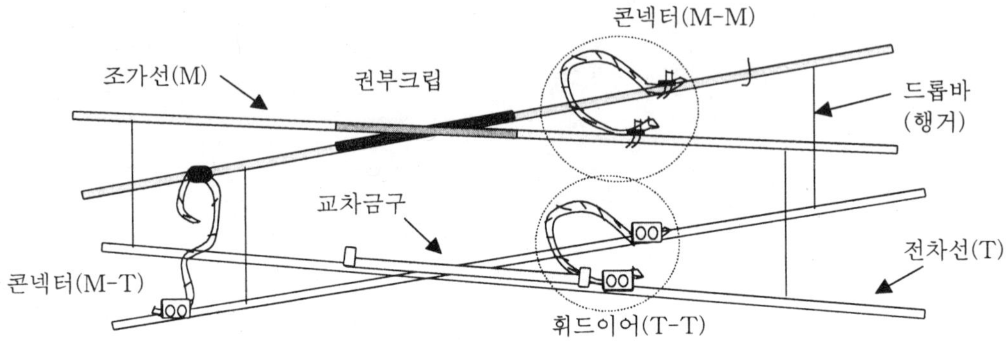

※ 그림 6-1 균압선 M-M, T-T형 ※

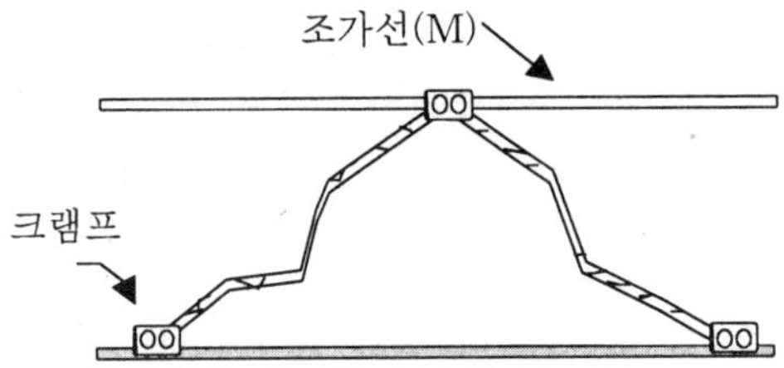

※ 그림 6-2 균압선 T-M-T(A형) ※

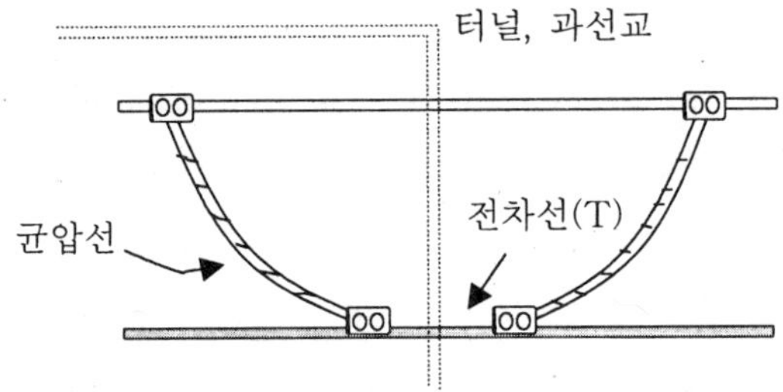

※ 그림 6-3 균압선 T-M(F)형 ※

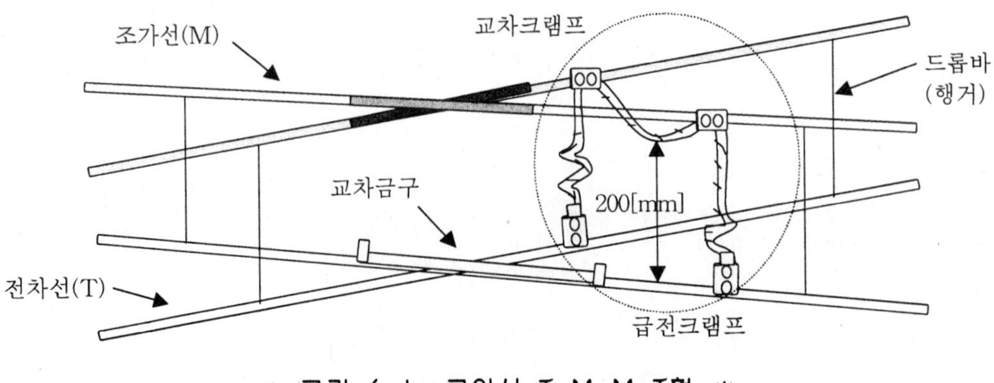

※ 그림 6-4 균압선 T-M-M-T형 ※

(4) 순환전류(Circulating current)

변전소로부터 급전선, 급전분기선, 전차선을 통하여 전기차(부하)에 전기를 공급하는 경로(전차선로)는 복수의 전선과 전선을 지지하는 금구 등의 부재도 도체로 구성되어 있기 때문에 아주 복잡한 전류회로를 구성하고 있다.

실제 전차선로의 전류경로는 복잡한 회로를 구성하고 있다. 변전소로부터 송출된 전류가 급전선, 급전분기장치를 통하여 전기차에 집전시키기 까지의 사이에 주회로(전차선) 이외의 전선, 가선 금구 등에 흐르는 전류를 "순환전류(Circulating current)"라고 한다. 실제의 전류경로는 조가선과 행거, 드롭바, 곡선당김, 진동방지장치의 전선 교차개소에서의 접촉 등 불완전 접속개소가 있기 때문에 진동 기타의 원인에 의하여 붙는다든지 떨어진다든지 하게 된다. 이 때문에 아크 열에 따라 금속의 용해 또는 접촉저항의 증대에 수반하는 온도상승에 따른 금속의 연화 등 순환전류에 기인하는 사고가 발생하고 있다.

전류회로의 구성은 순환전류에 따른 조가선, 드롭바 등이 손상하지 않도록 시설한다.

이를 위해서는 충분한 거리를 두거나 전기적으로 절연(절연방식)하거나 저 저항으로 완전하게 접속(균압 방식)한다.

(5) 순환전류(Circulating current) 사고방지 대책

순환전류에 의한 사고는 분류회로의 불완전 접촉에 기인하고 있다. 즉 전선상호, 전선과 가선금구, 가선금구 상호간 불완전 접촉의 상태로 전기차나 바람 등에 따른 가선진동으로 접촉하든지 떨어지던지 할 때에 발생하는 아크에너지로 급격한 온도상승에 의하여 급속히 융해하기 때문에 발생한다.

이 때문에 순환전류에 의한 사고방지 대책은 전선상호, 전선과 가선금구 및 가선금구 상호를 완전하게 접속하던가 또는 완전하게 절연하는 것으로 하고 있다. 사고방지 대책의 기본사항은 조가서, 보조조가선, 전차선을 복합도체로 하여 전선상호를 동일개소에서 완전하게 접속한다. 전차선로 구성하는 조가선, 보조조가선 및 전차선을 병렬 회로를 구성하는 복합도체로 하기 위하여, 각 전선상호를 동일개소에서 완전하게 접속하여 전위차를 작게 함과 동시에 전류회로를 완전하게 구성할 필요가 있다.

교차하는 전선은 같은 목적의 전선 그대로를 동일개소에서 접속하던가 절연한다. 교차하는 전선상호는 같은 목적의 전선을 같은 개소에서 완전하게 접속하여 순환전류를 흐르게 하던가 전기적으로 완전히 절연하여 전류가 흐르지 못하도록 한다.

가압빔, 진동방지장치 등 직접 전선과 연결되고 있는 가선금구는 완전하게 접속하던가 절연한다. 가압빔, 진동방지장치 등 직접전선과 연결되어 있는 가선금구는 전류회로로 되기 때문에 각 전선과 완전하게 접속하여 등전위로 하여 전류로를 구성하던가 또는 완전하게 전기적으로 절연하여 전류를 흐르지 않게 한다.

· M-T 균압선 : 조가선(M)과 전차선(T)을 접속한다.
· M-M 균압선 : 조가선(M) 상호를 접속한다.
· T-T 균압선 : 전차선(T) 상호를 접속한다.

📖 참고

고속철도의 전차선

· 전차선의 구조 : Pre-worn type, 팬터그래프가 전차선 하부를 습동할 수 있고, 또한 드롭바와 곡선 당김금구에 접속될 수 있도록 전차선 길이 방향에 두 개의 홈이 파여져 있다.
· 동환산 단면적 : 147[mm^2](150[mm^2]×98[%])
· 안전율 : 전차선의 최소 두께에 도달했을 때 안전율은 2이고 잔존은 81.25[mm^2]
· 직경 : 13.60[mm](최소허용 8.20[mm])
· 전차선 형식 : 평편한 원형(Cu 150[mm^2], 장력 2.0[t])
· 가고표준 : 1400[mm](기존철도 960[mm])

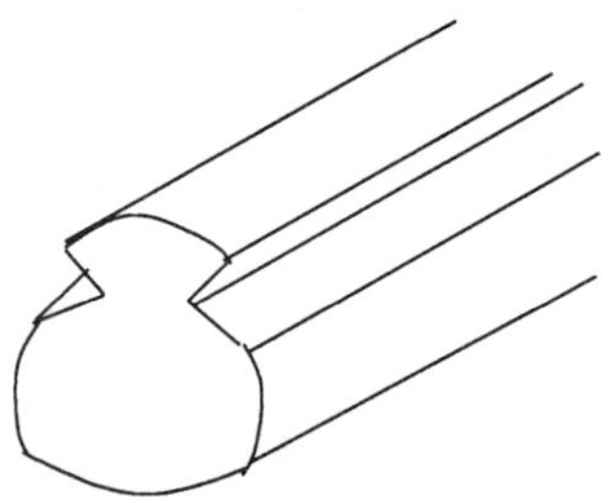

※ 그림 6-5 Pre-worn type 전차선 ※

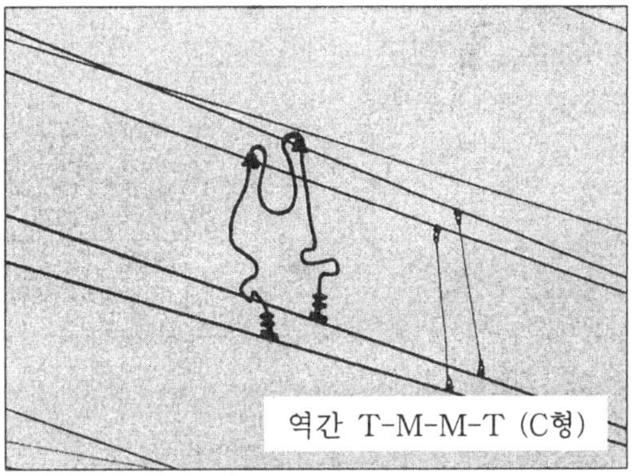

※ 그림 6-6 각종 균압선 설치형상 ※

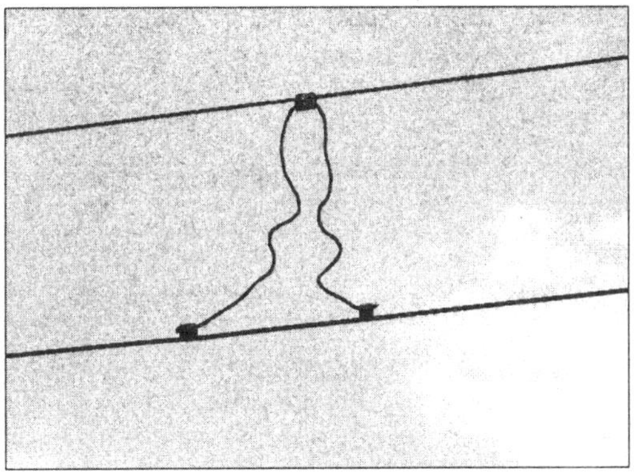

※ 그림 6-7 A형 균압 및 C형 균압선 유지보수 ※

3. 사용재료 및 공구

품 명	규 격	단위	수량	품 명	규 격	단위	수량
균압선	Cu 95[mm²]	m	10	조가선	CdCu 70[mm²]	m	5
균압선	St 55[mm²]	m	10	콘넥터금구	M-M용	개	
콘넥터금구	F9-037Ta	개	2	와이어크램프	58~100[mm²]용	개	2
휘드이어	110[mm]용	개	2	작업공구	각종	식	1
교차크램프	100[mm²]용	개	2	줄자	일반(5[m])	개	1
급전크램프	100[mm²]용	개	2	심부름바	나이롱 pp로프	m	20
전차선	Cu 110[mm²]	m	5	조가선접속크램프	SC 50~70[mm²]	개	1

4. 실습순서 및 접속방법

균압선 설치 및 조정시, 다음의 작업을 한다.

① 재료준비 및 작업장소 이동
② 가는 솔 또는 얇은 줄로 케이블, 전선, 전차선의 홈을 깨끗이 한다.
③ 접촉부를 도전성 그리스로 도포한다.
④ 가고측정 및 전차선, 조가선 등 외부요인(온도)으로 인한 이동거리를 감안하여 여유를 포함하여 준비한 균압선을 절단한다.
⑤ 조가선에 균압선을 압축(크램프) 접속한다.(끝단이 흐트러지지 않도록 주의)
⑥ 전차선용 크램프를 설치하고 조인다.
⑦ MT 균압용 균압선은 장력조정장치 설치 위치를 고려하여 설치하고 가능한 한 경간 중앙에 설치한다.
⑧ 드롭바와 일체형으로 설치하는 균압선(고속전철)을 제외하고는 가능한 경간 중앙 및 드롭바와 드롭바 사이 중간지점에 설치한다.
⑨ 균압선이 드럼에 감겨 있을때의 일반적인 형태를 가진다. 전선이 꺽이지 않도록 제조, 보관, 설치시 주의를 기울여야 한다.
⑩ 균압설비 유지보수는 전체 또는 부분적인 균압선 교체, 체결금구 조정 및 윤활작업으로 이루어진다.(일부 고속전철기준)
⑪ 작업이 종료되면 설치된 균압선 및 전차선에 접속한 크램프(이어)가 팬터그래프 통과에 지장을 주지 않도록 하고 관련규정에 적합유무를 점검하여야 한다.(균압선 양쪽 끝단을 위로 들어올림)

5. 실습결과 및 고찰

① 균압선 설치목적을 이해하고 설명할 수 있다.

② 균압선 종류와 형상을 이해하고 설치목적에 따라 선별할 수 있다.

③ 각종 균압선 용도별 선종을 알고 순환전류를 이해할 수 있다.

④ 전철변전소에서 전기차(부하)에 이르는 전류 흐름도를 이해하고 설명할 수 있다.

⑤ 균압선 용도별 부속설비를 구별하고 이해할 수 있다.

⑥ 역간 균압선 설치간격과 열차가 상시 출발하는 구내 균압설비에 대하여 알고 있다.

⑦ 전차선로 순환전류(Circulating current)에 의한 사고방지 대책을 나열할 수 있다.

실습 7

진동방지 및 곡선당김장치 설치

1. 실습목적

전차선의 편위를 확보하고 바람 등 진동에 의한 전차선의 움직임을 제한하는 곡선당김장치(Steady Arm)를 설치하고 유지보수에 필요한 기술능력을 배양하는데 있다.

2. 관련이론

(1) 전차선로 장치의 조건

전차선장치 또는 가선금구류의 사명은 전차선로가 담당하고 있는 성능을 충분히 발휘할 수 있도록 이 것을 양호한 상태로 유지하는데 있다.

이를 위하여 전차선장치 또는 가선금구류가 갖어야 할 기본적인 요건은 다음과 같은 사항이 고려되어야 한다.

① 유효수명, 신뢰도가 있는 설비 또는 금구일 것.

② 가선계의 각 구성요소와 전기적, 기계적 성능의 협조가 이루어질 것.

③ 장력이 가해지는 금구류는 전차선 본체와 수명협조가 이루어질 것.

④ 가능한 단순한 구조일 것.

⑤ 경제적이고, 보수가 용이한 설비일 것.

즉, 구체적으로는 다음과 같은 사항을 고려하여야 한다.

① 기계적 강도가 큰 재질 및 구조일 것.
② 내부식성이 우수한 재질일 것.
③ 진동에 따른 이완, 소선절단 등이 발생하지 않는 구조일 것.
④ 필요한 전류용량을 가질 것.
⑤ 전기적 접촉저항이 작을 것.
⑥ 지지 전선을 손상하지 않는 구조일 것.
⑦ 팬터그래프의 통과에 대하여 여유가 있는 형상과 구조일 것.
⑧ 이종금속에 의한 접촉부식 방지대책이 고려된 구조일 것.

(2) 진동방지 및 곡선당김장치

(가) 설치목적

진동방지, 곡선당김장치의 역할은 풍압 및 팬터그래프의 습동 등에 따른 전차선의 동요를 억제하고 또 전차선을 곡선로에 적합한 소정의 위치에 가설하여, 팬터그래프의 집전이 가능하도록 전차선의 위치를 양호한 상태로 유지하기 위한 것이다.

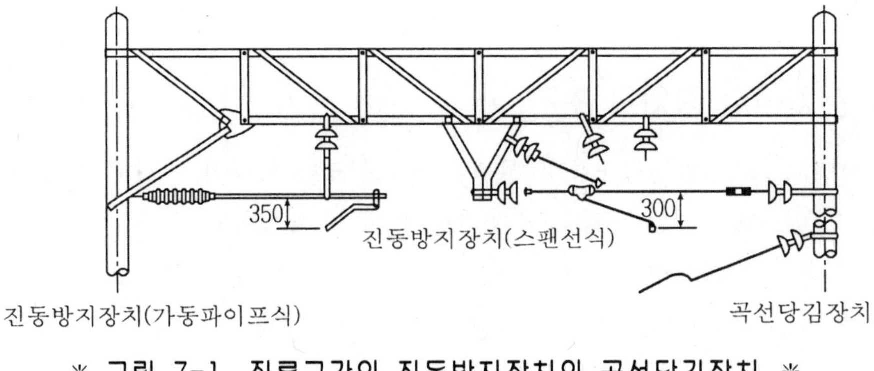

※ 그림 7-1 직류구간의 진동방지장치와 곡선당김장치 ※

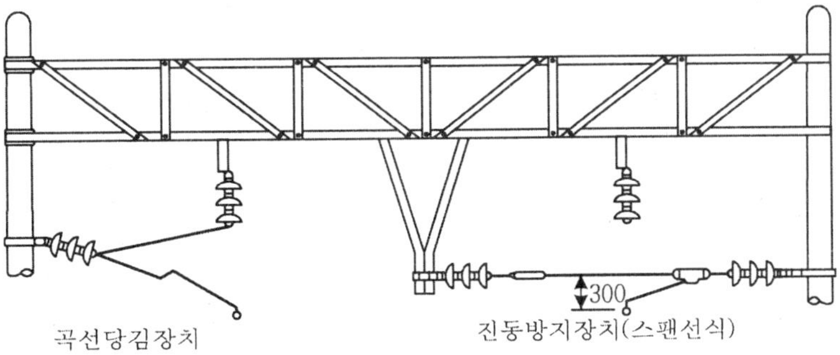

※ 그림 7-2 교류구간의 진동방지장치와 곡선당김장치 ※

① **진동방지장치** : 전차선 및 보조조가선의 횡진 방지장치를 "진동방지장치"라고 한다.
진동방지장치는 직선로 및 곡선반경 1,600[m] 이상의 곡선로의 전차선을 상시 소정의 편위 내에 유지하는 것이나 팬터그래프 습판의 중앙에만 마모가 되지 않도록 "지그재그편위"를 주도록 하는 2차적 의미도 포함되어 있다.

② **곡선당김장치** : 곡선로에서 전차선은 곡선횡장력에 의하여 곡선의 내측으로 장력이 작용한다. 이 때문에 전차선을 외측으로 잡아당겨 주어 전차선의 편위를 소정의 값 이내에 유지 하도록 하는 장치를 "곡선당김장치"라 한다.

(나) 금구의 종류 및 사용구분

진동방지금구는 직선구간의 전차선의 동요를 억제하고 지그재그 편위를 유지하기 위하여 전차선이나 보조조가선에 설치하는 금구를 말하고. 전차선과 직각으로 교차하는 진동방지 스팬선이나 진동방지 파이프에 지지금구로 설치하게 된다.

곡선당김금구는 곡선로에 있어서 전차선의 편위를 정해진 한도내에 유지하기 위하여 전차선이나 보조조가선을 곡선로의 외측으로 부터 당겨주기 위하여 설치하는 금구를 말하고. 당김선 및 애자로 지지물에 인류된다.

가동브래키트 개소에서는 진동방지파이프에 지지금구로 설치된다. 진동방지금구, 곡선당김금구 모두 암과 이어 등으로 구성된다. 암은 직선형과 궁형이 있고 또 롯드형과 파이프형으로 구분된다. 이어의 종류는 쐐기형과 볼트너트형 등이 있다.

암의 재질은 파이프식은 알미늄합금이 사용되고, 염해 등에 따른 부식이 예상되는 곳에는 절연체를 사용한 곡선당김금구를 사용하는 경우가 있다.

① 진동방지금구 : 진동방지금구의 사용구분은 다음에 따른다.

표 7-1 진동방지금구의 종별과 사용구분

구 분	진동방지금구 종별	비 고
본 선	궁 형	가동브래키트, 가압빔, 가동파이프식
측 선	직선형	스펜로드식

진동방지, 곡선당김금구는 볼트식 및 쐐기형이 사용되고 있다. 또 열차의 고속화에 수반되는 차량동요의 증대 및 열차의 장대편성(다수 팬터그래프화)에 수반되는 가선동요 또 전차선 압상량의 증가와 풍압에 따른 가선 동요에 의한 팬터그래프 및 진동방지금구의 손상사고가 발생하기 때문에 직선형 진동방지금구를 궁형화하여 본선은 모두 궁형으로 사용하고 있다.

따라서 가동브래키트의 곡선당김장치, 진동방지장치에는 모두 궁형곡선 당김금구를 사용하고 있다.

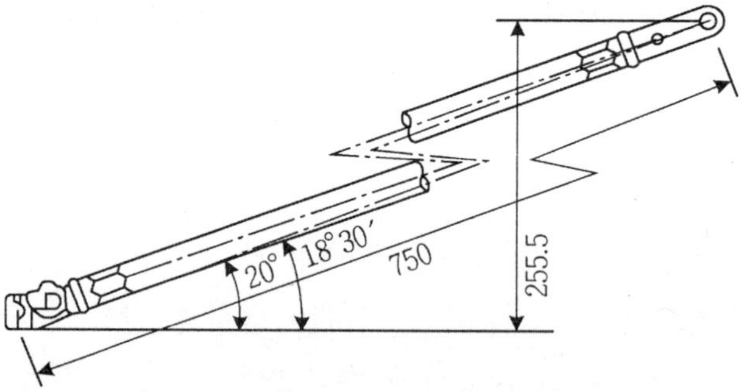

※ 그림 7-3 진동방지금구(직선형) ※

② 곡선당김금구 : 곡선당김금구의 사용구분은 다음에 따른다.

표 7-2 곡선당김금구의 종별과 사용구분

곡선당김금구 종별	적 용 구 분
일반용 궁형($L = 900$[mm])	역구내 또는 평행개소
가동브래키트용 궁형($L = 900$[mm])	가동브래키트
일반용 직선형($L = 425$[mm])	설비가 밀접하여 한계에 여유가 없는 장소, 또는 팬터그래프가 습동할 우려가 없는 경우

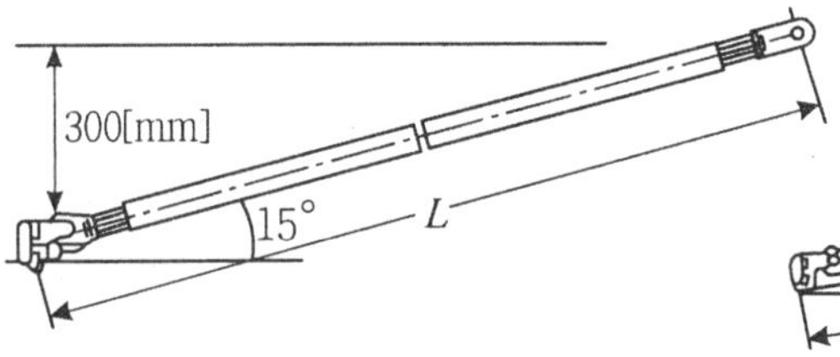

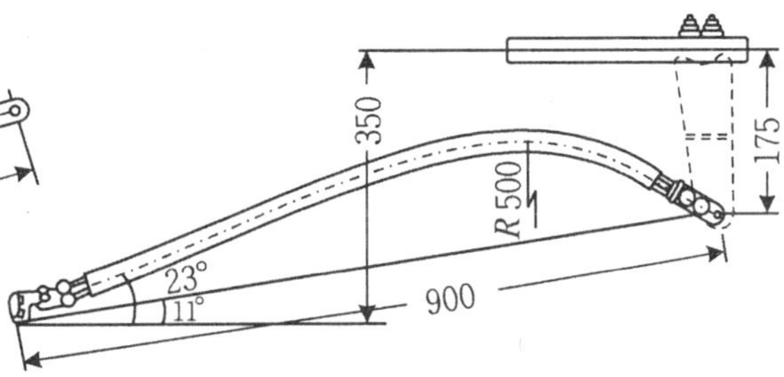

(a) 일반용 직선형 (b) 일반용 궁형 가동 브래키트용(심플커티너리용)

※ 그림 7-4 곡선당김금구 ※

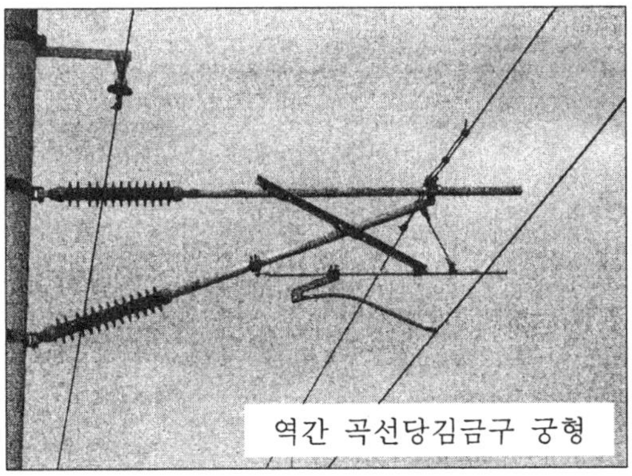
역간 곡선당김금구 궁형

역구내 곡선당김금구

※ 그림 7-5 곡선당김금구(궁형, 직선형) ※

※ 그림 7-6 곡선당김금구(산업선, 수도권 방식 직영) ※

(3) 고속철도용 곡선당김장치(Steady Arm)

(가) 기 능

편위를 확보하고 바람에 의한 전차선의 움직임을 제한한다.

직선 또는 곡선(구내포함)구간에 팬터그래프가 안전하게 습동할 수 있게 전차선 편위를 유지 시켜주는 기능이다.

(나) 요구되는 성능

곡선당김장치의 무게에 의한 반작용(경점)을 최소로 줄이기 위해 가능한 한 가벼워야 한다.

다음과 같은 최악의 조건에서도 팬터그래프의 통과를 위해 이격거리 확보

① 전차선의 최대상승 및 팬터그래프 최대 흔들림

② 극도의 편위 및 최대의 캔트

기계적인 장력이 팬터그래프의 통과에 필요한 이격거리를 변형시키거나 습판을 손상시키지 않는 충분한 기계적인 저항력을 가져야 한다.

(다) 곡선당김장치의 형태

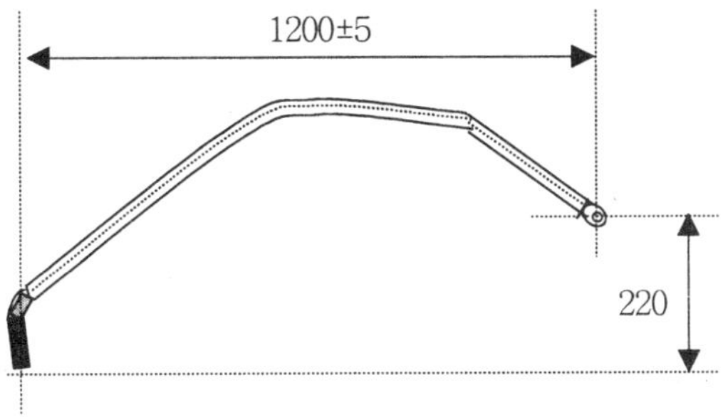

※ 그림 7-7 일반용 곡선당김장치 1.2[m] ※

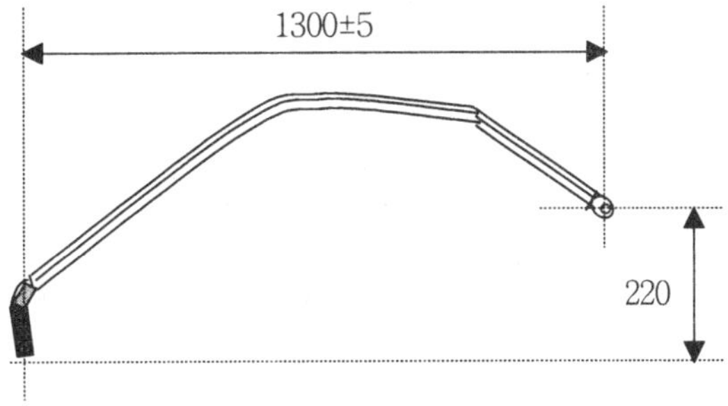

※ 그림 7-8 구분용 곡선당김장치 1.3[m] ※

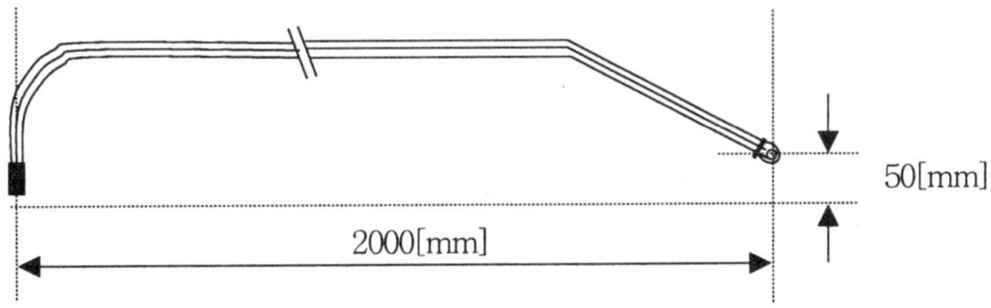

※ 그림 7-9 분기개소용 곡선당김장치 2.0[m] ※

(라) 단말부

아연도금을 한 단말부는 전차선 연결크램프와 회전연결이 가능하도록 하고 끝단은 알루미늄 리벳으로 튜브에 고정시킨다.

📖 **참고**

✍ 전철전력시설규정(2003. 5. 24 훈령 제7965호)

제121조 (곡선당김장치) 합성전차선의 가동브래키트 · 고정브래키트 등 각 지지점에는 다음 각호에 의한 곡선당김장치를 시설함을 원칙으로 한다.

① 곡선당김철물의 설치각도는 레일에 대하여 궁형을 11°, 직선형은 15°를 표준으로 하고 순간풍속 30[m/s] 이하에서 팬터그래프의 통과에 지장을

주지 않도록 시설한다.

② 궁형 곡선당김철물의 설치철물은 궤도중심면(수직선)에서 1[m]이상 이격하든가 또는 기타 방법에 의하여 팬터그래프의 통과에 지장을 주지 않도록 시설한다.

③ 자동 장력조정장치를 설치한 합성전차선은 장력조정에 대한 곡선당김장치의 억제저항이 될 수 있는 한 적게 되도록 시설한다.

④ 각 선로별로 전차선로 지지물에 설치한다. 다만, 부득이한 경우에는 전용주 또는 전용스팬선에 붙일 수 있다.

⑤ 곡선로에서 조가선의 가선위치는 될 수 있는 한 전차선과 수직이 되도록 지지한다.

⑥ 빔하스팬선에 설치하는 경우는 이종금속의 접촉 등에 의한 부식·소선·단선이 없도록 설치하고 동일 스팬선에 2조 이상 병설하는 경우는 순환전류에 의한 손상이 없도록 설비한다.

- 분기기 부근 등에서 주 곡선당김장치 만으로 중간편위의 규정치 확보가 곤란한 지점에는 합성전차선 또는 조가선에 별도의 보조 곡선당김장치를 시설한다. 합성 전차선의 무효부분도 또한 같다.
- 곡선당김장치를 설치할 수 없는 경우는 직접 조가방식 등 적당한 방법으로 합성 전차선을 지지할 수 있다. 다만, 자동 장력조정장치를 설치한 구간(Section)에서는 장력조정에 대한 억제저항이 증가하지 않도록 한다.

✍ 진동방지장치 설치치 주의사항

직선로 및 곡선반경 1,600[m] 이상의 곡선개소에서 열차진동 및 풍압에 의해 전차선이 횡진으로 밀리는 조가선과 전차선을 선로와 직각방향으로 고정시키기 위하여 설치한다.

① 설치장소

- 가동브래키트 : 각 지지점
- 고정Beam 및 고정Bracket : 본선 - 각 지지점, 측선 - 4경간마다
- 강풍구간 : 각 지지점

② 설치각도

· 궁형(900[mm]) : 레일면에 대하여 11°

· 수도권에 한함 : 직선형(700[mm]) - 레일면에 대하여 20°

③ 건널선 개소등에서 전차선이 밀집할 경우 팬터그래프의 통과에 지장이 없도록 설치한다.

④ 가동브래키트의 진동방지 파이프 또는 스팬선과 전차선과의 수직이격거리는

· 수도권 350[mm]가 표준

· 산업선 200~250[mm]

· 빔하스팬선식 : 300[mm]

· 산업선의 직선형 : 1,100[mm]

⑤ 보조곡선당김장치 설치 : 분기부 부근 등에서 주 곡선당김장치만으로 중간편위의 규정치 확보가 곤란한 지점에는 보조곡선당김장치를 시설한다.

· 보조곡선당김 장치에 사용하는 전선은 조가선 또는 경동연선 38[mm^2]를 사용한다.

· 보조곡선당김장치의 조가선에는 조가선용 도르래를 사용함을 원칙으로 하고 전차선에는 궁형 또는 직선형 당김금구를 사용한다. 다만 무효부분의 전차선에는 쐐기형크램프 또는 조가선용 도르래를 사용한다.

㊟ 1. 흐름방지장치 중심주의 가동브래키트 경도는 "0"이다.

2. 온도 및 가동브래키트 위치를 고려한 곡선당김금구 설치

3. 사용재료 및 공구

품 명	규 격	단위	수량	품 명	규 격	단위	수량
곡선당김금구	일반용 궁형	개	1	전차선 Key	110[mm²]용	개	2
“	일반용 직형	개	1	암지지크램프	두꺼비형 (구내 스팬선용)	개	2
진동방지금구	산업선용 26 Φ	개	2	암지지크램프	아이형 (26 Φ 파이프용)	개	2
전차선 회선크립홀더	SC 1	개	2	와이어 로프	심부름용	m	10
〃	일반궁형	개	2	장선기	1.5[t]용	개	2
가동브래키트	수도권 G3.0 I형	조	1	작업공구	각종	식	1
전차선	Cu 110[mm²]	m	5				

4. 실습순서 및 설치방법

곡선당김금구 설치 및 조정시, 다음의 작업을 한다.

① 재료준비 및 작업장소 이동

② 가선장비(모터카 또는 사다리차)에 탑승하여 금구설치개소를 확인한다.

③ 가동브래키트 상부 조가선 미체결시는 크램프접속 또는 철사 등을 이용하여 브래키트가 임의로 이동하지 않도록 고정한다.

④ 전차선과 적정 이격 및 설치각도를 확인하고 금구를 설치한다.
(곡선당김금구 설치각도 기준은 레일면상 직선형은 15°, 궁형은 11°)

⑤ 전차선 이어 또는 금구 연결금구에 무리한 힘을 가하거나 억측작업을 하지말 것.

⑥ 구내 스팬선 진동방지금구 설치시는 암지지크램프 연결고리 및 금구이어 등이 팬터그래프(압상 4~8[kg])와 접촉되지 않도록 충분히 이격하고 견고하게 조립한다.

⑦ 주 흐름방지 중간 브래키트에 설치하는 곡선당김금구의 경도는 반드시 “0”이 된다.

⑧ 설치작업이 종료되면 각종 볼트, 너트의 분할핀 체결상태를 확인할 것.

⑨ 작업구간 최초열차 운행확인 또는 가선 모터카 등으로 팬터그래프 통과시 이상유무를 확인하고 기록하여야 한다.

※ 그림 7-10 역구내 스팬선방식(곡선당김금구 형상) ※

5. 실습결과 및 고찰

① 전차선장치 또는 가선금구류가 갖어야 할 기본적인 요건을 알고 있다.

② 진동방지 및 곡선당김장치 설치목적을 설명 할 수 있다.

③ 금구의 종류와 사용장소에 따른 금구를 구분하고 설명 할 수 있다.

④ 금구의 부속자재의 품명과 공구를 이해하고 있다.

⑤ 궁형 곡선당김금구 형상과 산업선 직형을 구분하고 설명 할 수 있다.

⑥ 검수 및 순회점검시 확인이 필요한 부분을 알고 있다.

⑦ 곡선당김금구와 진동방지를 구별할 수 있다.(곡선반경 $R = 1600$[m] 기준)

⑧ 진동방지장치 설치시 주의사항을 이해하고 관련규격을 알고 있다.

⑨ 보조곡선당김금구의 설치방법을 이해하고 있다.

실 8 습

장력조정장치 이해 및 유지보수

1. 실습목적

온도변화에 따른 전차선, 조가선, 빔하스팬선의 신축량을 조정하여 전선의 장력을 일정하게 유지시키는 각종 장력조정장치를 이해하고 유지보수 기술능력을 향상하는데 있다.

2. 관련이론

(1) 장력조정장치(張力調整裝置)의 정의

조가선, 보조조가선 및 전차선은 온도변화에 따라 신축하는 외에 경년 및 전차선의 마모에 따른 탄성신장으로 선조가 늘어나서 전차선의 이도장력에 영향을 주게 된다.

그 결과 이선에 따른 전차선의 집전성능의 악화, 장력증대에 따른 전차선 단선 등의 위험이 발생하여 전기운전에 지장을 주게 된다. 이 때문에 전차선의 장력을 일정한 크기로 유지하기 위하여 설비하는 장치를 "장력조정장치"라고 한다.

장력조정장치는 자동식과 수동식이 있고, 일반적으로 항상 장력을 일정하게 유지하는 기능을 갖는 자동식의 장력조정장치를 "텐션밸런서" 또는 간단하게 "밸런서"라고 한다. 이 장력조정장치는 전기적, 기계적으로 충분한 강도를 갖는 것이 필요하다. 장력조정장치의 구비조건은 전차선의 장력에 충분히 대응할 수 있는 기계적 강도를 가지고 금구, 애자 등의 접속결합개소에서는 기온저하에 의한 장력의 증대외에 열차, 풍압 등에 따른 기계적 동요, 진동에 견디며 전기적 절연내력을 가질 것이 요구된다.

전선류는 온도변화에 의하여 신축한다. 이 때문에 외기온도가 상승하면 전차선이 늘어나 장력이 감소하기 때문에 전차선의 처짐현상이 발생한다. 이와 같은 개소에 팬터그래프가 진입하게 되면 가선진동이 증대하여 이선과 아크가 발생하고, 전차선이나 팬터그래프 습판의 마모를 촉진하여 전차선의 단선사고를 유발하는 결과로 된다.

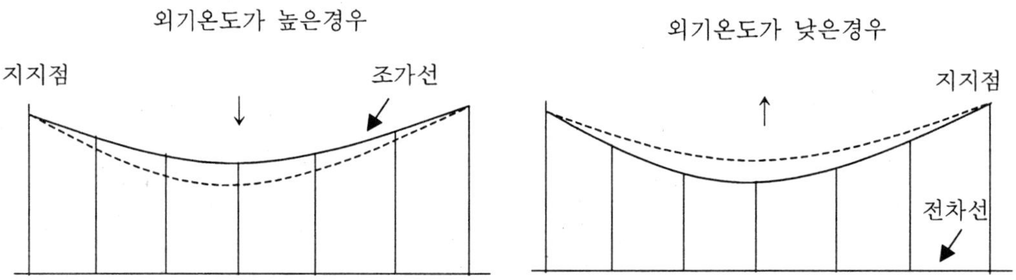

※ 그림 8-1 온도변화와 전차선 ※

또 외기온도가 낮아질 때에는 장력이 증대하여 전차선이 들어올려지기 때문에 집전상 요구되는 등고성을 해치게 되고, 팬터그래프의 도약이 심하게 되어 운전에 지장을 주게 된다.

인류장치에 걸리는 장력은 그 구간에서 예상되는 전선의 최대장력으로 된다. 자동식의 경우 장력이 일정하다고 생각되지만 전차선의 억제저항을 고려하여 고정빔구간(전차선만 자동조정)에 대하여는 15[%], 가동브래키트구간(전차선, 조가선 모두자동조정)에 있어서는 5[%]를 할증한 장력을 고려할 필요가 있다.

(2) 장력조정장치의 사용구분

장력조정장치는 온도변화에 따라 전차선의 장력을 자동적으로 조정하는 "자동식"과 사람의 손으로 조정하는 "수동식"으로 대별된다. 자동식 장력조정장치로는 "활차식" 또는 "스프링식(Spring type)"이 사용되고 있고, 수동식 장력조정장치로는 "와이어턴버클" 또는 "조정스트랩"이 사용되고 있다.

온도변화에 대하여 전차선의 집전성능을 항상 양호하게 유지하기 위하여 본선로(정차장 내에서는 주본선)의 전차선에는 장력을 조정하는 장치를 설치하는 것으로 하고 있다. 정차장내의 주본선과 직접교차하는 전차선에는 필요에 따라 장력을 조정하는 장치를 설치한다. 장력조정장치는 전차선의 특성향상과 고도의 성능유지를 위하여 설비한다.

장력은 온도에 따라 변동하고 그 조정은 고속운전구간에서 보다 온도변화에 즉시적응하는 성능이 요구되고, 자동적으로 또 조정효율이 좋은 것이어야 한다. 이를 위하여 본선로의 전차선 또는 기타 전차선에는 자동장력조정장치(활차식)을 설치하고, 기타의 측선 등에는 와이어턴버클이나 조정용 스트랩으로 수동조정할 수 있도록 설비되어 있다. 또 종래의 자동장력조정장치는 본선의 전차선 또는 기타 전차선에 주로 사용하였으나 교차개소에서는 전차선의 고저차에 따른 팬터그래프의 할입을 방지하기 위하여 주요본선과 교차하는 곳에서도 장력의 자동조정을 하고 있다.

장력조정장치는 온도변화 조정거리 등을 고려하여 사용조건에 적합한 것을 사용한다.

① 활차식 자동장력조정장치의 조정거리는 조정장치의 효율, 억제저항, 전선의 이도 등에 의한 곡선당김 및 진동방지장치의 이동범위 등에 따라 한쪽 인류로 800[m]가 한도이기 때문에 인류구간의 길이가 800[m] 이하인 경우에는 한쪽에, 800[m]를 넘고 1,600[m] 이하인 경우에는 양측에 설치한다.

② 스프링식 자동장력조정장치는 조정거리를 길게 하면 조정장치가 대형으로 되므로, 현재 사용하는 것은 스프링의 탄성이 강하고 장력변화율이 커서 동절기에 표준장력보다 크게 되어 장력을 일정하게 유지하는데에 다소 난점이 있기 때문에 조정거리를 300[m] 이하로 하고 있다.

③ 와이어턴버클 및 조정용 스트랩은 온도변화만을 고려한 조정범위가 아니고, 전선의 크립 신장 등을 흡수하는 적당한 여유를 준 길이로 선정한다.

④ 구배구간에서는 자동장력조정장치를 한쪽에 설치하는 경우에는 그 아랫쪽에 설치한다. 구배구간에 있어서 전차선의 흐름이 크게될 우려가 있을 때는 인류구간의 길이를 800[m] 이하로 하여 한쪽을 인류하는 방법으로 하고 있다. 이 경우 전차선은 자체중량에 의하여 분산된 힘이 전차선과 평행으로 아래쪽으로 작용하기 때문에 자동장력조정장치의 조정효과를 좋게 하기 위하여 그 아래쪽

에 설치하는 것이 필요하다. 구내 등의 건널선 장치의 이동이 크게 될 우려가 있는 경우는 한쪽을 인류하고 이동이 크지 않는 건널선의 반대측에 자동장력조정장치를 설치할 필요가 있다.

⑤ 장력을 자동조정하는 조가선 및 전차선은 억제저항이 작게 되도록 시설한다. 곡선당김, 진동방지장치, 급전분기장치 및 가동브래키트 등의 억제저항이 크면 자동장력조정장치의 효과가 감소하기 때문에 주의가 필요하다. 특히 스팬선식 진동방지장치의 경우는 전차선의 신축상태를 고려하여 진동방지금구의 설치방향을 가동범위내에 들어오도록 하고, 또는 가동파이프식의 채용으로 적극 전차선의 신축에 대하여 저항으로 되지 않도록 할 필요가 있다.

전차선의 장력을 일정하게 하는 것은 가선의 집전특성을 일정하게 하고, 특히 장대편성의 전차로 초고속 집전을 하는 경우 전차선의 장력을 항상 일정하게 유지하여 레일면의 높이를 균일하게 유지하여야 하기 때문에 자동장력조정장치를 설치하여 완전 자동조정을 할 필요가 있기 때문이다.

표 8-1 장력조정장치의 종별과 사용구분

종 별	형 식	사 용 구 분	비 고
자동장력조정장치	활차식	· 본선의 전차선 · 본선과 교차하는 전차선 · 중요 측선의 전차선	인류구간의 길이가 800[m] 이하의 경우에는 편측에, 800[m]를 넘고 1,600[m] 이하는 양측에 설치한다.
	스프링식	· 본선 교차의 건널선의 전차선	인류구간의 길이가 300[m] 이하의 경우는 편측에, 300[m]를 넘고 600 [m] 이하의 경우는 양측에 설치한다.
수동장력조정장치	턴버클	· 일반 측선의 전차선 · 빔하스팬선 · 와이어턴버클(Wire Tunbuckle)	자동장력조정장치를 필요로 하지 않는 경우
	조정용 스트랩	· 조정스트랩(Adaptable Strap)	
기타 장력장치		· 레버식 텐션밸런서(LTB : Lever Tension Balancer) · 유압식 텐션밸런서(OTB : Oil Tension Balancer)	

(3) 고속철도 장력조정장치(高速鐵道 張力調整裝置)

① 전선의 설치와 유지보수시의 용이성 그리고 일정한 기계적인 장력을 유지하기 위해 전선의 신축을 흡수하는 것이 필요하므로 전차선 설비는 최대 1,200~1,400[m]의 장력구간으로 나누어진다. 2개의 장력조정장치간의 장력구간은 블록(인류구간)을 형성하는데, 팬터그래프의 습동은 한 장력구간에서 다음 장력구간까지 연속되어야 하므로 장력구간의 말단에는 평행개소(Over lap)라 부르는 공통구역이 설치된다.

㉠ 기계적인 연속성(팬터그래프와 전차선의 접촉을 연속적으로 유지)

㉡ 전기적인 연속성(견인모터에 연속적으로 전원공급)

인류구간은 다음과 같은 방법으로 이루어진다.

㉠ 장력장치를 사용함으로서 전차선의 기계적인 연속성을 유지한다.

㉡ 전기적인 구분 유무에 따라 에어조인트와 에어섹션을 구성한다.

② 고속철도 장력조정장치 원리 : 고속선의 온도범위(−20[℃]~+60[℃])에서 도체의 팽창을 흡수하고 일정한 기계적인 장력을 유지하기 위해 각 전선(조가선, 전차선)에는 그 양 말단에 자동장력 조정장치가 설치되어 있다.
이 장치는 기계적인 장력을 滑車比(활차비)에 의하여 배가시키고, 장력을 유지하도록 장력추와 도르래로 구성되고 장력장치 활차비가 5인 도르래를 사용하며, 또한 전선 길이가 약 700[m]인 경우의 신축에 적응할 수 있도록 설계되어 있다.
장력구간의 길이가 700[m] 이내일 경우는 단 1개의 장력장치만을 필요로 한다.(보통은 운행방향의 반대쪽으로 설치한다.)
장력추의 무게는 도체의 기계적인 장력의 1/5 이어야 하며, 장력추의 수직이동은 온도변화에 따른 선로의 길이 증가 또는 감소 길이의 5배이다.

㉠ 전차선의 장력추 무게는 400[kg]이며 40[kg]의 무게를 가진 아홉개의 블록과 20[kg]의 무게를 가진 두 개의 블록으로 구성된다.

㉡ 조가선의 장력추 무게는 280[kg]이며 40[kg]의 무게를 가진 7개의 블록으로 구성되어 있으며 전차선, 조가선 각각 개별장력으로 이루어져 있다.(기존선 일괄)

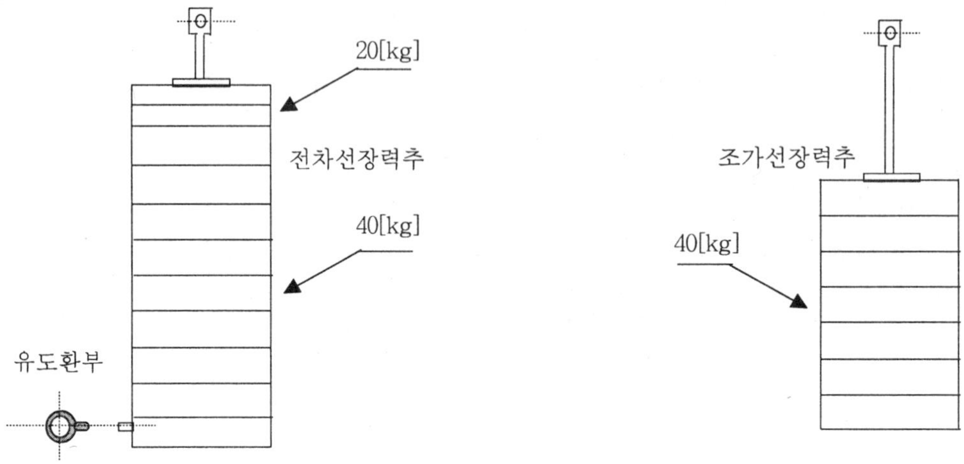

※ 그림 8-2 장력추의 형상 ※

(4) 장력조정장치의 종류

(가) 활차식(滑車式) 자동장력조정장치

활차식 자동장력조정장치(WTB)는 활차의 원리를 응용한 것으로 활차부(대활차, 소활차)에 각각 와이어로프를 감고 소활차에 전차선을 인류하고, 대활차에 중추를 걸어내린 것이다.

온도변화에 수반되는 전차선의 이도 및 장력이 변화하면 활차가 회전하고, 동시에 중추가 상하 운동하는데 따라 전차선이 신축하고 이도를 조정하면 전차선의 장력을 항상 표준장력으로 유지하는 구조로 되어 있다. 이 주된 구성요소가 활차부 및 중추부로 되어 있기 때문에 그 동작이 확실하고 정확하기 때문에 현재 가장 많이 사용되고 있는 밸런서이다.

활차비는 3 : 1, 4 : 1, 5 : 1 등이 있으며 환경과 기후조건 및 가선장치의 구성조건등에 따라 선택되어진다. 활차식 자동장력조정장치에는 전차선과 조가선을 일괄조정하는 방식과 개별 조정하는 2가지 방식이 있다.

일괄조정하는 방식은 설비가 간단하고 보수유지가 편리하여 일반적으로 많이 사용하는 방식이다. 그러나 전차선의 단선시 조가선의 장력부담이 너무 커지게 되어 허용인장강도가 부족하게 되며 온도의 급변등이 야기된 때에는 전차선과 조가선의 이도가 불균형되는 등 여러 면에서 전차선의 집전특성과 안전성의 저하를 가져 올 수 있기 때문에 저속구간에 적합한 방식이다.

전차선과 조가선을 개별조정하는 방식은 조가선의 허용 인장하중에 부합될 수 있도록 중추중량을 조정할 수 있으며 온도의 급변 등에도 전차선과 조가선의 이도를 일정하게 유지할 수 있어 전차선의 고속집전특성과 안전성을 향상 시킬 수 있으므로 고속구간에 적합한 방식이다.

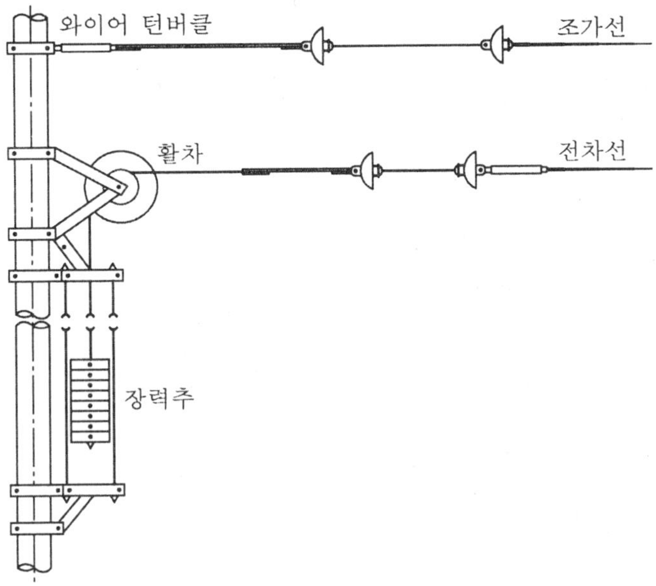

※ 그림 8-3 활차식 자동장력조정장치(전차선만 조정) ※

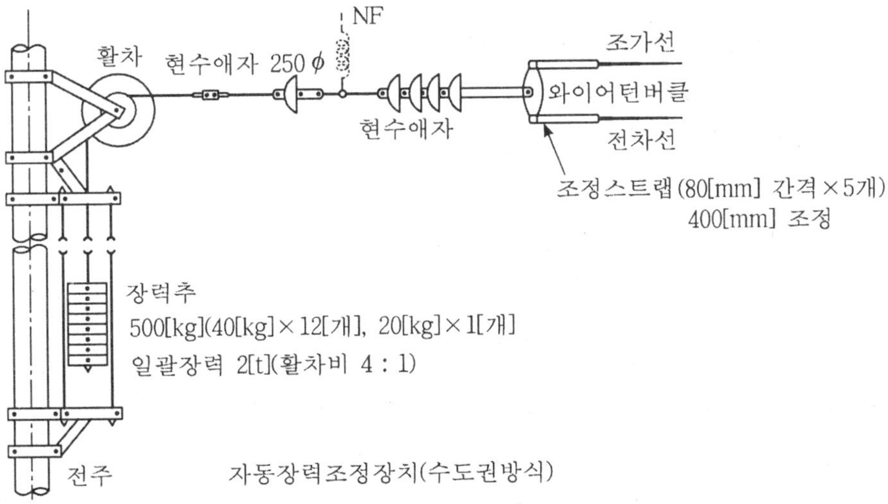

※ 그림 8-4 활차식 자동장력조정장치(일괄조정) ※

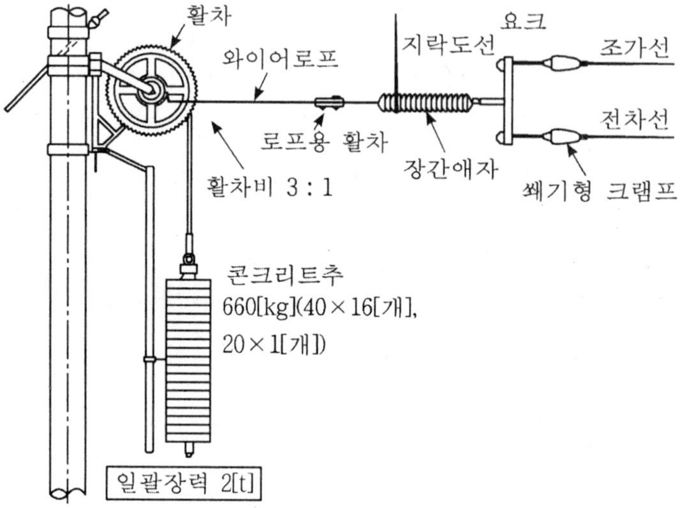

(a) 활차식 자동장력조정장치(산업선용)

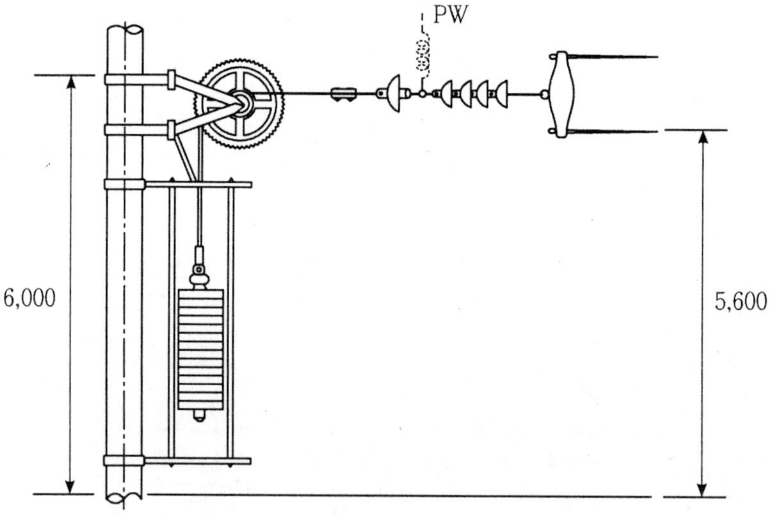

(b) 활차식 자동장력조정장치(수도권용)

※ 그림 8-5 산업선 및 수도권용 활차식 자동장력조정장치 ※

(나) 스프링식 자동장력조정장치

스프링식 자동장력조정장치는 스프링의 탄성을 이용하여 장력을 조정하기 때문에 역구내의 상하 건널선 및 측선에는 "스프링식 텐션 밸런서(STB)"가 터널에는 "터널용 텐션밸런서(TTB)"가 사용되고 있으나 우리나라에서는 터널구간에서

TTB를 사용하지 않고 있다.

① 스프링식 텐션밸런서(STB) : 강철제 코일상(狀)의 스프링재의 신축을 피스톤 운동과 연동시켜 전차선의 장력을 조정하는 것으로서 구조, 외관이 간단하지만 현재 사용하는 것은 스프링의 탄성 등으로부터 장력을 일정하게 유지하는 데에는 다소 어려운 점이 있으나 (장력변동율 ±15[%]), 역구내에서와 같이 전차선의 이동에 대하여 억제저항이 큰개소에 적합하고, 인류구간의 길이가 600[m] 이하의 짧은 역구내의 상하 건널선 및 축선 등에 사용되고 있다.

표 8-2 스프링식 자동장력조정장치의 종류

종 류	조정범위[mm] (스트로크)	사용장력 [kgf]	종 류	조정범위[mm] (스트로크)	사용장력 [kgf]
A1	125	1,000	B1	133	800
A2	200		B2	200	
A3	300		B3	300	
A4	375		B4	400	

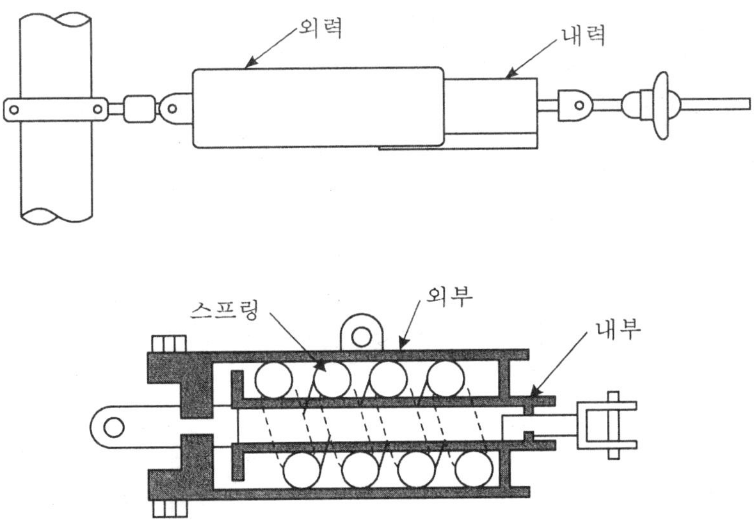

※ 그림 8-6 STB의 구조 ※

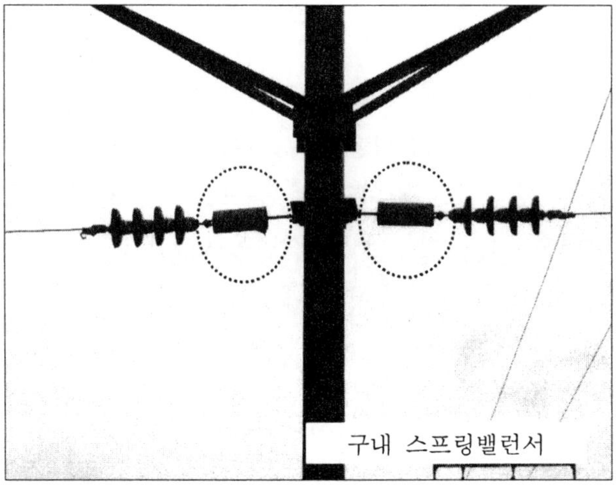

※ 그림 8-7 스프링 자동장력장치(역구내 스팬선) ※

(다) 수동장력조정장치

자동장력조정장치는 역구내 등의 측선에 간이 조정용으로 사용되고 와이어턴버클 및 조정용 스트랩(strap)이 있다.

① 와이어턴버클(Wire turnbuckle) : 와이어턴버클은 조가선 및 전차선 등의 장력을 수동으로 조정하기 위한 금구이다. 나사의 원리를 응용한 것으로 외부통이 너트, 내부통이 볼트에 상당하여 인위적으로 내부통을 신축시키는데 따라 전차선을 손상시키지 않고 조정이 가능한 이점이 있다. 또, 와이어턴버클은 전선의 크립 신장에 대한 보수의 경감을 도모하기 위하여 자동장력조정장치와 조합하여서도 사용되고 있다.

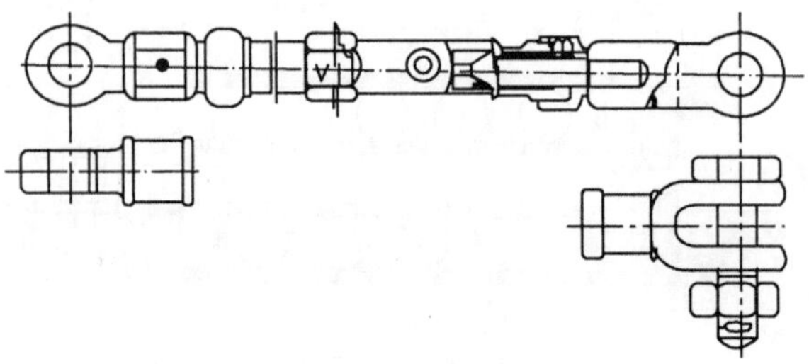

※ 그림 8-8 와이어턴버클 ※

㉠ 턴버클의 종류

- 산업선용 M20은 철제(SS41)로 길이는 최대 635[mm], 최저 405[mm]이고 조정범위는 230[mm]이다.
- 수도권용은 L-2, L-4, L-6 3종류가 있으며 몸체는 알루미늄 청동주물(신주 AL BrC2), 내부조정봉은 스테인레스(STS303)으로 되어 있으며 종류별 조정범위는 다음 표와 같다.

표 8-3 수도권용 턴버클의 종류

종 별	조정범위 [mm]	최대조정길이 [mm]	최소조정길이 [mm]	비 고
L-6	600	1,432	832	인류장치용
L-4	400	1,032	632	인류장치용
L-2	200	632	432	흐름방지, 가압빔 애자섹션 조정용

② 조정 스트랩(strap) : 조정용 스트랩은 평강에 구멍을 뚫어 가공한 것을 조합시켜 중첩위치를 변경하는데 따라 조정되는 것이다.
이것은 가선장력을 일단 장선기 등으로 이동시켜 무장력의 상태에서 조정하도록 되어 있다. 또 비교적 큰 조정을 할 수 있는 구조로 되어 있기 때문에 미세조정을 하는데 적용하기 어렵다. 종류는 다음과 같다.

㉠ 스트랩의 종류

- 수도권용으로 AS-1이 있으며 길이는 최대 950[mm]에서 최소 550[mm]이며 구멍간격은 80[mm](80×5)씩 400[mm]를 조정 할 수 있게 되어 있다.
- 산업선용 조정 스트랩은 없으며 대용물로 드로버(인류볼트 Φ22) 1호(L =350), 2호(L=650)가 있다. 나사부 길이는 1호=300[mm], 2호=350[mm]이다.(아래 산업선 자동장력조정장치 요크부 그림 8-9 참고)

참고

- 터널내의 장력장치설비 : 터널내에는 외기에 비해 기온변화가 그다지 크기 않음을 이용하여 지금까지는 터널내는 가선공간와 높이의 제한으로 자동장력조정장치를 설치하기가 극히 어려워 이를 설치하지 않고 장대터널 내에는

가선양단에 인류장치를 설치하여 전차선과 조가선의 인류지점에 각각 턴버클을 설치하여 전선의 크립 신장 등으로 이완된 전선을 수동 조정하여 장력조정을 해오고 있다. 그러나 아무리 철저하게 조정하여도 수동조정으로는 수시로 변동되는 전선의 신장 등으로 장력의 이완이 생겨 집전특성에 나쁜 영향을 주어 팬터그래프 습판과 전차선 수명에 악영향을 주게 되며, 더욱이 구간이 저속이 아니고 고속일 경우는 그 영향이 더욱 크며, 심할 경우에는 열차운행에 막대한 지장을 주게 된다. 따라서 일본신간 및 경부고속철도에도 터널내 전차선에 스프링식 자동장력조정장치를 설비하여 고속운전에 대한 신뢰도를 높이고 등고성 유지에 만전을 기하고 있다.

※ 그림 8-9 자동장력조정장치 요크부 및 스트랩(산업선, 수도권 일괄 2T용) ※

(5) 장력조정장치의 유지보수

장력조정장치는 시설지침에 의거 시공하고 원형대로 유지보수 및 관리하여야 한다. 각 장치별 보전상의 일반적인 유의(留意)사항은 다음과 같다.

(가) 활 차 식

① 활차의 동작상태는 그 인류구간의 유효장과 가선온도에 의해 가선이 신축하므로 중추의 위치에 의해 활차의 양부가 판정된다. 상대측 활차의 동작상태와 균형되어 정상적으로 동작할 수 있는지의 여부를 점검하여 섹션대장에 기록 보존한다.

② 와이어 로프의 점검은 활차에 와이어 로프가 한쪽으로 몰려 쓸리거나, 로프가 찌부러져 소손단선등이 일어나지 않았나를 주의하여 점검하고 로프유(油) 또는 그리스(Grease)를 도포하여 기계적 마찰을 유연하게 한다.
『활차의 회전축에도 급유 한다. B형 활차(산업선용)에는 그리스 주입구로 년1회 주입한다』 또한 로프는 서로 꼬이거나 작은바퀴에 감길 때 포개지지 않도록 한다.

③ 중추를 손으로 올렸다 내렸다 하여 정상적인 동작을 하고 있는지를 확인하고 중추고리가 추유도봉에 접촉 마찰되어 동작이 부자연스럽지 않는가를 점검한다.

④ 중추의 동작이 원활하지 못하면 축 베어링에 이상이 있을 가능성이 높으므로 활차를 교체하거나 활차를 전주에 견고히 고정시킨 후(중추도 고정시켜야 한다) 활차지지대 및 활차커버를 떼어낸 후 베어링을 점검한다. 이상이 없으면 그리스를 충진하여 원상으로 한다.

⑤ 장력장치의 요크는 전차선과 조가선의 온도에 의한 신축율이 일반적으로 조가선이 크기 때문에 경사지게 되어 있으나 심하게 될 때는 조정하여야 한다.
그러나 조가선이 아연도강연선인 경우는 반대로 전차선이 온도에 의한 신장율이 조가선보다 크기 때문에 경사가 반대로 됨에 유의하고 신설시에 이를 고려하여야 한다.

⑥ 중추봉에 와이어 로프를 연결할 때는 1회 감아 100[mm] 간격으로 와이어 크립을 견고히 체결하고 100[mm] 정도 남겨 끝부분을 2[mm] 동선으로 3회 결박한다.
(끝을 길게 남기거나 와이어 크립 간격을 크게 하면 겨울철에 활차에 감길 수 있으므로 주의 하여야 한다.)

⑦ 로프 단말은 반드시 풀리지 않도록 2[mm] 동선으로 3회 이상 견고히 바인딩하여 활차의 단말고정 크립에 빠지지 않게 너트조임을 단단히 한다.(산업선용)

⑧ 중추(重錘)의 높이를 조정할 때에는 반드시 온도에 의한 표준 높이를 유지하도록 한다.(표 8-4 장력조정장치 추의 높이 참조)

(나) 스프링식

① 스프링식은 스프링의 동작 상태를 점검하여 스프링의 피스톤축이 10[cm] 정도 수축하여 인장되어 나오도록 장력을 작용(약 270[kg])시키고 스프링통의

누수 구멍은 아래로 향하도록 조정해 준다.

② 스프링 및 인장금구 등에 부식개소가 없는지를 점검한다.

③ 기타 금구류의 부식, 손상, 마모, 이완 등 탈락 등이 없는지 확인한다.

(다) 턴버클 및 조정스트랩

① 고정 인류개소 및 애자섹션의 경사 바로잡기 등은 간단하게 턴버클을 사용하여 이도 및 경사 등을 손질할 수 있다.

② 가선을 할 경우 미리 표준온도에서 턴버클의 볼트 조정봉이 한 가운데 있도록 조정해 두면 어떠한 경우에도 볼트봉이 짧아 조정 못하는 일이 생기지 않는다.

③ 조정 스트랩은 어떠한 온도 변화에도 조정이 가능하도록 표준온도에서 스트랩 조정용 가운데 구멍에 코더핀을 끼우도록 조정하고 코더핀에는 반드시 분할핀이 꽂혀 있는지를 확인한다.

④ 와이어 턴버클은 계절마다. 적의 조정하여야 하며 L-2 내지 L-6형은 그리스를 연 1회 그리스 주입구로 주입하여 기능이 원활하도록 한다.

3. 사용재료 및 공구

품 명	규 격	단위	수량	품 명	규 격	단위	수량
감마롱	일반(大)	개	4	전차선Key	110[mm^2]용	개	2
장선기	2.0[t]용	개	2	전선전단기	大(일반)	개	
와이어 로프	심부름용	m	20	전차선밴다	전차선용	개	1
마닐라로프	일반(심부름용)	m	30	망치	大(일반)	개	1
쇠톱	일반	개	2	스패너	각종	개	

4. 실습순서 및 설치방법

(1) 자동장력조정장치 설치 및 조정, 점검

자동장력조정장치 설치 및 조정, 점검시 다음의 작업을 한다.

단, 자동장력조정장치 설치는 전문적인 숙련 기술능력이 필요한 작업이므로 전철기초를 익히는 사람은 기술을 축적할 때 까지 가급적 순회점검 및 유지보수 작업에 국한되어야 한다.

① 재료준비 및 작업장소 이동(조정작업 및 점검시)
   ㉠ 장력조정개소 결정
   ㉡ 조정대상 전선류 구간의 평균 경간산출
   ㉢ 장력조정지점에 압력계가 있는 장선기 설치
   ㉣ 인류시의 전선류 온도를 측정하기 위한 온도계 설치
   ㉤ 도표를 이용하여 구간의 온도와 경간의 평균값에 필요한 장력 결정
   ㉥ 도표에 지시된 적정값 및 장력 적용
   ㉦ 필요한 경우 전선류를 자르고 슬리브를 설치한다.
   ㉧ 1~2일 후, 전선류 장력점검
   ㉨ 필요한 경우 적절한 장력이 될 때까지 장력 재조정
   ㉩ 전선에 크램프설치 및 수행된 모든 조치, 변경사항은 기록한다.

② 장력추 높이를 조정할때는 활차가 이동하지 않도록 고정 또는 장선기로 온도변화에 따른 적정높이를 측정하여 조정한다.
③ 전차선은 열차운행에 비례하여 팬터그래프 접촉으로 마모가 진행되며 마모량 및 온도에 따라 전차선이 신장하므로 자동장력조정 범위가 벗어나면 조정해주거나 필요시 전차선을 개신하여야 한다.
④ 수도권 일괄장력인 경우 미소량의 조정시는 장선기로 고정하고 조정스트랩을 조정이 필요한 거리만큼 이동하고 리벳트 볼트를 고정한다.
⑤ 산업선 장력조정장치의 경우에는 필요한 경우 전차선, 조가선을 계산값 만큼 절단하고 크램프를 설치한다.
⑥ 작업을 잘못하여 장력추가 움직이지 않거나 활차가 정상동작하지 않게 되면 전선류의 장력이 손실되거나 과도하게 된다. 특히 장력조정 범위 한계값을 벗어나지 않도록 하고 와이어 로프 등에 손상이 없어야 한다.
⑦ 자동장력조정장치에 대한 조치는 가급적 주위온도가 0~20[℃] 사이일 때 수행한다.

(2) 자동장력조정장치와 인류장치의 설치

(가) 수도권 자동장력조정장치(A형)의 경우

① 자동장력조정장치의 활차용 상부밴드는 레일면상 6,000[mm]의 위치에 설치하고 전차선을 레일면상 약 5,600[mm]의 위치에 오도록 조정하여야 한다.(전차선 5,200[mm] 본선 기준)

② 본선과 측선의 장력조정장치의 무효부분의 합성전차선이 교차하는 개소는 측선의 활차를 100~150[mm] 높게 설치(상부밴드 6,100~6,150[mm])하여 교차지점의 조가선이 100~150[mm] 이격되도록 하여야 한다.

③ 활차에 사용하는 와이어로프의 길이는 2톤의 경우 요크측은 1.8[m]×2줄(3.6[m]), 3톤의 경우 2.4[m]×2줄(4.8[m])이며, 추측은 2톤의 경우 5.7[m], 3톤의 경우 6.5[m]로 하고 추 지지봉 상하 지지대간의 거리(유도봉 길이)는 5[m]를 표준으로 한다.

④ 장력조정장치에는 전량의 콘크리트추를 올려 놓고 와이어로프는 활차에 포개지지 않도록 감되, 서로 간격이 없도록 하여야 한다.

⑤ 온도 10[℃]를 기준으로 하여 2톤용은 와이어로프(0.18×19×6, $D=12$[mm])를 큰바퀴와 작은바퀴에 각각 1과 1/4회씩 감고, 3톤용은 큰바퀴가 1회보다 약간 길게 작은 바퀴는 1과 1/4회 감는 것을 표준으로 한다.

⑥ 자동장력조정장치 추의 높이는 표 8-4에 의하여 조정하되, 신설의 경우는 전차선의 늘어남을 감안하여 규정치 보다 100[mm] 정도 높게 하고 스톱바 간격은 활차로부터 20~30[mm]를 유지하여야 한다.

주의 1

① 추 유도봉 하부 지지대 설치밴드를 레일면(RL)상에 2톤용의 경우 50[mm], 3톤용의 경우 100[mm] 지점에 일치시켜 설치하면 상부 활차 위치가 적정하게 된다.(전차선 높이 5,200[mm] 기준일 때) 다만, 건널선 또는 측선은 RL +200~300[mm] 지점에 설치하면 된다.

② 활차 치수(큰바퀴/작은바퀴)

- 2톤용 : 660/150[mm]
- 3톤용 : 880/196[mm]

📖 주의 2

장력조정장치는 시설지침에 의거 원칙대로 시공하고 원형대로 보존 관리하여야 한다.(그림 8-10 수도권 활차식 2톤 참고)

AT방식 수도권 장력조정장치(2톤)

BT방식 산업선 장력조정장치(2톤)

※ 그림 8-10 자동장력조정장치 활차식 2톤 ※

표 8-4 수도권 2톤 장력조정장치의 추의 높이

(GT : Cu 110, 170[mm²], M : St 90, 135[mm²]

인류경간	500[m]		600[m]		700[m]		800[m]	
로프길이	A	Y	A	Y	A	Y	A	Y
40[℃]	1083	945	1039	771	996	597	952	423
35[℃]	1119	1090	1083	945	1046	800	1010	655
30[℃]	1155	1235	1126	1119	1097	1003	1068	887
25[℃]	1191	1380	1170	1293	1148	4206	1126	1119
20[℃]	1228	1525	1213	1467	1119	1409	1184	1351
15[℃]	1264	1670	1257	1641	1249	1612	1242	1583
10[℃]	1300	1815	1300	1815	1300	1815	1300	1815
5[℃]	1336	1960	1344	1989	1351	2018	1358	2047
0[℃]	1373	2105	1387	2163	1402	2221	1416	2279
− 5[℃]	1409	2250	1431	2337	1452	2424	1474	2511
−10[℃]	1445	2395	1474	2511	1503	2627	1532	2743

인류경간	500[m]		600[m]		700[m]		800[m]	
로프길이	A	Y	A	Y	A	Y	A	Y
−15[℃]	1481	2540	1518	2685	1554	2830	1590	2975
−20[℃]	1518	2685	1561	2859	1605	3033	1648	3207
−25[℃]	1554	2830	1605	3033	1655	3236	1706	3439
−30[℃]	1590	2975	1648	3207	1706	3439	1764	3671

※ 기온 5[℃] 변화시 272[mm]

※ 인류길이 500[m] 이하는 500[m]에 준한다.

※ 합성전차선(전차선+조가선)의 선팽창 계수=1.45[mm]/100[m]

- 전차선(Cu)=1.7[mm]/100[m], 조가선(St)=1.2[mm]/100[m]

※ 합성전차선 A길이 및 X길이 산출방법

- A길이[mm]=1300±B

  B=[1.45×전차선 인류길이[m]/100×(현재온도 −10[℃])

- X길이[mm]=X(10[℃])±[B×4(활차비)]

  X(10[℃]) : 10[℃]에서의 X길이

※ 전차선로에서 장력은 항상 일정하게 유지되어야 한다.

특히, 자동장력조정장치가 기능을 상실하면 전차선의 편위가 초과되거나 교차개소 또는 평행개소에서 팬터그래프가 전차선에 끼어들어 중대한 사고를 야기할 수 있다.

◇ 유지보수시 장력조정장치의 구비조건

- 전차선의 장력은 정해진 표준치를 유지하여야 한다.
- 전차선의 온도변화에 민감하게 대응할 수 있는 구조이어야 한다.
- 장력조정장치 본체의 억제저항이 적어야 한다.
- 유지관리상 보수작업이 쉬운 구조이어야 한다.
- 고장이 적고 내구성이 충족되어야 한다.

5. 실습결과 및 고찰

① 장력조정장치의 설치목적과 필요성에 대하여 설명할 수 있다.

② 장력조정장치의 종류를 이해하고 설명할 수 있다.

③ 각 장력조정장치별 사용구분을 이해하고 설명할 수 있다.

④ 기존선과 고속철도의 장력조정장치에 대하여 비교하고 설명할 수 있다.

⑤ 터널내 전차선, 조가선의 신장에 대한 대책을 알고 있다.

⑥ 조정스트랩에 대하여 이해하고 설명할 수 있다.

⑦ 검수 및 순회점검시 확인이 필요한 부분을 알고 있다.

⑧ 장력조정장치 유지보수시 유의사항을 이해하고 설명할 수 있다.

⑨ 장력조정장치 유지보수시 구비조건에 대하여 이해하고 설명할 수 있다.

강원도 추암 촛대바위 2004년 晩秋

제 2 장

전차선 실습(시설)

실 1 습

교류 전철변전소 시설물 및 보호설비 이해

1. 실습목적

전기철도의 구성요소인 교류 전철 변전설비의 각종 시설물을 이해하고 보호계전기의 종류 및 특성을 습득한다.

2. 관련이론

전기철도(Electric Railway) 변전설비는『전기를 주동력으로 하는 전기차에 전차선로를 이용하여 전기를 공급한다』

(1) 교류 전철변전설비

(가) BT 교류 전철변전소(電鐵變電所)

교류 3상 66[kV] 전원을 한국전력공사 변전소로부터 수전받아 동력조작 단로기와 교류차단기를 경유, 수동조작 단로기를 거쳐 수전모선에 공급되고 동력조작 단로기를 통하여 스코트 결선방식의 급전용 변압기의 1차측에 전원이 가압되면 2차측의 M좌, T좌에 각각 단상 27.5[kV]의 2상 전압으로 변성하여 차단기를 경유, 각 방면별로 수동조작 단로기, 차단기, 동력조작 단로기를 사용하여 급전하면 일단은 급전선(Positive Feeder : PF)에 접속되고 다른 일단은 부급전선(Negative Feeder

: NF)에 접속되어 전기기차에 전원을 공급하게 된다.

(나) AT 교류 전철변전소

교류 3상 154[kV](66[kV]) 전원을 한국전력공사(KEPOC) 변전소로부터 수전받아 동력조작 단로기(89RP)와 교류차단기(52R)를 경유, 수동조작 단로기(89RH)를 거쳐 수전모선에 공급되고 동력조작 단로기(89TP)와 차단기(52TP)를 통하여 스코트 결선(Scott Connection) 방식의 급전용 변압기(FTR)의 1차측에 전원이 가압되면 2차측의 M좌, T좌에 각각 단상 55[kV]의 2상 전압으로 변성하여 차단기(52 TS)를 경유, 각 방면별로 동력조작 단로기(89FP), 차단기(52F), 수동조작 단로기(89FH)를 사용하여 급전하면 단권변압기를 거쳐 급전선(Auto transformer Feeder : AF), 전차선(Trolley Feeder : TF) 및 보호선(Protective Wire : PW)에 접속되어 전기차에 전원을 공급하게 된다.

① **수전측 설비** : 전철변전소(Sub Station : SS)는 3상 60[Hz] 154[kV] 전원을 한국전력공사 변전소로부터 가공선로, 또는 지중케이블로 수전을 받고 있으며 수전전원의 무정전 확보를 위하여 1회선 또는 2회선의 예비선로를 확보하고 있다.

수전설비라 함은 급전용 변압기의 1차측 설비를 말하는데 이 수전설비에는 전원측에서 유입되는 이상 고전압을 대지로 방전시켜 변전소내 기기를 보호하기 위하여 변전소 전원 인입측에 설치한 피뢰기(Lighting Arrester : LA), 동력조작 단로기 전단에 수전전압 등을 감시하고 전력사용량을 측정하기 위하여 설치한 콘덴서형 계기용 변압기(Condenser type Potential Device : CPD), 동력조작 단로기 후단에 변전소의 최대전력 및 전력사용량(한전 검침용)을 계측하기 위하여 설치한 콘덴서형 계기용변압기(Condenser type Voltage Tranfor-mer : CVT) 및 계기용변류기(CT), 차단기 후단에 주회로에 흐르는 전류(A)를 감시하고 변전소내 전력사용량(유효, 무효), 역률(Power Factor : PF)을 원격계측하기 위하여 설치한 계기용변류기, 각종 계측기가 있고 수동조작 단로기는 차단기의 점검보수시 주회로를 차단하기 위한 것이며 수전 공통모선에는 수전측으로 부터 유입되는 이상 고전압으로부터 기기를 보호하기 위하여 피뢰기를 설치한다.

② **변압기측 설비** : 변압기측 설비는 급전용 변압기 1차측에서 2차측의 급전회로 모선까지를 말하며 주변압기(Main TRansformer : MTR) 전, 후단에는 동력조

작 단로기(89TP, TS), 차단기(52TP, TS)를 설치하여 급전회로에서의 애자 절연파괴, 단선 등에 의한 지락사고 발생시 또는 콘덴서와 주변압기 이상 발생시 변압기 1, 2차측 차단기를 동작시켜 전원을 차단함으로서 기기를 보호한다. 주변압기는 스코트 결선방식의 변압기를 사용하며 1차측에 3상 교류 154[kV]의 전원이 가압되면 2차측에는 단상 2조(M상, T상)의 55[kV] 전원이 인출되어 각 방면별 급전할 수 있도록 M좌 모선과 T좌 모선을 구성하며 3차측에는 3상 6.6[kV] 전원으로 변환되어 각 방면별 신호용 전원, 역사 조명 및 동력용의 고배 배전선로에 공급된다.

③ **급전측 설비** : 급전측 설비는 주변압기 2차측의 급전용 모선으로부터 급전 인출 개소까지를 말하며 이 계통에서 중요한 설비는 단로기, 차단기 등 개폐장치와 보호장치이다.

급전설비는 각 방면별로 회선을 구분하여 각각 동력조작 단로기(89FP), 차단기(52F) 및 수동조작 단로기(89FH)를 설비한다.

차단기 전단에는 계기용 변류기(CT)를 후단에는 계기용 변압기(Protential Transformer : PT)를 설비하고 이로부터 거리 계전기(44), 단락선택 계전기(50), 재폐로 계전기(79), 부족전압 계전기(27) 및 고장점 표정 계전기(99)가 접속된다. 급전측 차단기는 고속도 재폐로를 위하여 투입시간이 짧고 기계적 충격이 적으며 차단성능이 좋은 2P SF 6 GAS 차단기를 사용한다.

표 1-1 각종 전기철도 변전설비 중요 약어

명 칭	영 문	기호 및 번호	명 칭	영어명	명 칭	영어명
차단기	Circuit Breaker	CB : 52	교류	Alternating Current	일차	Primary
단로기	Disconecting Switch	DS : 89	직류	Direct Current	정극	Positive
피뢰기	Lighting Arrester	LA	제어	Control	수전	Receiving
계기용 변압기	Potential Transformer	PT	주파수	Frequency	계전기	Relay
계기용 변류기	Current Transformer	CT	수동	Hand	이차	Secondary

✍ 영동선 춘양S/S 수전설비 단선도

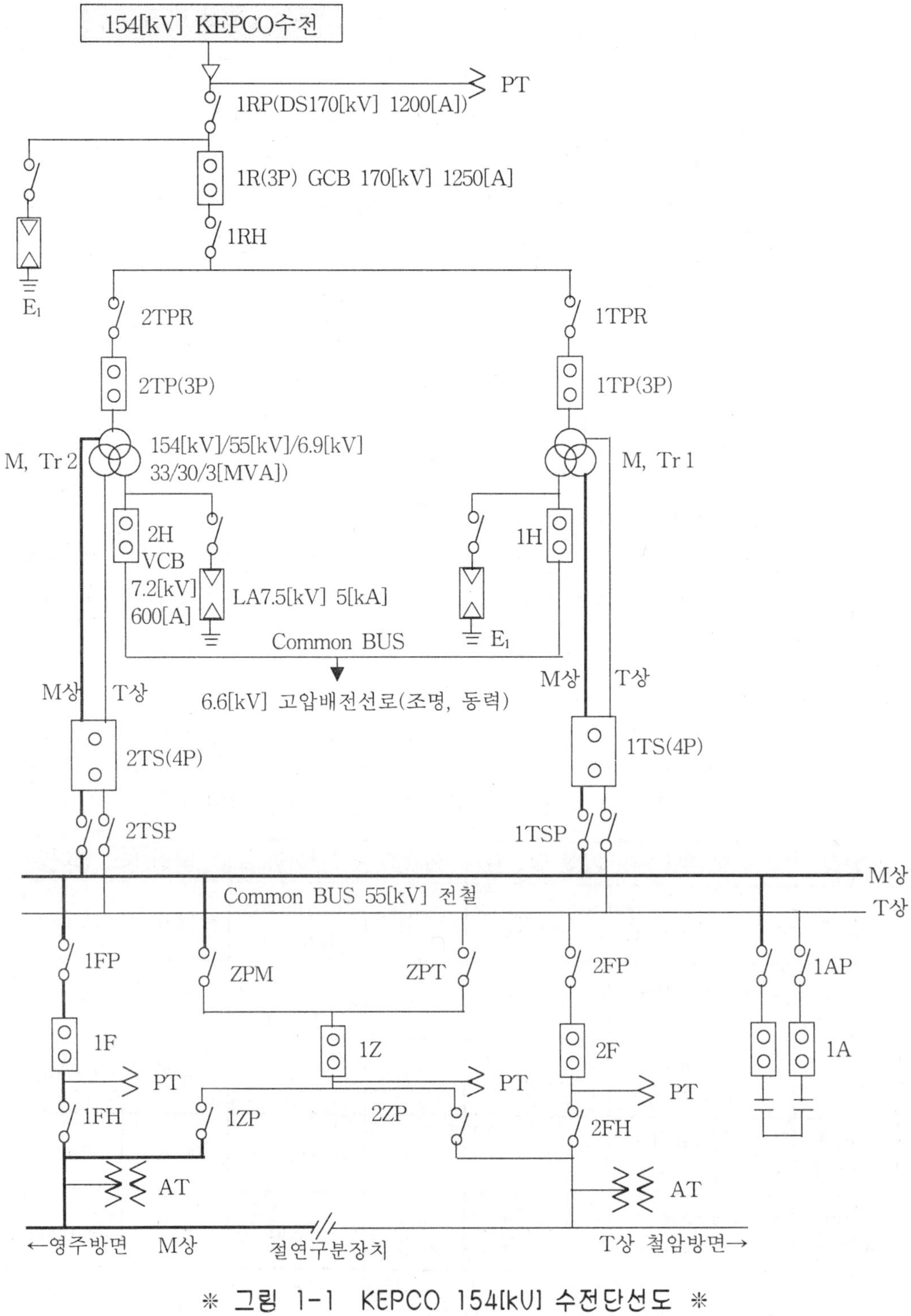

※ 그림 1-1 KEPCO 154[kV] 수전단선도 ※

※ 그림 1-2 영동선 춘양S/S 전경 ※

※ 그림 1-3 수전측 3P 단로기 ※

※ 그림 1-4 수전측 3P 차단기 ※

※ 그림 1-5 변압기측 4P 차단기 ※

※ 그림 1-6 급전측 2P 차단기 ※

154[kV]/55[kV]/6.6[kV] 3권선 Transformer
33[MVA](전철 30, 고배 3[MVA]),
22[MVA](전철 20, 고배 2[MVA])

※ 그림 1-7 주변압기(MT.r) ※

55[kV] 60[Hz] 1Phase(3th shunt 2,200[kVA],
5th shunt 1,100[kVA]), 7th shunt 700[kVA]
4,000(T상)+4,000(M상)=8,000[kVA]

※ 그림 1-8 A/C FILTER ※

(2) 급전구분소

급전계통의 구분, 연장급전을 위하여 변전소간의 중간위치에 설치하며 차단기와 단로기 등의 개폐장치를 설치한 곳을 말한다.

교류 전철구간에서 전기차에 공급하는 교류전기는 위상차, 전위차 등의 문제는 있으나 동일 급전구간에 변전소로부터 전차선에 병렬급전(2개 변전소 전원 동시 급전)할 수도 있다. 따라서 평상시에는 급전구분소(Sectioning Post : SP)의 차단기는 개방상태이며 양측 2개소 변전소에서는 급전구분소 양측 차단기까지 급전하고 있다. 그러나 중앙, 태백, 영동선 등 산업선에서는 선로조건에 따라 급전용량 증대를 위하여 병렬운전을 시행하는 곳도 있다.

양측 변전소로부터 병렬운전하기 위해서는 특히 양측 변전소의 위상차가 문제가 되며 병렬운전중 전원계통이 분리되거나 사고가 일어나면 전차선에 의해 막대한 전류가 흘러 장애를 일으킬 우려가 있으므로 부득이한 경우가 아니면 병렬운전은 하지 않는다.

(3) 보조 급전구분소

변전소와 급전구분소간의 전차선로에 전기적 구분개소를 더 설치하면 작업 등을 할 경우 단전구간이 축소되어 효과적이다.

이와 같은 목적으로 설치한 곳을 보조 급전구분소(Sub Sectioning Post : SSP)라 한다. 보조 급전구분소에도 차단기와 단로기 등의 개폐장치를 설치하며 차단기는 상시 투입되고 작업 등을 할 경우에만 개방하게 된다.

즉 선로의 작업, 고장구간 구분 또는 급전계통 분리가 필요한 경우에 설치한다.

(4) 급전 타이포스트

병행하는 두 개 급전구간의 중간이나 말단을 차단기로 연결, 결합한 보조 급전구분소를 급전 타이포스트(Feeder Tie Post : FTP)라 하는데 차단기, 단로기 등 개폐장치를 설치한 청량리, 수원, 인천, 안산, 분당, 수서SSP 등을 말한다.

(5) 단말 급전구분소

전차선로에 있어서 전압강하의 보상과 통신 유도장해 경감을 위하여 말단에 단권변압기만을 설치하고 개폐장치는 설치하지 아니한 곳을 단말 급전구분소(Auto Transformer post : ATP)라 한다. 즉 서울ATP 등을 말한다.

✍ 가스절연개폐장치(Gas Insulated Switchgear : GIS) - SP, SSP용

① 특징 : GIS란 가스절연 개폐장치를 말하며 각종 기기의 충전부를 밀폐된 금속용기에 수용 SF_6 가스로 절연한 설비를 말한다.

② GIS의 장점

㉠ 설비장애가 거의 없어 신뢰도가 높음.

㉡ 염해등 외기 환경 또는 이물질 접촉에 의한 사고가 없음.

㉢ 전부 접지된 금속용기로 덮어져 있어 인체에 대한 위험이 없음.

㉣ 각 기기가 표준화된 조립식 방식으로 다량 생산이 가능함.

㉤ 공장에서 조립후 분해 수송으로 현지 작업공기가 단축됨.

㉥ 보수점검 업무가 불필요하고 운전경비 감축 및 설치면적이 축소

※ 그림 1-9 가스절연개폐장치(Gas Insulated Switchger : GIS) ※

③ SF_6 가스의 성질

㉠ 가스의 비중이 공기의 약 5.5배이고 무색, 무취, 무독, 불연성이다.

㉡ 대기압에서 −62[℃], 12[kg/cm^2]에서는 0[℃]에 액화한다.

㉢ 가스압력이 5[kg/cm^2](20[℃])일 때 액화온도는 −32[℃]이다.

㉣ 열전도율은 동일조건의 공기에 비해 2.5배 정도로 크다.

㉤ 절연내력은 약 2[kg/cm^2](20[℃])에서 절연유와 동일하다.

㉥ 전자부착 능력이 매우 크므로 소호능력이 뛰어나며 절연회복이 빠르다.

④ GIS설비 구성 기기 : CB, DS, 접지개폐기(동력, 수동용), 모선, 변류기(BCT), PT, 붓싱, LA, Cable Head, 조작반(각 BAY마다 설치)

(6) 주 변압기(MTr)

변압기(TRansformer : TR)란 전자세력을 매개로 전자유도작용에 의하여 한쪽의 권선에 공급한 교류 전기를 다른쪽의 권선에 동일주파수의 교류 전기로 전압을 변환하는 정지 유도기기로서 적어도 2개 이상의 전기회로를 구성하는 권선들과 한 개의 공통된 자기회로를 이루는 철심 및 절연유 등의 절연물로 구성된다.

표 1-2 절연물의 내열구분

절연물의 종류	최고 허용 사용온도[℃]	주요 재료
Y	90	면, 견, 지
A	105	면, 견, 지 등에 기름이나 바니스 등을 합침시킨 것, 비닐, 포르말수지
E	120	에폭시 수지
B	130	유리섬유+합성수지
F	155	유리섬유
H	180	유리섬유+실리콘수지
C	180 이상	마이카, 도자기, 유리

참고

① 변압기의 주의온도를 40[℃]라 하면 A종 절연물(유입변압기의 경우는 대부분 이것을 사용)에서는 105−40=65[℃]의 온도상승이 허용됨.

② 절연유 : 보통 광유를 많이 사용하며 절연유의 구비조건은 다음과 같다.
- 절연내력이 클 것.
- 점도가 낮고 냉각 효과가 클 것.
- 인화점이 높고 응고점이 낮을 것 및 고온에서 산화하지 않을 것.
- 절연재료와 화학작용을 일으키지 않을 것.

③ 절연유의 절연내력은 12.5[mm] 구상 전극으로 전극간 거리 2.5[mm]에서 30[kV] 이상의 것을 사용하여야 하고 전산가가 0.4 이상이면 화학적인 방법에 의해 정화하거나 신품으로 교체하여야 한다.

전철변전소에서 사용되는 변압기는 스코트 결선 변압기로서 이 변압기는 T결선 방식의 변압기라고도 하며 3상을 2상으로, 또는 2상을 3상으로 변환하는 방식의 변압기이다.

스코트 결선(Scott Connection)에서는 그림 1-10에서 보는 바와 같이 1차측은 역 T형으로 결선하여 3상에 접속하고, 2차측은 역 L형으로 결선하여 단상부하에 접속하는 것이다. 여기서 2차측의 M좌(Main Phase)측과 T좌(Tease Phase)측의 위상은 각각 90°위상차를 가지고 있다.

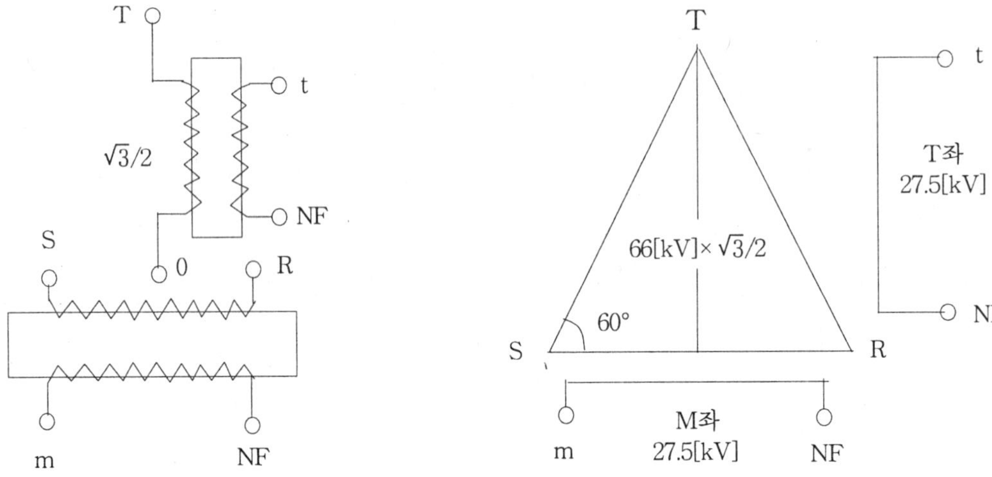

※ 그림 1-10 Scott 결선도 ※

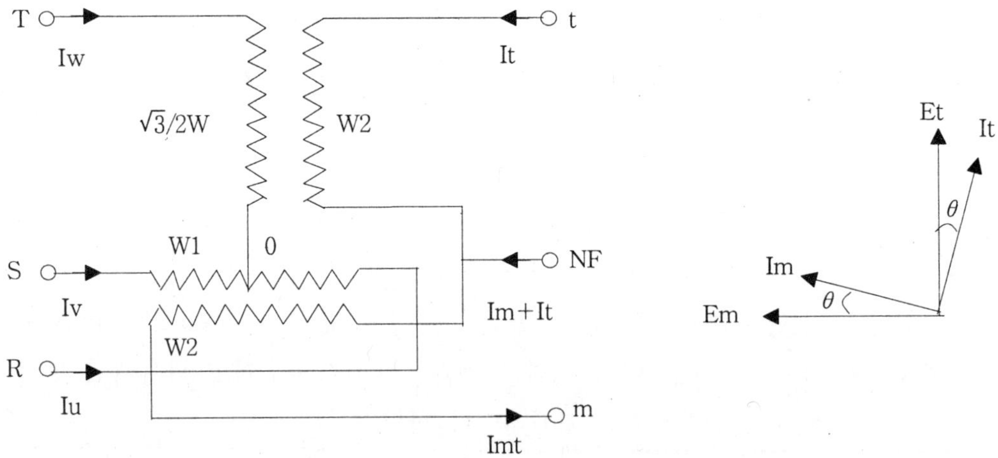

※ 그림 1-11 Scott 결선 벡터도 ※

변압기 권선의 내부를 살펴보면 1차측의 중성점 탭(0)을 가진 2차측을 M좌 또는 주좌권선이라 하고 다른 쪽을 T좌권선이라 한다. 또 T좌측 1차권선은 M좌측 1차권선의 $\sqrt{3}/2 = 0.866$이다. 이 스코트 결선의 최대 장점은 단상 또는 2차측에 용량 및 역률이 같은 부하가 접속되면 1차측 3상에는 3상 평형전류가 유입되어 불평형률이 영이 되는 것이 특징이며 장점이기도 하다. 만약 불평형 전류가 흐르면 자연히 전압도 불평형이 되고 전원측, 부하측에 여러 가지 악영향을 끼친다. 그리하여 불평형률을 2시간 부하에 대하여 3[%] 이내(외국의 경우는 5[%] 순간부하 이내)로 억제하고 있다.

(7) 단권변압기(Auto Transformer)

단권변압기는 동일 철심에 하나의 연속된 권선을 감고, 그의 일부가 1차 및 2차 회로에 공통으로 접속된 변압기를 말한다.

공통부분을 분로권선, 공통이 아닌부분을 직렬권선이라 한다. 급전회로에 사용되는 단권변압기의 권선비는 N1 : N2=1 : 1이 되므로 그 용량비는 1/2이 된다.

(가) AT 급전회로의 구성

AT 급전회로는 전차선(TF), 레일(R), 급전선(AF)으로 구성되어 약 10[km] 마다 권선비가 1 : 1의 AT가 설치되어 있다. 그래서 부하는 전차선과 레일에 의하여 집전된다. 따라서 부하전압의 2배에 해당되는 전압으로 급전되며 보호선(PW)이 1조 설치된다. 각 AT 설치지점, 또는 AT 중성점이 레일에 접속되어 있으므로 이 보호선은 TF, 또는 AF의 애자 섬락시 변전소의 보호계전기 동작을 용이하게 하고 또한 통신선의 유도경감 대책 등을 기대하는 것으로서 직접 전력전송에는 관계없다.

(나) AT 급전회로의 전류분포

AT 급전회로는 망상으로 되어 있어 전류분포를 직감적으로 알 수 있다. 그림 1-12에서 부하전류가 100[A]인 경우이며 AT 급전회로의 전류분포는 흡상변압기 방식과 같이 섹션이 없으므로 전류의 경로가 한정되지 않는다. 즉 부하 위치에서 가장 가까운 AT회로에 가장 많은 전류가 흐르며 근접한 기타의 AT에도 전류가 흐르게 되는 것이 BT방식과 크게 다른 점이다.

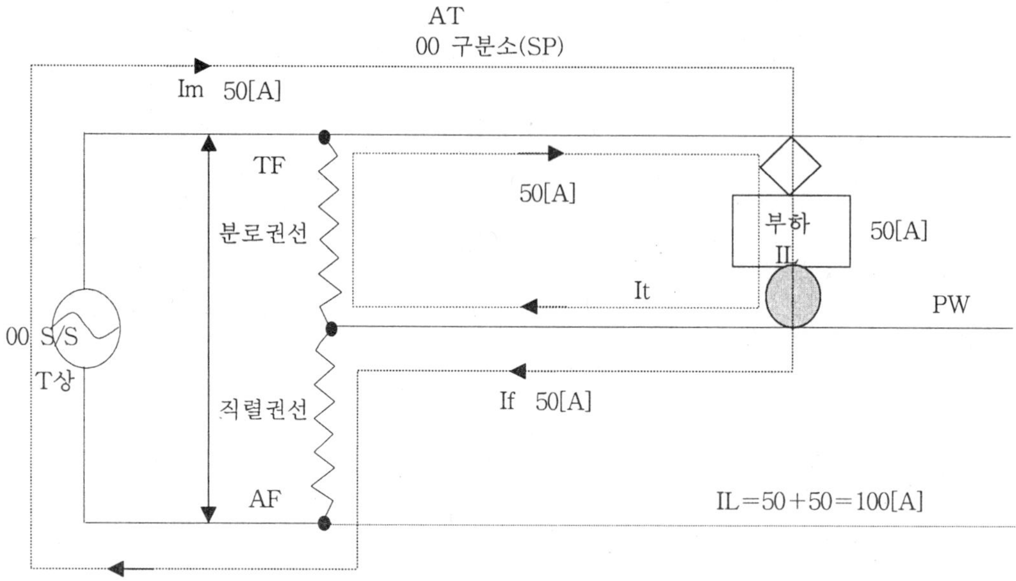

※ 그림 1-12 00 SP AT 전류분포 ※

📖 참고

AT : 자기용량 5,000[kVA]-직결권선 또는 분로권선의 전압과 전류의 곱
선로용량 10,000[kVA]-선로에 공급할 수 있는 용량(자기용량의 2배)

- 부하가 100[A]인 경우 : 전차선 → 부하 → 레일 → AT의 AF코일 → AF를 통해 50[A]가 흐른다. AT가 1 : 1권선이므로 TF측에도 반드시 50[A] 걸리며, AT의 TF측 코일 전류분포도는 전차선 → 부하 → 레일이며 부하측 전류의 합은 100[A]가 되는 것이다.
- 과부하 내량으로서 정격전류의 300[%]에 상당하는 부하에서 2분간 연속해도 이상을 인지할 수 없으며 그 위에 고장 전류를 고려해서 단락 강도를 정격 전류의 25배 또는 35배로 하고 있다.

(다) 55[kV] 모선(2004. 4. 1 개통 경부고속철 기준) 예

변전소의 급전용 변압기 2차 단자와 72.5[kV] GIS(가스절연개폐장치)간에는 나경동연선의 모선으로 연결된다. 모선의 설계제원은 다음과 같다.

① 나모선의 절연간격

㉠ 공칭전압 : 72.5[kV]

ⓛ 상간 : 1,500[mm]

ⓒ 대지 : 1,000[mm]

ⓔ 높이 : 10,000[mm]

② 나모선의 구조 : 내장형

③ 모선, 도체의 종류 : 나경동연선×2(복도체)

④ 모선 도체의 굵기 선정(경동연선 325[mm^2]→61/2.6[mm])

모선 도체의 하계 연속 허용전류(70[℃])가 급전용 Tr 정격전류(FA기준)보다 크게 선정

㉠ 급전용 변압기 정격전류=60,000[kVA]/55[kV]=1,091[A]

경동연선 325[mm^2]×2의 70[℃] 연속허용전류=1,180[A]

즉, 1,180[A]>1,091[A] 따라서 모선 도체의 굵기를 325[mm^2]×2로 하였음.

※ 그림 1-13 단권변압기(Auto Transformer) ※

※ 그림 1-14 급전측 계기용 ※ 변압기

※ 그림 1-15 특고압 각종 기기 ※ 내부결선

(8) 전철 변전설비의 각종 보호계전기

(가) 보호계통 일반용어

① 보호계전기(Protective relay) : 전차선로 및 변전기기 등의 이상 상태를 감지, 적절한 지시를 주는 것을 목적으로 하는 계전기

② 보조 계전기(Auxiliary relay) : 다른 계전기나 보호장치의 동작을 원활하게 하기 위해 동작회로의 개폐지시에 따라 동작하는 계전기

③ 정격치(Rating) : 계전기의 특성과 성능의 보증기준이 되는 양으로 정격전압, 정격전류, 정격주파수 등을 말한다.

④ 부담(Burden) : 계전기 입력회로의 임피던스를 말하며, 소비VA, 소비전력, 부담 임피던스 중의 하나로 표시한다. 부담을 나타낼때에 CT를 사용하는 전류회로와 PT를 사용하는 전압회로의 부담은 정격VA로 표시한다.

⑤ 정정(Setting) : 보호계전기가 보호할 구간에서 어떠한 이상상태가 발생했을 때 이에 적절히 동작하도록 조정장치(예 : Tap, Lever 등)에 의해 동작기준치를 정하는 것을 말하며, 정정(Setting)된 기준치를 정정치(Setting Value)라고 한다.

📖 참고

✍ 역률(Power Factor)

교류회로의 유효전력과 피상전력과의 비(比). 교류회로에 저항 외에 커패시턴스나 인덕턴스가 포함되어 있을 경우, 저항을 흐르는 전류는 열을 발생하여 전기에너지를 소비하지만 커패시턴스나 인덕턴스 중에서는 에너지가 축적 및 방출을 되풀이할 뿐 소비되지 않는다. 따라서 전압과 전류의 곱으로 얻어지는 양은 유효전력을 나타내는 것이 아니라 겉보기의 전력을 나타내는 것에 지나지 않는다. 이것을 피상전력이라고 한다. 유효전력(단순히 전력이라고도 한다)은 일반적으로 피상전력보다 작다. 따라서 역률은 대체로 1보다 작지만 전압과 전류의 위상이 맞을 때는 1이 된다. 교류(사인파)에서는 전압과 전류 사이의 위상차를 rad으로 하면 역률은 $\cos\theta$와 같다.

⑥ **보호협조** : 피보호물에 사고가 발생하였을 때 피보호물의 주보호장치가 동작하여 고장이 제거되고 피보호물의 후비 보호장치는 동작하지 않도록 주보호장치와 후비보호 장치간에 시간차이를 두어 보호장치간에 시간협조를 시키는 것을 말한다.

⑦ **연동시험** : 보호계전기와 모든 설비가 정상적인 상태로 연결되어 있는 상태에서 계전기를 인위적으로 동작시켜 관련 보조계전기 및 기기 등의 동작상태가 정상적인가를 확인하는 시험을 말한다.

⑧ **사고점 저항**(Fault resistance) : 전력기기 또는 급전선에서 단락 또는 지락사고 시에 고장점에 발생하는 아크저항 및 접촉저항을 통틀어 말한다.

⑨ **영구사고**(Permanent fault) : 전선의 단선, 변압기의 고장, 지지물의 도괴 등과 같이 사고를 복구하지 않으면 계속해서 고장이 지속되는 것을 말하고, 조수의 접촉, 수목접촉, 낙뢰 등으로 인하여 순간적으로 사고가 발생하였다가 자연 소멸되거나 한번 무가압 시켰다가 다시 전압을 인가하면 자연 복구되는 사고를 순간사고라 한다.

(나) 계전기 동작에 관한 용어

① **순시**(瞬時 : Instantaneous) : 동작시간에 대해 특히 고려하지 않는 경우로 일반적으로 일정 입력(200[%])에서 0.2초 이내로 동작하는 경우를 말한다.

② **한시**(限時 : Time delay)

㉠ 정한시 : 입력의 크기에 관계없이 정해진 시간에 동작하는 것을 말함.

㉡ 반한시 : 입력이 커질수록 짧은 시간에 동작하나 입력이 어떤 범위를 넘으

면 일정시간에 동작하는 것을 말함.

㉢ 강반한시 : 입력이 커질수록 짧은 시간에 동작하는 율이 크며, 대체로 Lever 10일 때 2배의 Pick up시의 동작시간은 3.0초 정도인 것이다.

㉣ 초반한시 : 입력이 커질수록 짧은 시간에 동작하는 율이 가장 크며, Tap 전류에서의 동작시간은 Lever 10에서 0.2초로 동작하나 Tap 전류의 2배의 전류에서는 10초 정도로 동작한다.

③ 복귀

㉠ 자기복귀 : 동작후 입력이 복귀치 이하가 되면 자동으로 복귀하는 것을 말함.

㉡ 수동복귀 : 동작후 입력 복귀치 이하가 되어도 자동복귀 되지 않고 계전기를 수동으로 복귀시키는 것을 말함.

㉢ 전기복귀 : 동작후 입력이 복귀치 이하가 되어도 자동복귀 되지 않고 복귀를 목적으로 외부에서 다른 전기입력을 가하여 계전기를 복귀시키는 것을 말함.

㉣ 한시복귀 : 계전기가 동작후 입력치를 영으로 하여 원위치로 복귀할 때 시간지연으로 복귀하는 것을 말함.

④ 자기유지(Self holding) : 계전기가 동작했을 때 특정기구 또는 다른 입력에 의해 동작기능을 스스로 유지하는 것을 말한다.

(다) 보호계전기 종류

계전기(繼電器 ; Relay)란 미리 규정된 전기량이나 물리량에 응동하여 전기회로를 제어하는 기능을 갖는 장치를 계전기라 하며, 전류와 전압의 크기, 위상각 관계, 전력조류(Power flow)의 방향, 주파수 등과 같은 복잡한 조건들을 항시 감시하여야 한다. 과부하(Over Load), 단락(Short circuit)과 같은 과도상태가 되면, 계전기가 반응하여 접촉하는 것을 막고 회로차단기에 의하여 회전의 비정상적인 부분의 전원을 끊는다. 덧붙여, 계전기는 알람 신호와 Lock-out 기능을 제공해줄 수 있다. 그러므로 계전기 단독으로는 배전 시스템내에서 발생할 수 있는 모든 비정상적인 상황을 감지하고 반응하도록 설계되어질 수 없다.

① 과전류계전기(OCR : Over Current Relay) : 51

전류의 크기가 일정치 이상으로 되었을 때 동작하는 계전기.

② 지락 과전류계전기(OCGR : Over Current Ground Relay) : 51

지락사고시 지락전류의 크기에 의해 동작하는 계전기

③ 과전압계전기(OVR : Over Voltage Relay) : 59(교류), 45(직류)

전압의 크기가 일정치 이상이 되었을 때 동작하는 계전기

④ 지락 과전압계전기(OVGR : Over Voltage Ground Relay) : 64

지락사고시 발생되는 영상전압의 크기에 의해 동작하는 계전기

⑤ 부족 전압계전기(UVR : Under Voltage Relay) : 27

전압의 크기가 일정치 이하로 되었을 때 동작하는 계전기

⑥ 평형계전기(Balance Relay) : 60

같은 종류의 전기량의 크기를 비교하여 그 차가 일정치 이상에 달할 때 동작하는 계전기이며, 전류의 크기를 비교하는 것이 전류평형계전기, 전압의 크기를 비교하는 것이 전압평형계전기이다.

⑦ 전류차동계전기(DCR : Differential Current Relay) : 87

피보호설비에 유입되는 총전류와 유출되는 총전류간의 차이가 일정치 이상으로 되었을 때 동작하는 계전기

⑧ 비율차동계전기(Ratio differential Current Relay) : 87

총 입력전류와 총 출력전류간의 차이가 총 입력전류에 대하여 일정 비율이상으로 되었을 때 동작하는 계전기

⑨ 압력계전기(Pressure Relay) : 63

압력의 크기에 따라 동작하는 계전기

⑩ 거리계전기(Distance Relay) : 44

전압과 전류의 비가 일정치 이하인 경우에 동작하는 계전기이다. 실제로 전압고 전류의 비는 전기적인 거리, 즉 임피던스를 나타내므로 거리 계전기라는 명칭을 사용하며, 전차선로의 경우 선로의 길이가 전기적인 길이에 비례하므로 이 계전기를 사용하여 보호한다.

⑪ 온도계전기(Temperature Relay) : 26

온도가 일정치 이상이 되면 동작하는 계전기로 기기의 과부하 또는 과열방지, 절연물의 과열방지 등에 이용된다.

⑫ 단락계전기 : 50(단락선택계전기)

단락사고 검출을 주목적으로 제작된 계전기

⑬ 지락계전기 : 50(지락선택계전기)

지락사고 검출을 주목적으로 하여 제작된 계전기

⑭ 재폐로계전기(Reclosing Relay) : 79

전차선로 사고시 보호계전기 동작으로 급전반 차단기가 개방될 때, 사람이 차단기를 인위적으로 투입하는 경우 많은 시간이 소요되므로, 사고지점의 절연이 회복된 후 재폐로 조건이 이루어지면, 자동으로 차단기를 투입시키기 위한 계전기(전철 급전반 재폐로시간은 약 0.3~0.5초)

⑮ 선택지락계전기(Selective Ground Relay) : 67

비접지 계통의 배전선로 지락사고를 검출하여 사고회로만을 선택차단하는 방향성 계전기로서 지락사고시 계전기 설치점에 나타나는 영상전압과 영상지락고장전류(비접지 계통에서는 지락고장시 계통 충전전류 및 GPT 2차 저항에 따라 고장전류가 제한된다)를 검출하여 선택 차단한다. 계전기에 유입되는 영상전압은 모선에 설치하는 GPT 3차측 권선을 개방 △결선하여 사용하고, 영상고장전류는 선로에 설치하는 영상변류기(ZCT)를 사용한다.

무인변전소 감시(영동선 00변전소)

※ 그림 1-16 무인변전소 영상감시장치 ※

3. 실습결과 및 고찰

① 전기철도 변전설비의 계통도를 이해하고 설명할 수 있다.

② 수전설비 및 변압기반, 급전반 구성요소를 이해하고 있다.

③ AT/BT 방식을 비교하여 설명할 수 있다.

④ 변전소 및 구분소 설비를 이해하고 중요시설물을 알고 있다.

⑤ 주변압기 스코트 결선방식에 대하여 이해하고 설명할 수 있다.

⑥ 보호설비 일반용어를 이해하고 있다.

⑦ 보호계전기 종류 및 용도에 대하여 이해하고 있다.

⑧ 역률, 무효전력, 유효전력, 피상전력의 뜻을 이해하고 설명할 수 있다.

⑨ 변전설비의 역률(力率)개선에 대하여 설명할 수 있다.

실 2 습

완금 및 애자류 설치

1. 실습목적

전차선로 각종 전선을 지지하는 완금제작 및 대지 절연을 하기 위한 각종 애자류를 이해하고 설치하는 기술능력 향상을 도모하는데 있다.

2. 관련이론

(1) 완금(腕金)

전주 또는 고정빔 등에 설치하여 급전선, 부급전선, 보호선 등을 지지 또는 인류하기 위한 구조물을 "완금"이라 말한다.

완금은 용융아연도금을 한 ㄱ형강 등의 강재를 단독 또는 조합하여 사용하고 있다. 고정빔에 설치하여 급전선, 보호선 등을 지지하는 완금을 대용물이라고 한다.

(가) 완금의 종류(種類)

완금은 직류 전차선로용과 교류 전차선로용으로 대별된다. NF 1선용 대용물은 굽힘을 고려하여 그다지 횡장력이 걸리지 않는 개소에 설치한다.

(나) 완금의 길이

완금의 길이는 지지하고 있는 전선의 풍압하중과 곡선로의 수평장력의 영향으로 인하여 애자가 경사지는 것을 고려하여 선간 이격거리와 절연 이격거리 확보가 되도록 길이를 정하여야 한다. 이 때문에 직류용과 교류용은 그 길이가 서로 다르게 된다. 또한, 고정빔에 설치하는 전주 대용물 높이는 작업을 하기 위한 이격거리와 조류(鳥類) 등을 충분히 고려해서 결정하여야 할 것이다.

급전선 등의 지지방법은 현수조가방식을 표준으로 하고 수평진동에 제한을 받는 개소 등에는 V형 조가방식으로 하고 있다.

다음의 식을 참조하여 소요하는 완금길이를 구하여 보자.

✍ 지주로부터 이격거리(L)

① 수직하중

$$W = W_1 + W_2$$

여기서, W_1 : 전선의 하중[kgf], W_2 : 애자의 하중[kgf]

② 수평하중

$$P = P_1 + P_2 \text{[kgf]}$$

여기서, P_1 : 곡선로에 의한 수평장력[kgf], P_2 : 전선과 애자의 풍압하중[kgf]

③ 진동각

$$\theta = \tan^{-1}\frac{P}{W} [°]$$

④ 가선의 이동량

$$l = l' + \sin\theta \text{[mm]}$$

여기서, l' : 애자의 연결 길이[mm]

∴ 지주로 부터의 이격거리

$$L = l + d + c \text{[mm]}$$

여기서, d : 전기적 절연최소 이격거리[mm], c : 여유

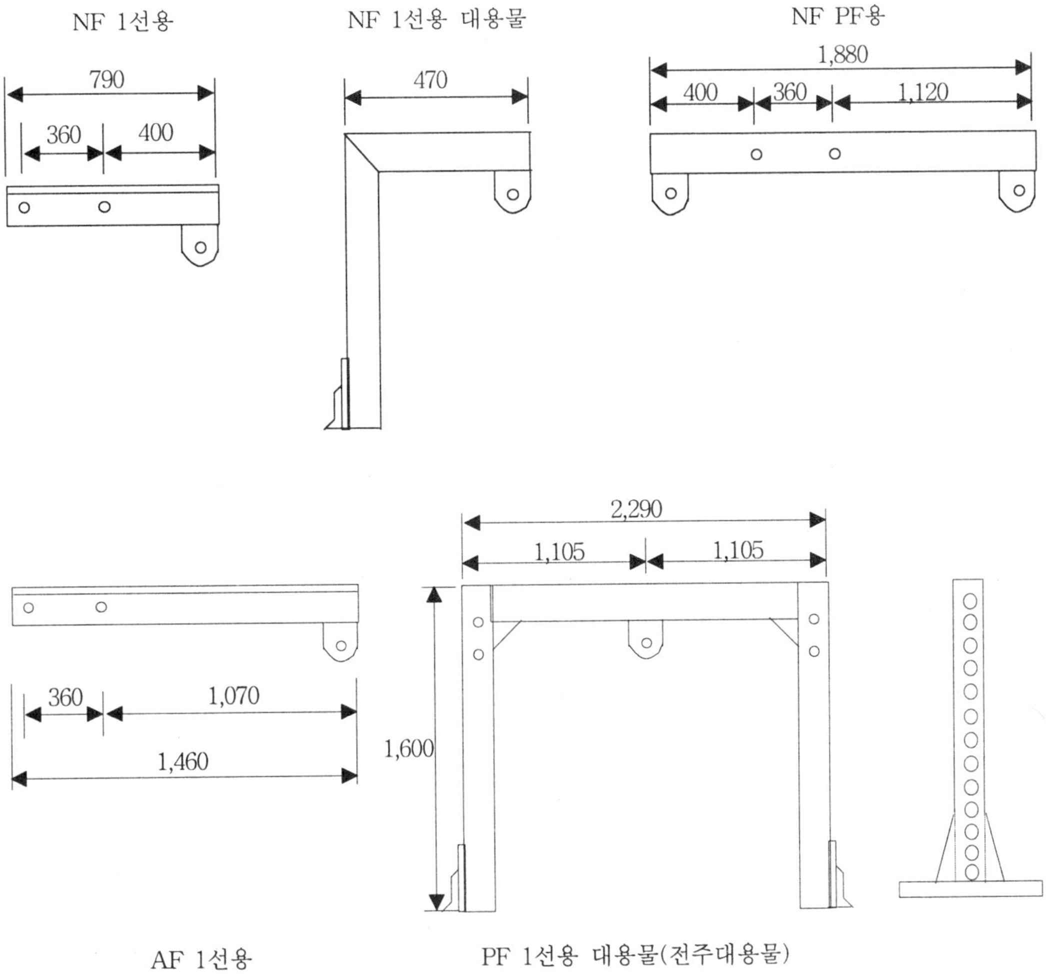

※ 그림 2-1 교류용 완금형상 ※

표 2-1 1선용 완금 관련자료

경간 [m]	풍압	곡선로에 대한 수평장력	풍압에 따른 횡장력	수평 하중	수직 하중	진동각(θ)	최대 하중
30	갑종	57	1.85×30	112.5	16.79	81°30′	114
	을종	83	1.525×30	128.8	29.26	77°12′	132
	병종	83	0.925×30	110.8	16.79	81°24′	112
60	갑종	27	1.85×60	138.0	33.59	76°18′	142
	을종	126	1.525×60	122.5	58.53	64°30′	136
	병종	23	0.925×60	78.5	33.59	66°48′	85

예 제 표 2-1을 참조하여 보호선 AL 200[mm²]을 조가하는 교류 1선용 완금의 크기를 산출하여라.
단, 경간 30[m], 곡선반지름 300[m], 갑종 풍압하중을 적용하며 표시하지 않은 부분은 관련규정을 적용할 것.

풀이 ✍ 지주로부터 이격거리(L)

① 수직하중

$$W = W_1 + W_2[\text{kgf}]$$

$$= 0.5598[\text{kg/m}] \times 30[\text{m}] + 3[\text{kg}] = 20[\text{kg}]$$

> ※ 보호선 AL 200[mm²]하중 → 0.5598[kg/m]
> 현수애자 180 ϕ 하중 → 3[kg]

② 수평하중

$$P = P_1 + P_2[\text{kgf}]$$

$$= 57[\text{kgf}] + 1.85[\text{kgf/m}] \times 30[\text{m}] + 1.7[\text{kgf}] \times 1 = 114[\text{kgf}]$$

> ※ 경간 30[m] [갑종] 곡선로에 대한 횡장력 → 57[kgf]
> 보호선 AL 200[mm²] 횡장력 → 1.85[kgf/m]
> 현수애자 180 ϕ 횡장력 → 1.7[kgf]

③ 진동각

$$\theta = \tan^{-1}\frac{P}{W}[°] = \tan^{-1}\frac{114}{20} = 80[°]$$

④ 가선의 이동량

$$l = l' + \sin\theta[\text{mm}] = 192[\text{mm}] \times \sin 80° = 189[\text{mm}]$$

∴ 지주로 부터의 이격거리 $L = l + d + c$ [mm]에서

(전기적 절연 최소 이격거리 $d = 150$[mm], 여유 $c = 16$[mm]로 하면)

$$L = 189 + 150 + 16[\text{mm}] = 355[\text{mm}]$$

그림 2-2를 참조하여 이해하길 바라며 355[mm]는 반드시 전주면에 애자 중심까지의 거리이며 전주의 지름과 완금 말단의 여유를 감안하여 완금의 총길이를 계산하여야 한다.

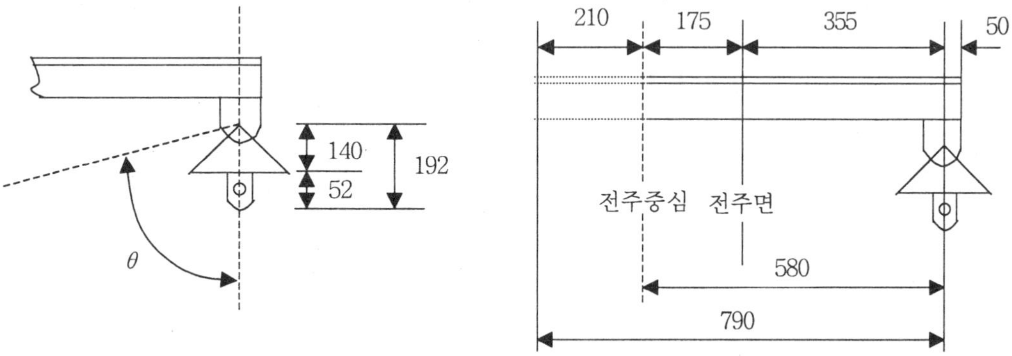

※ 그림 2-2 교류 NF 1선용 완금의 크기 ※

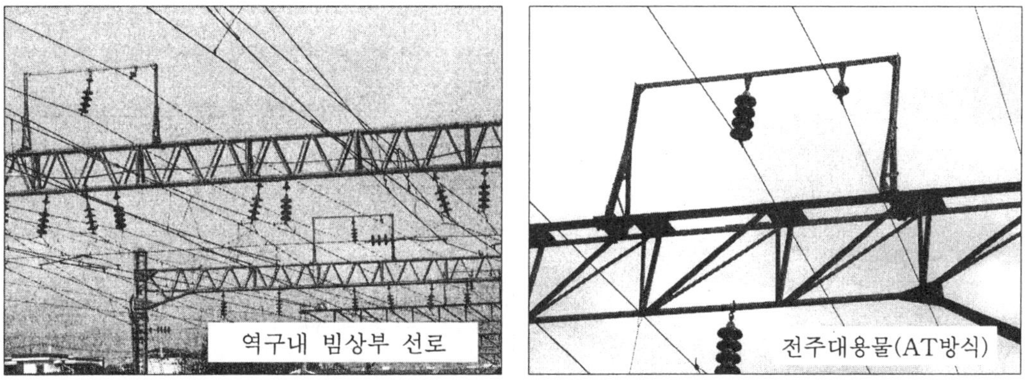

※ 그림 2-3 급전선 전주대용물 설치형상 ※

(2) 애 자(碍子 : insulator)

전차선의 애자는 가선(전차선, 조가선, 보호선, 급전선, 부급전선) 및 그 부속설비(가동브래키트, 인류장치, 흐름방지장치, 자동장력조정장치 등)에 사용되며 전차선로용으로서는 장간애자, 현수애자, 지지애자가 사용되고 있다.

애자의 재질은 자기, 유리(Ceramic) 애자와 폴리머(Polymer) 애자를 사용한다. 사용설비별 애자의 종별은 표 2-2와 같다.

염해우려지역, 공장지대 등 공해지역에는 내오손용 애자를 사용하거나 현수애자의 경우 그 수량을 늘려 설치한다. 표 2-2에서 괄호 내의 숫자는 2중 절연방식의 경우에 추가하여야 하는 애자의 숫자를 나타낸 것이며, 기기배선용 애자는 급전선 및 부급전선(보호선)에 준용한다. 현재 전기철도에서도 사용하고 또한 증가 추세에 있는 폴리머 애자는 분자량이 10,000 이상으로 중합된 고분자 화합물을 말하며 플라스틱(Plastics), 리버(Rubber), 파이버(Fiber)와 같은 것들이 있다.

이 외에도 폴리머와 같은 의미로 사용되는 것으로 컴퍼지트(Composite)가 있는데, 이것은 2개 이상의 종류로 이루어진 화합물이라는 뜻이다. 또, 논-세라믹(Non-ceramic)이라는 말도 사용하는데, 이것은 세라믹(ceramic : 자기, 유리)이 아니라는 뜻이며 폴리머나 컴퍼지트와 동일한 의미로 사용된다.

폴리머 애자는 시험결과 세라믹(ceramic : 자기, 유리)애자에 비하여 20[%] 내외의 경량성으로 보관, 운반, 설치작업에 유리하고 기계적 강도가 자체 하중 대비 세라믹에 비하여 2배 정도이고, 충격강도는 5배 이상인 장점이 있어 낙석의 우려가 있는 개소나 과선교 하부에 사용이 확대되는 추세이다. 그러나 폴리머 애자는 1960년대에 개발되어 1970년대에 생산되기 시작한 것으로 실제 사용기간이 짧아 아직은 제품에 대한 장기적인 데이터 자료가 없어 신뢰도가 확보되지 않았으며 폴리머 애자의 내트래킹성(Antitracking), 내후성(Weather-ability) 등이 취약한 단점이 있다.

표 2-2 사용개소별 애자의 종별

사용설비 \ 애자종별		현수애자		장간애자		지지애자
		180[mm]	250[mm]	항압용	인장용	지지용
급전선	인 류	(1)	4		1	
	현 수	(1)	4			1
	이상구분		5			
부급전선 및 보호선	인류	1				
	현수	1				1
	흡상변압기 단자구분	2				
가공전차선	인 류		4		1	
	현 수		4		1	1
	곡선당김장치	(1)	4		1	
	스 팬 선	(1)	4		1	
	보조곡선 당김장치	(1)	4		1	
	이상 구분장치		5			
	흡상변압기 구분장치		2			
가동 브래키트	수평파이프				1	
	경사파이프			1		

사용설비 \ 애자종별		현수애자		장간애자		지지애자
		180[mm]	250[mm]	항압용	인장용	지지용
하수 브래키트	하수파이프				1	※ ( )안은 설계 개량시 까지로 한다

📖 참고

Polymer
- Plastics : Polyethylene, PVC, FRP 등
- Rubber : Silicone, EPDM, 천연고무 등
- Fiber

(3) 폴리머(Polymer) 현수 및 장간애자

폴리머 애자는 기존 자기재 애자의 단점인 작업 및 운송시 애자의 파손, 과다한 중량, 기온의 급격한 변화에 따른 균열 등을 보완하여 설계, 재질은 실리콘 고무와 고강도의 FRP Rod로 기계적, 전기적 특성이 우수한 애자이다.

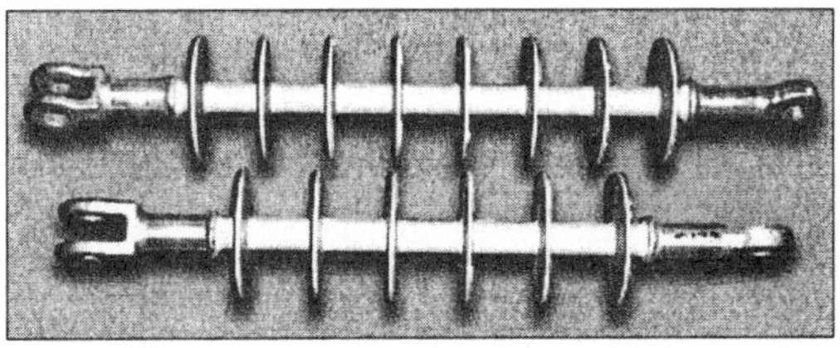

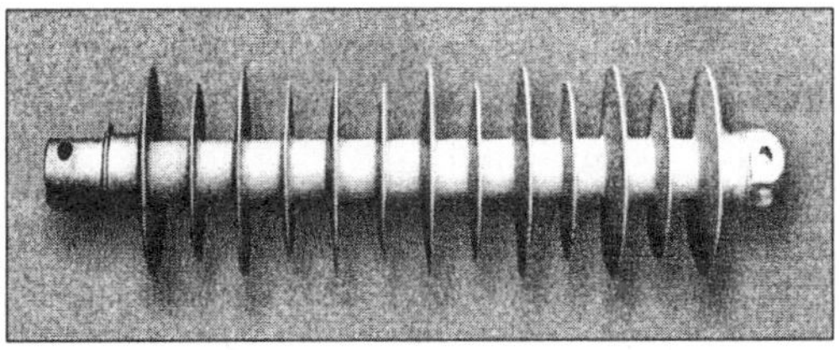

※ 그림 2-4 폴리머 현수 및 전철용 장간애자(Polyer Stem Insulator) ※

(가) 현수애자(懸垂碍子)

전차선로 각종 전선지지에 사용되는 현수애자는 시공 및 보수가 용이하고 그 형상을 임의로 선택할 수 있으므로 사용 용도에 따라 현수애자 1개 또는 4개를 연결하여 사용하며 수도권의 급전선에는 5개를 사용 지지하고 있다. 전차선의 인류전차선, 급전선, 부급전선 및 보호선 등 여러 가지 이점이 있으므로 널리 사용되고 있다.

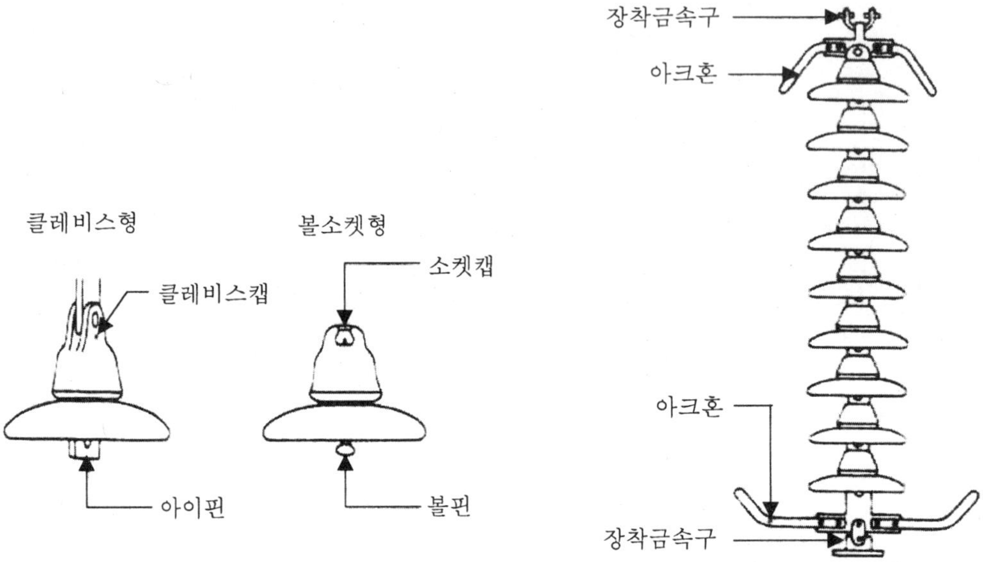

(a) 현수애자 금속구의 종류　　　　(b) 현수애자의 접속과 아크혼

※ 그림 2-5 현수애자 종류 및 애자련 ※

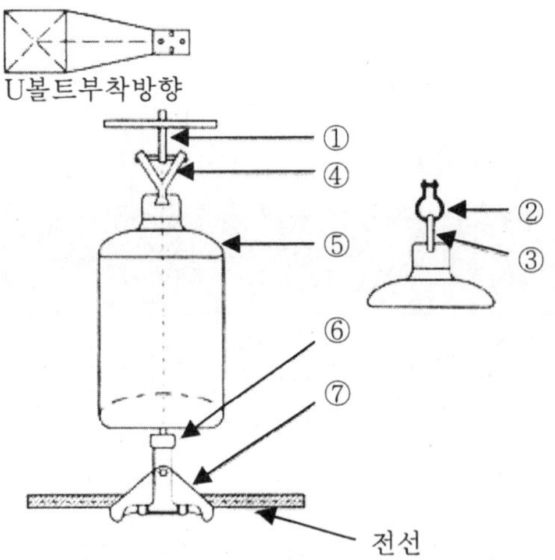

① 애자 장치용 U볼트	UB-8
② 앵커 쇄클	AS-8
③ 볼아이	BE-8
④ Y 크레비스볼	B&S(J)
⑤ 현수애자	250[mm]
⑥ 소켓아이	SE-12
⑦ 현수크램프	SUA-3

※ 그림 2-6 현수애자 각부 명칭 ※

(나) 장간애자(張幹碍子)

장간애자는 그 사용목적에 따라 인장용과 압축용으로 크게 나눌 수 있으며 산업선에는 가동브래키트, 흐름방지장치, 장력조정장치, 인류개소 등에 인장용이 사용

되고 압축용으로서는 가동브래키트 하부지지용에 사용되고 있다.

건조섬락 전압에 비하여 주수섬락 전압이 적고 그 형태가 비에 씻기기 쉽게 되어 있어 섬락의 경우 아크가 도자기 부분에 접촉하기 힘든 여러 가지 이점이 있으므로 교류 및 직류전차선로에 널리 사용되고 있다.

(다) 지지애자(支持碍子)

지지애자는 과선교 밑으로 통과하는 급전선이나 보호선의 지지용으로 사용된다.

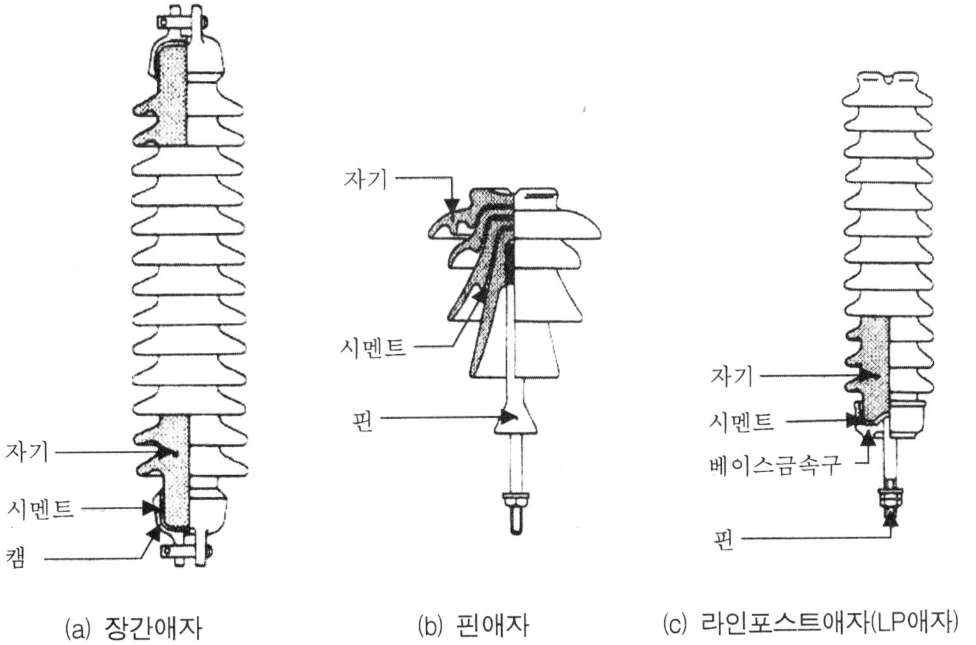

※ 그림 2-7 각종 애자류 형상 ※

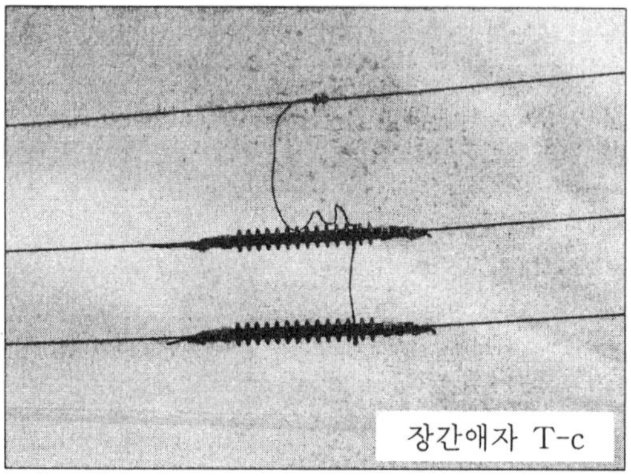

※ 그림 2-8 각종 애자류 설치 형상 ※

3. 사용재료 및 공구

품 명	규 격	단위	수량	품 명	규 격	단위	수량
완 금	전철용 A1종 870[mm]	개	1	라이포스트애자	23[kV]	개	2
완 금	전철용 A2종 2000[mm]	개	1	현수크램프	MSC-3 (ACSR-58[mm^2])	개	2
전철용밴드	완금용 1호 (Φ300, Φ350)	개	1	애자연결금구	핀볼아이(A16)	개	2
전철용밴드	완금용 3호 (Φ300, Φ350)	개	1	애자장치용 U볼트	각종	개	4
장간애자	Φ80×921[m]형	개	1	와이어 로프	심부름용	m	10
현수애자	볼소켓형 Φ250	개	4	장선기	1.0[t]용	개	2
현수애자	크레비스형 Φ180	개	2	작업공구	각종	식	1

4. 실습순서 및 설치방법

전철용 완금 및 애자설치는 다음 작업을 한다.

① 재료준비 및 작업장소 이동

② 주상작업에 필요한 안전 보호장구를 확인한다.(안전모, 안전요대, 절연화, 검전기 등)

③ 검전기로 전차선로 단전여부를 확인하고 접지걸이를 설치한다.

④ 전철주 시설물과 이격거리를 감안하여 완금밴드를 설치할 곳을 표시한다.

⑤ 전주지름과 형상에 적합한 전주밴드를 설치한다.(PC, H형강, 철주 등)

⑥ 전주상부에 도르래를 설치하고 심부름용 로프를 연결하여 설치한다.
단, 완금길이가 1200[mm] 이상 이거나 단독작업이 어려울 때에는 근접작업대를 설치하고 2인 1조로 하여 안전하게 설치한다.

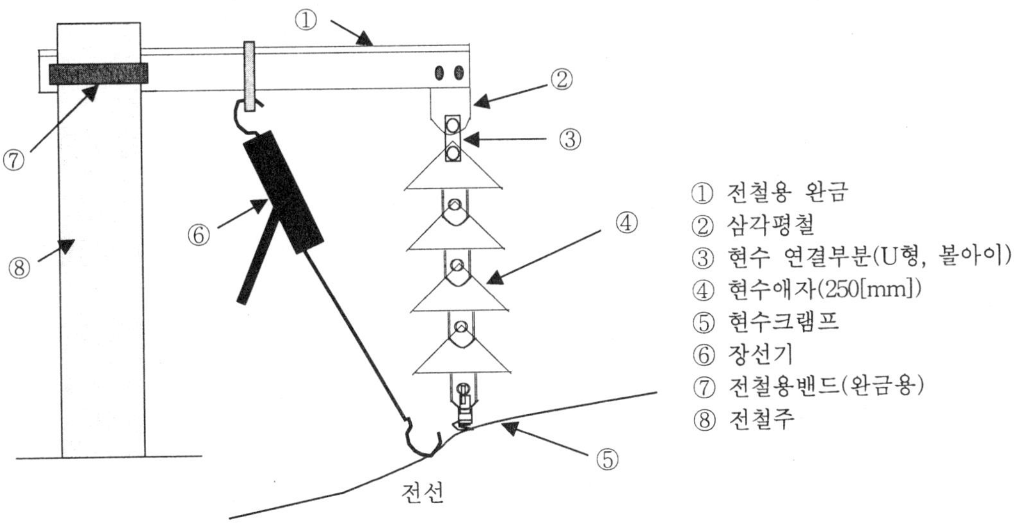

※ 그림 2-9 급전선 현수 각부의 명칭 ※

⑦ 완금설치가 완료되면 기설치된 도르래를 이용하여 필요한 수량만큼 애자를 설치하고 전선을 현수크램프에 설치한다.

⑧ 삼각평철을 설치하고 완금설치 각도가 적정한지 확인한다.
단, 각종 애자설치 수량은 표 2-2에 의한다.

5. 실습결과 및 고찰

① 완금의 크기를 산출할 수 있다.

② 전차선로용 애자의 종류을 설명하고 이해할 수 있다.

③ 장간애자와 현수애자를 비교 설명할 수 있다.

④ 현수애자 볼소켓형과 크레비스형을 구별하고 이해할 수 있다.

⑤ 전차선로 사용개소별 애자수량을 알고 있다.

⑥ 현수애자의 종류를 구별할 수 있으며, 각부 명칭을 알고 있다.

⑦ 애자의 구비조건 및 종류별 절연내력에 대하여 알고 있다.

실 3 습

전차선로 가선방식 및 흐름방지장치 이해

1. 실습목적

전차선로 가선방식을 이해하고 장력구간 중간에 설치하는 흐름방지장치(anticree-ping device)를 설치하는 기술 및 보수능력 향상을 도모하는데 있다.

2. 관련이론

(1) 전차선로(電車線路)의 가선방식

전기차에 전기를 공급하는 전차선의 가선방식에는 전기를 급전하는 방식에 따라 분류되고 있으며 가선하고자 하는 선로의 조건 등에 따라 전차선을 여러 가지의 형태로 가선하고 있다. 전차선로는 전기철도시스템에 따라 여러 가지의 형태로 가선되어지고 있다.

전차선로는 항상 양호한 상태로 전기차의 집전장치와 접촉되어야 하므로 운전속도, 운전밀도, 수송조건, 전기방식, 보수방식, 주변여건과 기후조건에 따라 선로에 가장 적합한 구조로 가선되어야 한다. 대표적인 가선방식으로는 지상구간에서는 직접가선방식과 커티너리(catenary)가선방식이 있으며 지하구간에는 강체가선방식이 있으며 특수방식으로는 제3궤조식과 자기 부상식이 있다.

✍ 가공 전차선로의 가선방식

전기차의 속도향상을 위하여 전차선의 이도에 의한 이선율을 작게 하고 동시에 지지경간을 크게 하기 위하여 조가선을 전차선 위에 기계적으로 가선하고 일정한 간격으로 행거(Hanger)나 드롭바(Dropper)로 매달아 전차선(Trolly wire)을 두 지지점 사이에서 궤도면에 대하여 일정한 높이를 유지하도록 하는 방식이다.

이 경우 조가선(Messenger wire)이 이른바 커티너리 곡선을 이루기 때문에 이 방식을 커티너리 가선방식이라고 부른다.

(가) 심플 커티너리 조가방식

조가선과 전차선의 2조로 구성되고 조가선으로 전차선을 궤도면에 대하여 평행이 되도록 한 방식이다. 커티너리 가선방식의 가장 대표적인 것으로, 현재 광범위하게 채용되고 있다. 이 방식은 일반적으로 110[km] 정도의 중속도용으로써 우리나라의 지상 전철구간 전차선 방식은 이 방식을 채택하고 있다.

최근 이 방식은 연구결과 드롭바(Dropper) 간격을 조정하고 설비를 일부 개량하여 270[km/h]까지 운전 할 수 있도록 발전되었다.

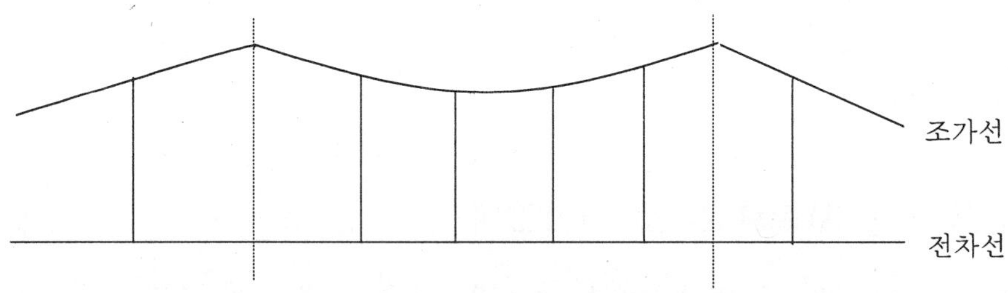

※ 그림 3-1 심플 커티너리 조가방식 ※

(나) 변Y형 심플 커티너리 조가방식

이 방식은 심플 커티너리 가선방식의 지지점 부근에 조가선과 병행하여 15[m] 정도의 전선(Y선이라고 부르고 있음)을 가설하여 이것에서 전차선을 조가한 구조를 하고 있다. 이것은 Y선으로 지지점 부근의 압상력을 크게 하여 양 지지점 아래서의 팬터그래프 통과에 대한 경점(Hard spot)을 경감시키고, 경간 중앙부와 압상력의 차이를 적게 하여 이선(Contact loss) 및 아크(Arc)를 작게 함으로서 속도성능 향상을 도모한 것이다.

그러나 이 방식은 Y선의 장력조정이 어렵고, 또 지지점의 탄성접수가 작고, 가선의 압상력이 크고, 가고(Wire height)가 크게 되므로 강풍시에 가선이 경사되는 등, 내풍 성능이 약하다.

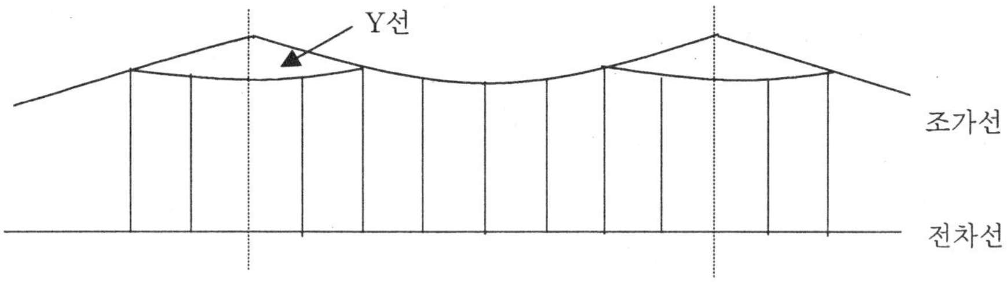

※ 그림 3-2 변Y형 심플 커티너리 조가방식 ※

(다) 트윈 심플 커티너리 조가방식

기존의 심플 커티너리 구간의 가고(Wire height)를 변경하지 않고 고속도, 집전 성능을 높여 줄 수 있도록 개발된 방식으로, 가고 가선 2조를 일정한 간격(표준 100[mm])으로 병행하여 가설한 구조이다.

심플 커티너리식에 비교하여 건설비가 높고, 가선구조가 복잡하게 되지만 이 방식은 4가닥의 전선으로 구성되기 때문에 팬터그래프에 의한 가선의 상, 하 변위가 적고, 트롤리 선의 압상특성이 좋다.

또 트롤리 선이 2조로 되어 있기 때문에 집전 전류 용량이 커서 고속운전구간이나 운전밀도가 높은 구간 및 대도시 통근수송의 중 부하(Heavy load) 구간에 많이 사용된다. 또 팬터그래프 압상력이 억제되기 때문에 가고(架高)가 작은 터널구간에도 사용되고 있다.

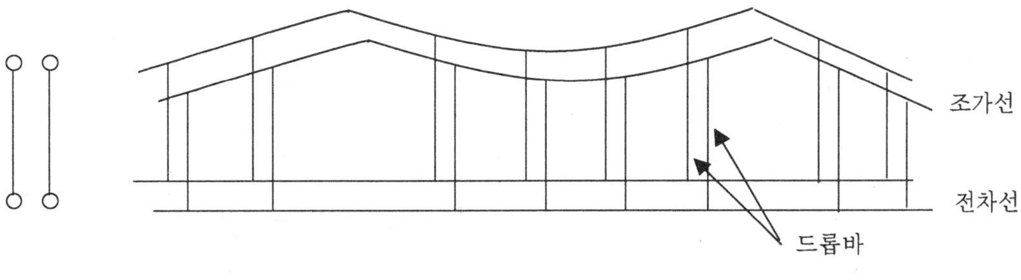

※ 그림 3-3 트윈 심플 커티너리 조가방식 ※

(라) 헤비 심플 커티너리 조가방식

심플 커티너리식 가선에서 전선의 장력을 크게 한 것으로 장력이 크기 때문에 경간 중앙부근 전차선의 압상(押上)량을 적게 하기 위하여 동적 이동상태에서 등고(等高)성을 향상시켜 집전 성능을 도모함과 동시에 풍압에 따른 편위(Deviation)의 증가를 억제함으로서 가선 진동 및 동요를 적게 하여 안전도 및 집전 성능의 향상을 도모한 것이다.

또 트롤리 선을 굵게 하기 때문에 내마모성, 내부식성이 유리하다. 따라서 직류 구간이나 전차선의 마모량이 많은 곳에서 트롤리 선을 150~170[mm^2]로 사용하고 있다.

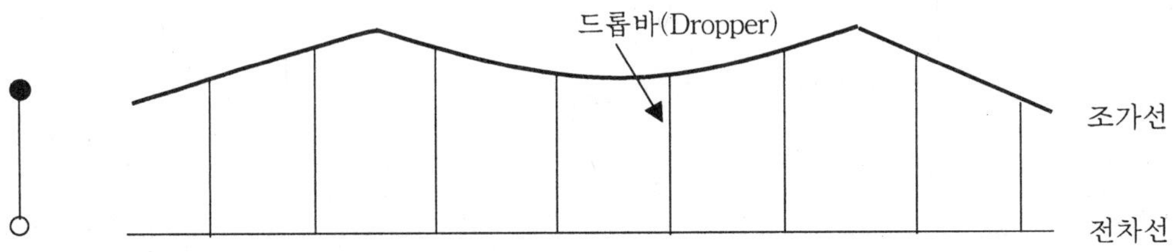

※ 그림 3-4 헤비 심플 커티너리 조가방식 ※

(마) 콤파운드 커티너리 조가방식

심플 커티너리 방식의 조가선과 전차선에 보조 조가선을 가설하여 조가선으로부터 드롭바로 보조 조가선을 조가하고, 행거로 보조 조가선에 전차선을 조가하는 방식이다.

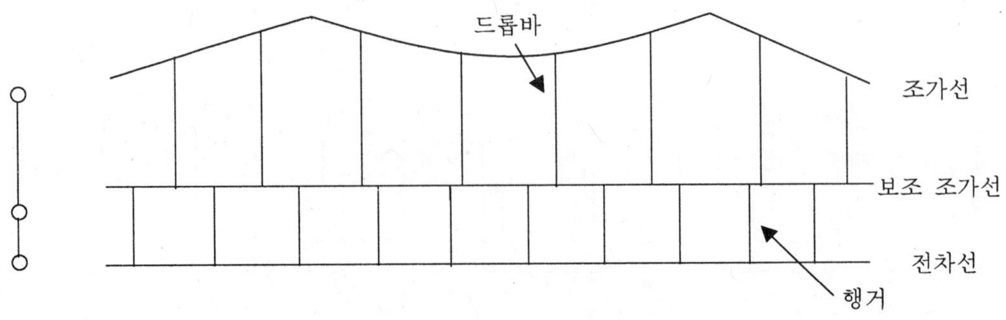

※ 그림 3-5 콤파운드 커티너리 조가방식 ※

이 방식은 일반적으로 보조 조가선에 경동연선(100[mm²])을 사용하고 있어 집전 용량이 크고, 팬터그래프에 의한 가선의 상방향 변위(압상량)가 지지점과 경간 중앙에서 큰 차이가 없기 때문에 속도성능도 높게 되어, 고속도 운전구간이나 중부하 구간에 적당하다.

그러나 가선에 필요한 상방향 공간이 크고, 지지물(支持物)도 높게 할 필요가 있기 때문에 심플 커티너리식에 비교하여 건설비가 비싸다.

(바) 합성 콤파운드 커티너리 조가방식

콤파운드 커티너리식의 드롭바에 스프링과 공기 댐퍼를 조합한 합성소자를 상용한 방식으로, 합성소자에 의하여 지지점 부근의 경점(Hard spot)을 경감시켜 전차선의 압상특성을 균일하게 하여 이선(離線)과 아크의 발생을 방지하여 속도성능을 높인 방식이다.

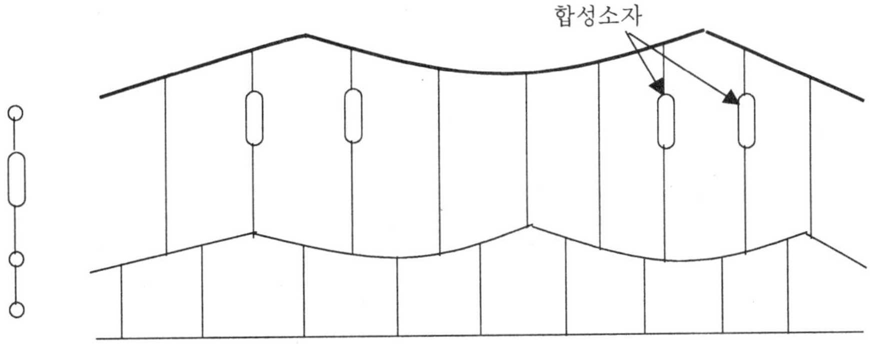

※ 그림 3-6 합성 콤파운드 커티너리 조가방식 ※

(사) 헤비 콤파운드 커티너리 조가방식

콤파운드 커티너리식의 각 전선의 굵기 및 장력을 크게 중가선화(重架線化)한 것이다. 합성 콤파운드식과 비교하여 속도성능 및 안전도가 향상되어 합성소자가 불필요하기 때문에 간소화 된 것이다. 헤비 콤파운드방식의 특성은 250[km/h] 집전시에 트롤리 선의 지지점에서 최대 압상력이 25[mm] 정도이고 또한 가선의 진동도 적다.

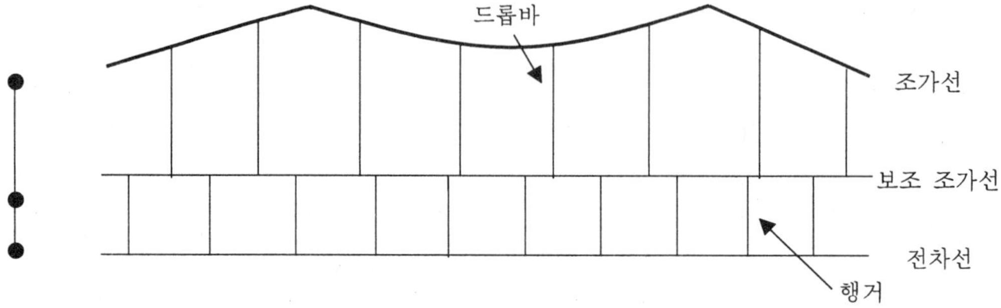

※ 그림 3-7 헤비 콤파운드 커티너리 조가방식 ※

(2) 흐름방지장치(Anticreeping device)

전차선은 자동장력조정장치를 원활하게 동작시켜 전차선 장력을 균일하게 유지하기 위하여 전차선의 이동에 대하여 억제저항을 적게 하도록 하고 있다. 이를 위하여 전차선의 인류구간의 양측에 활차식 자동장력조정장치를 사용하면 풍압, 팬터그래프의 습동, 전차선 자신의 온도변화에 따른 신축 등에 의하여 선로의 한쪽 방향으로 전차선이 이동하는 경우가 있다.

전차선이 한쪽 방향으로 흐르면 밸런서가 기능을 잃게 되고 그에 따라 장력이 불균형하게 되어 섹션개소 등의 전차선에 국부 마모를 일으키는 원인이 된다. 이와 같이 한쪽 방향으로 전차선이 흐르는 것을 방지하는 설비를 전차선의 "흐름방지장치(防止裝置)"라고 한다.(Anticreeping device)

또한 현행의 활차식 밸런서는 활차의 직경비가 변화하는 구조로 되어 있어 전차선이 한쪽 방향으로 흐른 경우에 활차비가 변화하는데 따라 상호 흐름을 억제하는 복원력을 발생시키는 흐름방지기구가 부착되어 있다.

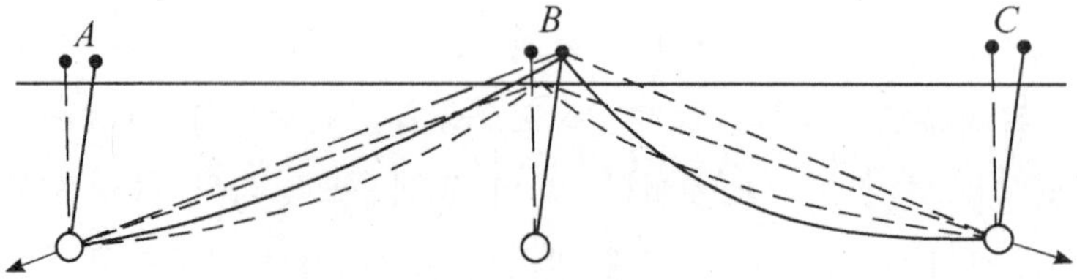

※ 그림 3-8 흐름방지장치의 이동 ※

(가) 설치 방법

곡선, 구배 등의 선로조건에 따라 전차선의 흐름이 특히 크게 될 우려가 있을 때에는 800[m] 이하의 인류구간을 만들어 한쪽에서 조정하는 것을 원칙으로 하고 있다. 그러나 한쪽에서 전차선을 조정할 수 없는 경우 또 활차비 변화형 밸런서로 흐름을 흡수하지 않는 경우에는 전차선의 이동을 억제하는 흐름방지장치를 다음에 따라 설치한다.

① 인류구간의 거의 중심점에 전선의 이동을 억제하기 위하여 설치한다.

② 전차선의 양 인류구간에 대하여 전차선 장력이 평형이 되는 개소(양측 억제 저항이 같게 되는 지점), 즉 중성점에 설비한다. 일반적으로 전차선의 중성점은 인류구간 거리의 중앙과 일치하지 않기 때문에 전차선 가설 후에 흐름의 상황을 파악한 다음 시공하고 있다.

③ 전선이 아래로 처져 열차 운전에 지장을 주지 않도록 전선의 이도, 가고 등을 선정한다. 특히 스팬선식의 경우에는 설비점 양측의 장력 불평형에 의하여, 조가선을 고정한 스팬선의 한쪽의 이도가 특히 크게 되어 팬터그래프에 지장을 줄 우려가 있기 때문에 가고를 크게 하는 등 스팬선의 이도 및 인류높이 등에 주의할 필요가 있다.

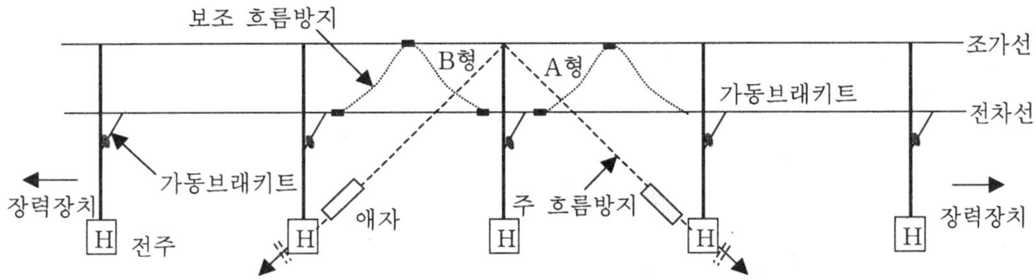

※ 그림 3-9 역간 흐름방지장치 평편도(예) ※

※ 그림 3-10 보조 흐름방지장치 전경(B형) ※

3. 사용재료 및 공구

품 명	규 격	단위	수량	품 명	규 격	단위	수량
장간애자	인장용 Ta	개	2	전주밴드	인류용 3호 (인류금구포함)	개	2
조가선	CdCu 70[mm^2]	m	30	와이어 로프	심부름용	m	10
전차선로 크램프	SC 50~70[mm^2] (조가선 접속용)	개	2	장선기	1.5[t]용	개	2
전차선로 크램프	70~110[mm^2]용 점퍼 크램프 F9-035Ta	개	6	작업공구	각종	식	1
쐐기형 크램프	1호 50~70[mm^2]	개	4	인류장치 및 지선기초	철도공사 규정준수	개소	2
Y형 애자 연결 금구	Y형 1호	개	4	장력계	3톤	개	1
리벳트 볼트	19×65	개	2				

4. 실습순서 및 설치방법

상기 설치방법과 그림 3-9를 참조하여 다음의 작업을 한다.

단, 인류구간의 중앙점, 터널입구, 과선교에 전선의 이동을 억제하기 위하여 흐름방지장치를 시설하며, 전선의 처짐, 강하 등으로 열차운전에 지장이 없도록 전선의 이도, 가고 등을 조정하고 급전선과의 이격거리는 충분히 고려하여야 한다.

① 재료준비 및 작업장소 이동
② 흐름방지 설치개소를 선정하고 인류금구(밴드포함) 설치지점 표시
③ 지선과 흐름방지 인류금구는 지상 작업팀이 사전설치
④ 조가선/흐름방지선 더블크램프 위치 사전조정.(높이 및 편위)
⑤ 장간애자(합성수지)와 흐름방지장치 전선을 접속한다.
⑥ 핀 설치유무 및 방향을 확인하고 아연도금 볼트(리벳트)로 체결한다.
⑦ 좌우 이동이 가능한 유도 도르래로 전선을 유도한다.
⑧ 흐름방지선을 인류주에 임시 인류한다.
  · 임시 인류에 필요한 장비 : 장선기, 장력계, 전선크램프
⑨ 장력표에 의거 장력을 걸어줌(장선기 및 장력계 점검)
⑩ 인류장치쪽으로 전선을 접근시킨 후 그 위치에 맞쳐 전선을 절단한다.
⑪ 흐름방지선에 단말크램프를 설치한다.
⑫ 흐름방지선 끝에 단말크램프를 설치하고 단말크램프에 애자를 접속한다.
⑬ 흐름방지선은 하부에 있어서 팬터그래프 통과에 지장을 주지 않도록 높이확인.
⑭ 빔 및 스팬선에 설치하는 경우는 점퍼조가선의 접속과 드롭바의 설치에 유의.
⑮ 흐름방지선의 설치시 전차선에 경점이 생기지 않도록 위치 선정 및 각도 조정.

5. 실습결과 및 고찰

① 전차선로의 가선방식을 이해하고 설명할 수 있다.

② 가공 커티너리 조가방식의 종류를 이해하고 설명할 수 있다.

③ 흐름방지장치 필요성과 관련규정을 이해하고 있다.

④ 흐름방지장치 작업재료와 작업 흐름도를 이해하고 있다.

⑤ 인류구간 중간지점에 설치하는 흐름방지와 역구내 빔용 흐름방지장치를 이해하고 있다.

⑥ 주흐름방지 및 보조흐름방지를 이해하고 있다.(A, B형)

⑦ 역간 및 구내 빔용 흐름방지를 구별하고 이해하고 있다.

실습 4

전차선로 인류장치 이해 및 설치

1. 실습목적

전차선, 조가선, 급전선, 부급전선, 보호선 등에 설치하는 인류장치를 이해하고 설치작업 및 유지보수을 알아 보자.

2. 관련이론

(1) 인류장치(引留裝置 ; Straining device)

온도변화 등에 따라 전선이 신축하는 외에 경년(經年) 및 전차선의 마모에 따른 탄성신장으로 선조가 늘어나서 전차선의 이도장력에 영향을 주게 된다. 이것을 방지하기 위하여 전차선의 일정길이 마다 인류를 하고 있다. 이렇게 인류한 조가선, 보조조가선, 전차선의 말단에 인류지지하는 장치를 전차선로의 인류장치라 한다.

인류장치는 전선의 온도변화에 수반되는 신축을 조정하는 장력조정장치(자동식 또는 수동식) 또는 연결봉(고정식) 외에 대지로부터 절연하기 위한 인류용 애자, 전주밴드 등으로 구성되어 있다.

인류장치의 종류에는 고정식과 장력조정식이 있으나 일반적으로 고정식을 인류장치(Straining device)라 하고 장력조정식을 장력조정장치(Tensioning device)라 한다.

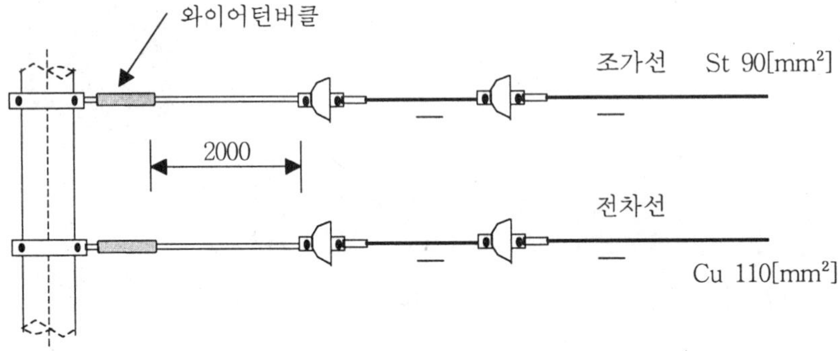

※ 그림 4-1 고정식 인류장치(직류) ※

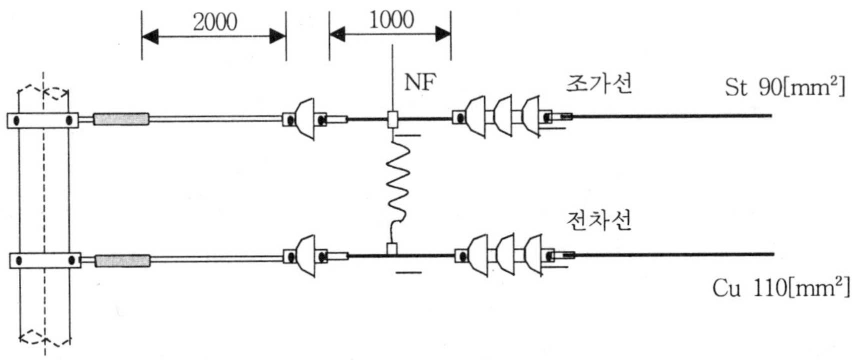

※ 그림 4-2 고정식 인류장치(교류 : 2중절연방식) ※

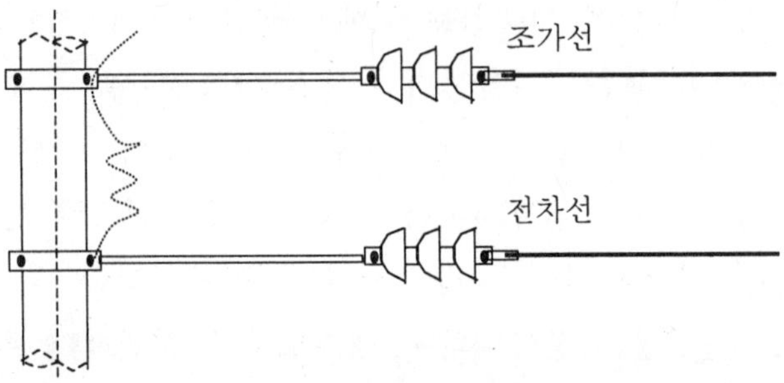

※ 그림 4-3 고정식 인류장치(교류 : AT보호방식) ※

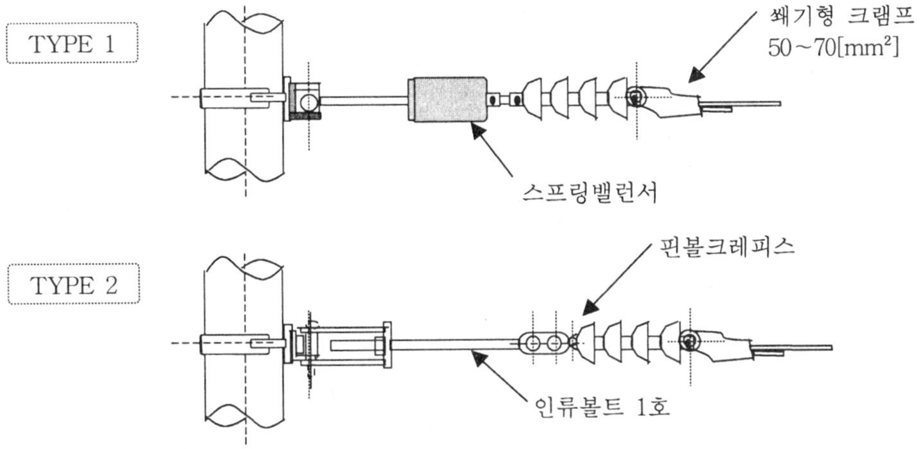

※ 그림 4-4 빔하스팬선 인류장치 ※

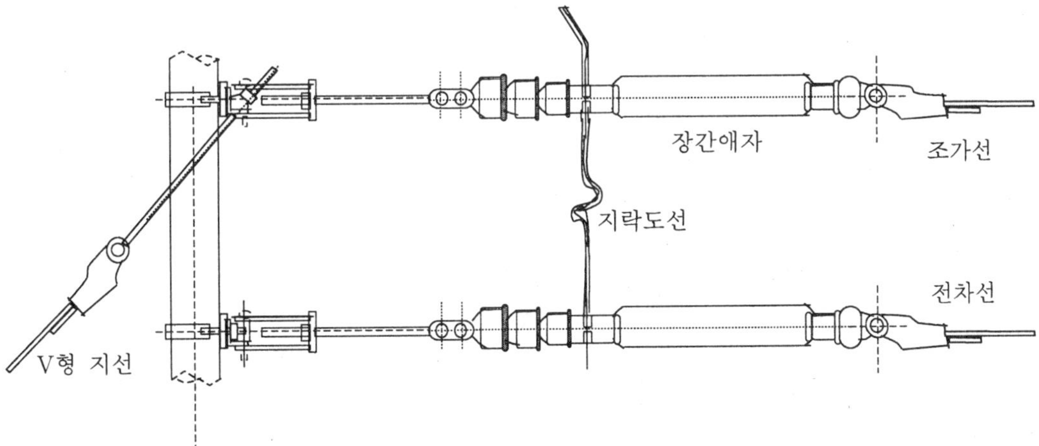

※ 그림 4-5 고정식 전차선 인류장치(교류) ※

(가) 인류구간과 장력구간 - 철도청 전철, 전력시설규정 제127조

가공전차선로의 인류구간(길이를 나타낼 때에는 섹션 또는 인류길이라 한다)설정은 다음과 같이 한다.

① 커티너리 가선구간은 1,600[m] 이하로 한다. 다만, 터널내에는 800[m](터널을 통과하는 섹션은 제외)이하로 하되, 신규 스프링식 장력장치를 시설할 경우 1,200[m]까지 연장할 수 있다.

② 가공전차선의 장력구간은 인류구간의 1/2을 표준으로 한다.

③ 교류 강체가선구간은 500[m], 직류 강체가선구간은 200[m] 이하로 한다.
④ 급전선, 부급전선, 보호선의 인류구간은 1,000[m] 이하로 한다.

(나) 인류장치(Straining device) - 철도청 전철, 전력시설규정 제128조

전차선, 조가선, 급전선, 부급전선, 보호선 등의 인류장치는 다음 각호 및 표준도에 의한다.

① 전차선, 조가선 및 합성전차선의 인류장치는 인류구간이 800[m] 이하 일때에는 일단에 설치한다. 다만, 터널내에서 자동장력조정장치를 설치하지 아니한 경우에는 인류구간의 양단에 인류장치를 설치 할 수 있다.
② 인류장치는 지지물에 견고하게 설치한다. 다만, 부득이한 경우에는 콘크리트 옹벽 등에 시설할 수 있다.
③ 인류 전용주는 가선종단주 이외에는 별도로 시설하지 아니함을 원칙으로 한다.
④ 급전선, 부급전선 및 보호선의 인류장치는 1,000[m]마다 설치함을 원칙으로 하고 선로횡단 및 터널입구 등의 취약지점이나 보수상 필요한 곳, 횡장력이 극히 심한 구간(곡선반경 300[m]이하)의 장력을 분할 할 필요가 있는 곳에 설치한다.

(다) 영구신장조정

① 본선의 전차선 및 조가선(보조조가선 포함)은 전선의 신장을 적게 하기 위하여 인류장치를 조정하기 전에 영구신장조정을 시행한다.
② 부본선 및 본선과 교차하는 전차선 및 조가선(보조조가선 포함)은 필요에 따라 영구신장 조정을 시행한다

· 영구신장 조정에서 장력과 시간(例)
  - 전차선 Cu 110, 150[mm^2] → 과장력 2,000[kgf] : 30분,
    170[mm^2] → 과장력 2,500[kgf] : 30분
  - 조가선 CdCu 70~80[mm^2] → 과장력 1,500[kgf] : 10분

(2) 급전선의 인류장치(Anchor Straining device)

급전선의 인류장치는 그 지역에서의 최대장력을 고려하여 장치의 각 부재가 안전율 2.5 이상으로 되어야 한다. 인류장치의 높이에 대하여는 규정의 높이를 유지하면서 최대장력일 때에도 애자가 들어 올려져서 비가 맞지 않도록 하여야 한다. 필요에 따라 인류장치를 설치하는 개소는 다음과 같다.

- 역 구내의 전후
- 교량개소 등에서 이격조건이 어려운 개소
- 연속하는 구배의 정점부근
- 지상구간에서 지하(Tunner)구간으로 급전선을 가선하는 경우

✍ 전차선의 표준장력

전차선은 무빙, 무풍지구의 표준온도(10[℃])에서의 장력을 표준장력으로서 가설한다. 일반의 표준장력은 기상 최악 상태에서 장력이 허용장력(항장력/안전율) 이내로 오도록 정해지고 있다. 전차선은 고속도에 습동하는 집전장치에 대응하기 때문에 풍압을 받은 상태로 집전장치의 통과에 지장없이 운전가능한 전차선 편위의 확보와 자동장력조정장치의 유무에 따라 장력이 변화하고 지전장치의 습동에 따라 마모로 인한 잔존 단면적의 감소 등을 고려해서 정해진다. 전차선의 표준장력을 정리하면 표 4-1과 같다.

표 4-1 전차선의 표준장력

구 분	150[mm²](고속철도)	170[mm²]	110[mm²]	비 고
일괄 자동장력조정장치		1,000	1,000	단위 [kgf]
개별 자동장력조정장치	2,000		900	
자동장력조정장치가 없는 경우			800	

AT방식 전차선로 인류장치(일단 장력)

인류장치와 보통지선

※ 그림 4-6 전차선로 인류장치 ※

3. 사용재료 및 공구

품 명	규 격	단위	수량	품 명	규 격	단위	수량
장간애자	인장용 Ta	개	2	연결금구	원판형 (지지점용)	개	2
조가선	CdCu 70[mm^2]	m	10	와이어 로프	심부름용	m	10
전차선	Cu 110[mm^2]	m	10	장선기	1.5[t]용	개	2
지락도선	AL 38[mm^2]용 (애자밴드포함)	m	4	작업공구	각종	식	1
쐐기형 크램프	1호 50~70[mm^2]	개	4	인류장치 및 지선기초	철도공사 규정준수	개소	2
평철	애자연결금구	개	4	장력계	3톤	개	1
인류볼트	Φ22×650	개	2				

4. 실습순서 및 설치방법

상기 설치방법과 그림 4-5를 참조하여 다음의 작업을 한다.

인류장치 설치에 앞서 작업에 필요한 장비, 공구, 재료, 인원을 사전에 점검하여 담당 조별 분업작업 인원을 정하고 감독자의 지시에 의하여 순서대로 시행한다.

① 재료준비 및 작업장소 이동
② 인류장치 설치개소를 선정하고 인류금구(밴드포함) 설치지점 표시
③ 지선(V형)은 지상 작업팀이 사전설치
④ 전주에 인류밴드와 금구류를 조합하여 적정위치에 설치한다.
⑤ 장간애자(합성수지)를 기작업된 인류금구 및 인류볼트에 연결한다.
⑥ 임시 인류시킨 전차선, 조가선의 장력을 확인하고 장간애자를 전선에 접근시켜 적당한 장력으로 수평을 유지시켜 준다.
⑦ 장력표에 의거 장력을 걸어줌(장선기 및 장력계 점검)
⑧ 임시 인류시킨 조가선과 장간애자 말단부분 연결금구와 만나는 지점을 표시한다.
⑨ 표시한 조가선에 접속금구(쐐기형 크램프)에 필요한 전선여유를 감안하여 조가선을 절단한다.(조가선 끝단이 풀어지지 않도록 사전에 철사 등으로 수회 감아둘 것)
⑩ 전단된 조가선을 크램프에 서서히 밀어넣고 충분한 힘을 가한후 체결한다.
⑪ 임시 인류시킨 조가선과 장간애자의 장선기를 서서히 풀어준다.
⑫ 전차선 인류작업도 조가선작업과 동일하며 특히 작업으로 인한 전차선, 조가선에 손상이 가지 않도록 주의 하여야 하고 적정 높이 및 이격거리는 사전에 확인.
⑬ 인류장치 설치시 과장력이나 무리한 힘을 가하면 시설물 변형 또는 편위의 이동이 되므로 사전 작업계획시 인류장치 반대편 장력조정장치를 장선기로 적정값 만큼 올려둔다.
⑭ 전차선, 조가선 종류 및 표준장력, 절연이격 등은 전철설비규정에 의하여야 한다.

5. 실습결과 및 고찰

① 전차선로의 인류장치를 이해하고 설명할 수 있다.

② 인류장치 종류를 이해하고 설명할 수 있다.

③ 전차선 표준장력을 이해하고 있다.

④ 인류구간과 장력구간을 이해하고 규정된 길이를 알고 있다.

⑤ 인류구간과 장력구간의 차이점을 이해하고 설명할 수 있다.

⑥ 각종 작업공구(장선기, 쐐기형 크램프 등) 사용방법을 알고 있다.

⑦ 전차선, 조가선 영구신장조정(Pre-stretch)의 필요성을 알고 있다.

실 5 습

교차장치(건널선) 이해 및 설치

1. 실습목적

레일(궤도) 분기개소의 전차선을 교차하여야 하는 필요성과 설치 방법을 이해하고 유지보수 기술습득을 목적으로 한다.

2. 관련이론

선로가 교차하는 장소에는 전차선도 교차시킬 필요가 있다. 역구내의 본선 및 측선상에 가설된 전차선은 선로의 분기개소에서 상호 교차하여 2조의 커티너리 가선이 1개의 교차금구에서 기계적으로 또 콘넥터에 의하여 전기적으로 연결된 특수한 구조를 형성하고 있다. 이러한 교차개소에 설비된 장치를 "건널(교차)선장치(Overhead crossing)"라고 한다. 즉, 선로분기점에서 전차선과 전차선을 교차시켜 전기차가 어느 방향에서든지 팬터그래프의 집전 통과가 가능하도록 하는 장치이다.

건널선 장치는 선로의 분기개소에서 상호 전기차가 운전가능하도록 전차선을 교차시켜 팬터그래프의 집전을 가능하게 하기 위한 설비이다. 교차하는 전차선의 레일면상의 높이를 같은 높이로 유지하여 팬터그래프가 전차선 사이에 끼어드는 사고를 방지하기 위한 설비이다.

건널선장치는 교차금구, 콘넥터 등으로 구성되어 있다. 또한 전차선의 교차개소에는 이 건널선장치 외에 무효부분의 전선상호의 교차가 있다.

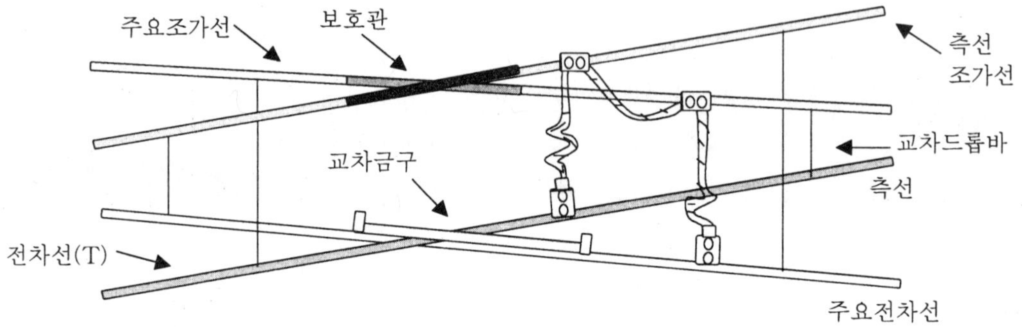

※ 그림 5-1 산업선용 교차장치 ※

(1) 검수요령 및 설치기준

① 주요선(본선 또는 상시운전)의 전차선을 하부에 둔다.

② 조가선 상호 수직이격 거리는 150[mm] 이상 유지토록 한다. 다만 부득이한 경우는 기계적, 전기적인 손상을 방지하기 위하여 접근된 두 조가선에 슬리브를 삽입한다.

③ 주요 본선 등의 궤도중심에서 측선(상부선) 전차선과 800~900[mm] 벌어진 거리의 위치에서 두 선의 고저차는 30[mm] 이내가 되도록 한다.

④ 전차선 및 조가선은 콘넥터로 일괄 균압한다.

⑤ 교차금구는 전차선 이동시 곡선당김 등과 경합하여 팬터그래프에 지장을 주지 않도록 설치하여야 한다.

⑥ 주요 본선등과 교차하는 전차선의 접속개소는 주요본선 등에서 팬터그래프에 지장이 없도록 주요 본선 궤도중심에서 1[m] 이상 이격한다.

⑦ 건널선 장치 교차점에서 본선과 측선과의 간격이 1,200[mm]가 되는 지점까지는 곡선당김 철물 등을 설치해서는 안 된다.

⑧ 무효부분에서의 전차선 및 조가선 건널개소는 교차철물을 설치하지 않는다.

⑨ 표준온도에서 전차선의 교차는 금구의 중앙점에서 이루어져야 한다.

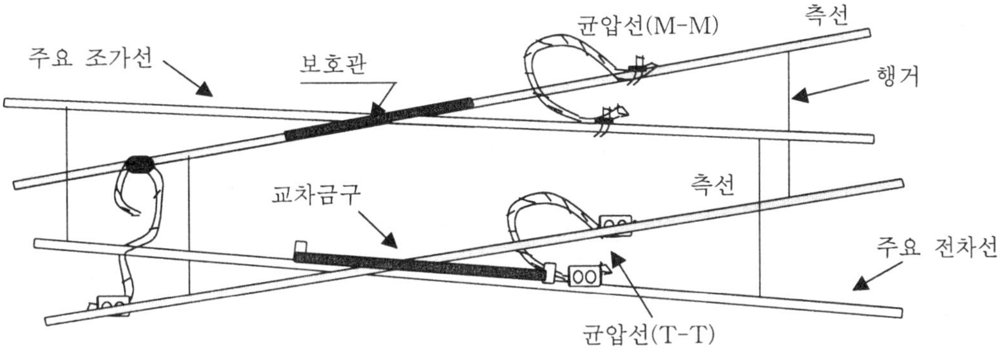

※ 그림 5-2 수도권용 교차장치 ※

(2) 교차개소의 전차선 이동

산업선 및 수도권 모두 표준온도는 10[℃]를 적용한다.

① 인류점으로 부터 거리가 100[m]인 경우 ±17[mm], 300[m]인 경우 ±25.5[mm] 씩 신축한다.

② 따라서 인류점으로 부터 거리가 300[m]인 경우 기온이 －10[℃]이면 교차금구의 교차점은 중앙으로부터 인류쪽(－)으로 102[mm] 이동하고, ±30[℃]일때는 장력쪽(＋)으로 102[mm] 이동한다.

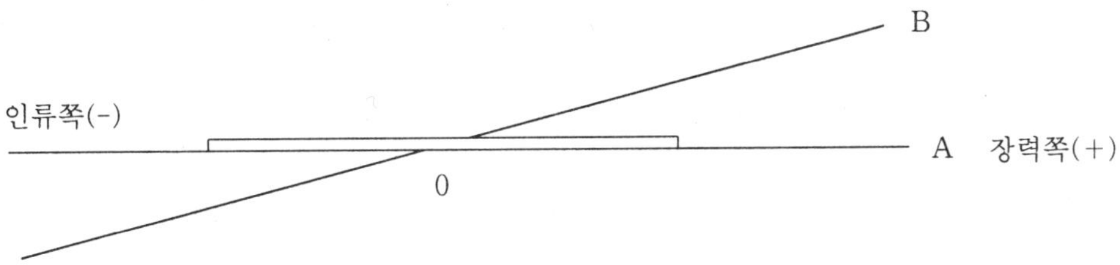

※ 그림 5-3 온도변화에 따른 전차선 이동 ※

(3) 팬터그래프와 전차선

① 전기차가 주전차선을 운행할 때 두 전차선을 팬터그래프 양 측면에 동시에 접촉할 경우 습동판의 절반이내를 덮을 수 있도록 설치하여야 한다.

② 포인트 및 레일교차점상의 전차선은 교차되도록 설치하여야 하며 섹션갭이

없도록 하여야 한다.

③ 전차선의 정확한 측면위치를 유지하기 위하여 사용하는 곡선당김은 힘과 크기 및 방향에 있어서 동일하여야 한다.

④ 교차(건널선)장치는 주전차선(또는 주궤도 중심선)과 부전차선이 이루는 각도는 $\alpha \leq 15°$ 되게 하여야 한다.

⑤ 교차 드롭바는 전차선의 이동량을 고려하여 교차점에서 충분히 이격해야 한다.

⑥ 균압선은 주운행 방향의 교차점 뒤에 충분히 이격하여 설치하여야 한다.

⑦ 교차후의 무효 전차선의 높이는 유효 전차선보다 위로 높여 팬터그래프에 닿지 않도록 하여야 한다.

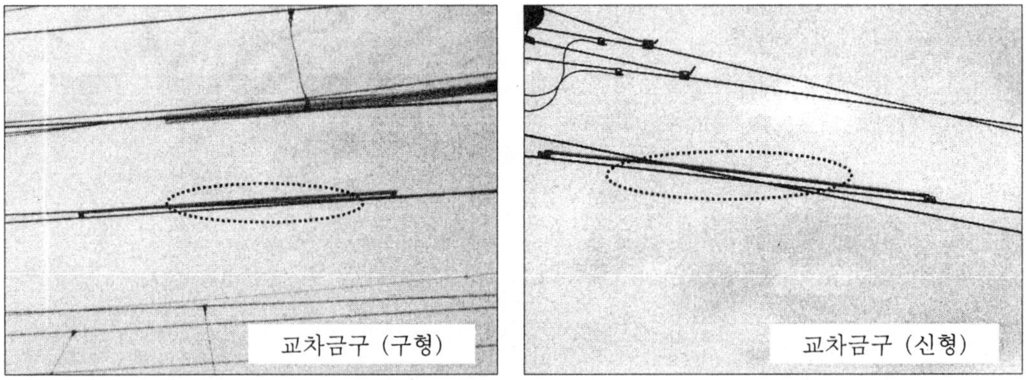

※ 그림 5-4 교차장치 설치형상 ※

(4) 철도청 전철전력시설규정〔훈령 제7965호 03. 5. 24〕

제122조 (건널선장치) 합성전차선의 건널선 장치는 다음 각호에 의한다.

① 건널선장치는 운전빈도가 높은 주요선을 하부로 시설한다.

② 전차선이 교차하는 위치에는 교차 철물을 설치하고 조가선 상호간 및 전차선 상호간 또는 조가선과 전차선을 일괄 균압한다.

③ 교차 철물은 전차선의 이도에 따라서 교차한 전차선, 곡선당김철물 등과 경합해서 팬터그래프의 통과에 지장을 주지 않도록 시설한다.

④ 건널선장치에서 곡선당김 철물은 상대되는 전선의 외측에 설치한다.

⑤ 교차 철물의 표준길이는 다음과 같다.

㉠ 12번 분기 이하 : 1,400[mm](기설 1,200[mm])

㉡ 16번 분기 이상 : 1,800[mm]

다만, 산업선의 기설 2,000[mm]는 개량시까지 계속 사용한다.

⑥ 건널선장치에서 본선과 부본선 공히 상대측 궤도중심에서 전차선까지 거리의 300[mm] 되는 지점은 수평을 유지하여야 한다.(그림 5-5 참고)

⑦ 조가선은 상호 접촉에 의한 마찰 등으로 소선이 손상되지 않도록 방호한다.

⑧ 건널선장치 교차점에서 본선측 궤도중심과 측선측 전차선간의 간격이 1,200[mm]가 되는 지점까지는 곡선당김 철물 등 일체의 크램프를 설치해서는 안된다.

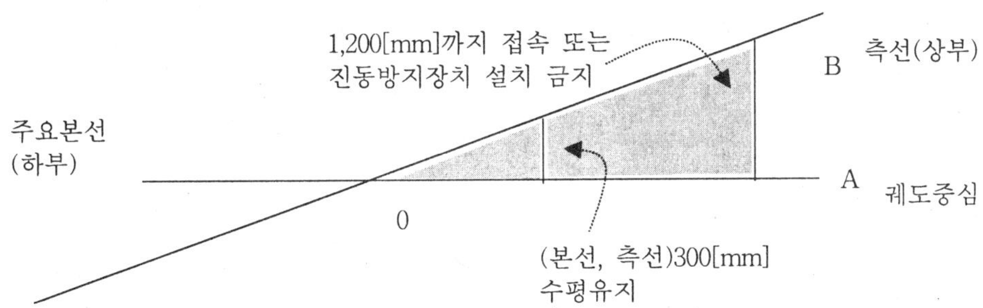

※ 그림 5-5 전차선 교차개소 설치기준 ※

3. 사용재료 및 공구

품 명	규 격	단위	수량	품 명	규 격	단위	수량
교차금구	1,800[mm]	개	1	장선기	0.5[Ton]	개	1
줄 자	전기공사용 일반	개	1	작업공구	각종	식	1
가선측정자	전차선 편위, 높이 측정용(모터카)	대	1				

4. 실습순서 및 설치방법

교차장치(건널선) 설치는 전차선 및 조가선 가선시 기술기준에 의거 설치된다. 단, 유지 보수작업시 및 금구개신작업은 상기 검수요령과 설치기준에 의한다.

① 재료준비 및 작업장소 이동
② 작업에 앞서 장비, 공구, 재료, 인원을 사전에 점검하고 선로차단이 필요한 경우 전차선 단전 등을 관계처와 협의하여 운용부서에 승인을 받는 등 필요한 조치를 한다.
③ 전차선 교차장치의 적정 높이 및 편위를 측정하고 기록한다.
(전차선의 편위 및 높이는 모터카의 팬터그래프에 설치된 편위자를 이용하여 측정하고 이격거리 및 궤도중심부에서 주요전차선과 측선의 간격은 줄자를 이용하여 측정)
④ 교차금구는 현재 온도를 감안하여 인류측과 장력측의 금구 이동거리를 포함하여 설치한다.((2) 항목참조 : 표준온도는 10[℃] 기준)
⑤ 교차금구 작업이 완료되면 크램프 조임을 확인하고 팬터그래프 통과에 지장이 없도록 점검한다.
⑥ 전차선 편위, 높이, 이격거리 등 적정 기준에 맞게 설치되었는지 확인한다.

5. 실습결과 및 고찰

① 전차선로의 교차장치를 이해하고 설명할 수 있다.

② 검수요령과 설치기준을 이해하고 설명할 수 있다.

③ 교차장치의 전차선 이동에 대하여 이해하고 있다.

④ 교차금구의 구형과 신형의 형상을 구별하고 이해하고 있다.

⑤ 본선과 측선의 배열순서와 설치기준을 이해하고 있다.

⑥ 교차개소 부근의 접속개소, 진동방지설치 및 전차선 상호 고저차를 알고 있다.

⑦ AT/BT방식의 교차개소 금구설치 및 균압설비에 대하여 알고 있다.

실습 6

각종 구분장치의 이해 및 유지보수

1. 실습목적

전차선의 급전계통을 구분하여 전차선의 일부분에 사고가 발생하는 경우 또는 일상의 보수작업을 위하여 정전 작업의 필요가 있을 경우 등에 급전 정지구간을 한정하고 다른 구간의 열차운전 확보를 목적으로 한 설비를 이해하고 유지보수에 필요한 기술습득을 한다.

2. 관련이론

팬터그래프의 습동에 지장을 주지 않으면서 전차선을 전기적으로 구분하는 장치를 구분장치(區分裝置 : Sectioning device) 또는 섹션이라고 한다.

(1) 설치개소(設置個所)

급전구간을 한정하기 위하여는 다음과 같은 사항을 고려하여 "급전계통"을 구분하고 이 구분점에는 각각의 구분장치가 설치되어 있다.

① 전기차의 운전계통에 대응하여 상하선별 또는 방면별로 구분한다.
② 큰 역구내, 차량기지는 본선으로부터 분리하여 계통을 구분한다.
③ 역구내의 선로배선과 되돌림(전환)운전의 가능성 및 전기차고로부터 본선에

의 출입방향을 고려하여 구분한다.

④ 보수작업구간을 설정하기 쉽도록 구분한다.

⑤ 보호계전기의 사고검출 능력에 상응하도록 한다.

또, 교류 급전구간의 경우에는 단순히 구분 절연용만이 아니고 전력회사의 전원계통이 다른 위상을 구분하기 위한 위상 구분용으로의 역할도 가지고 있다.

(2) 구비조건(具備條件)

전기적 구분장치는 전기적, 기계적으로 충분한 강도를 갖는 것이 필요하고, 다음과 같은 조건이 요구된다.

① 충분한 절연성(絶緣性)을 가질 것 : 절연이 완전하고 누설전류가 작아야 하며 팬터그래프 통과시 아크가 완전하게 소멸되고, 아크에 의한 절연파괴가 없어야 한다.

② 팬터그래프의 통과에 지장이 없을 것 : 가볍고 집전상 경점이 되지 않아야 하며 팬터그래프 통과시 동요가 적고, 적정한 압상량을 갖으며 아크가 완전하게 소멸될 것.

③ 가볍고 기계적(機械的) 강도가 클 것 : 전차선, 조가선의 기계적 성능과 상호 협조가 이루어지고 그 구간을 운전하는 열차의 속도에 대응할 수 있을 것.

기계적 구분장치는 온도변화에 따른 전선의 신축으로 인한 가선의 늘어짐 및 과도한 장력을 방지하기 위하여 전차선을 적절하게 일정한 길이로 인류하도록 설비되어 있다.

(3) 구분장치의 종류 및 사용구분

(가) 구분장치(Section)의 종류

전차선의 구분장치는 전기적 구분장치와 기계적 구분장치로 대별된다. 전기적 구분장치는 전차선에 절연물을 삽입하지 않고 평행부분을 일정한 간격으로 유지하여 공기의 절연을 이용한 "에어 섹션(air section)"과, 애자를 이용한 "애자형 섹션" 외에 세라믹(ceramic) 등을 이용한 "수지형 섹션" 등이 있으며 전차선의 급전계통상의 구분, 보수작업시간의 확보, 사고발생시의 정전시간 단축 등의 필요성에 의하여 설치된다.

기계적 구분장치는 전차선의 가선특성상 전차선을 수평으로 유지시켜야 할 필요가 있어 연속하여 가선할 수 없으므로 온도변화에 대응하기 위하여 적당한 길이($L \leq 1,600[m]$)로 인류되도록 설치한다.

(나) 구분장치의 사용구분

구분장치의 종별 및 그 사용구분은 그 구간을 운전하는 열차의 속도에 대응할 수 있는가 등을 고려하여 다음과 같이 하고 있다.

표 6-1 구분장치의 종별과 사용구분

<table>
<tr><th rowspan="2">구 분</th><th rowspan="2">종 별</th><th rowspan="2">형 태</th><th colspan="3">사 용 구 분</th></tr>
<tr><th>직류</th><th>교류</th><th>고속선</th></tr>
<tr><td rowspan="4">전기적
구분</td><td>에어섹션</td><td></td><td>본선구분용</td><td>동상의 본선
구분용
흡상변압기용</td><td>동상 및 이상
구분용
흡상변압기용</td></tr>
<tr><td rowspan="2">섹션
인슐레이터</td><td>수지제</td><td>상하선 및
측선구분용</td><td>동상의 상하선
및 측선구분용</td><td></td></tr>
<tr><td>애자형</td><td></td><td>동상의 상하선
및 측선구분용</td><td></td></tr>
<tr><td>절연구분장치</td><td>수지제</td><td></td><td>이상구분용
교 · 직류구분용</td><td></td></tr>
<tr><td>기계적
구분</td><td>에어조인트</td><td></td><td colspan="3">기계적 구분용(전기적으로는 접속한다)</td></tr>
</table>

운전속도가 높은 본선로에는 직류 및 교류구간(동상구분) 모두 집전상 경점으로 되지 않는 에어 섹션(air section)을 채용하고 교류구간의 이상구분용 및 교·직류 구분용에는 수지제(FRP제)의 데드 섹션(dead section)을 사용하고 있다.

또 건널선 및 측선에 설치하는 구분장치로는 섹션 인슐레이터(section insulator)를 채용하고, 직류구간에는 수지제(FRP제 등)을 사용하고, 교류구간에는 애자형 또는 수지제(FRP제)를 설치장소 등에 따라 사용하고 있다.

(다) 전기적 구분장치의 설치위치

전차선의 전기적 구분장치는 운전보안 확보, 선로운용, 급전계통운용 및 보수를 고려하여 다음과 같은 개소에 설비한다.

또한 구분장치의 설치위치 선정에는 팬터그래프의 섹션 오버(section over)에 의한 사고방지를 위하여 신호기와의 관계를 고려하여 섹션의 바로 아래에 팬터그래프가 정지하는 것을 피한다. 또한 상향구배, 역의 발차지점 부근 등의 역행구간을 피하고 보수의 측면에서 곡선, 터널, 교량위 등을 피한다.

전차선로의 어느 일부에서 지락, 단락 등의 사고가 발생한 경우 또는 작업상 전차선로의 일부분을 정지하고 싶은 경우에 전구간 또는 장구간에 걸쳐 급전을 정지하는 것은 불합리하다. 이와 같은 불합리한 점을 없애고 열차의 운전계통, 사고시의 구분 및 보수작업의 정전구간의 확보 등을 미리 예상하여 사고발생시 등에 대하여 전기운전의 영향을 최소한으로 할 수 있도록 전차선을 섹션으로 구획함과 동시에 급전선은 전차선의 각 구획마다에 단독으로 급전 또는 급전정지가 가능하도록 급전계통을 분리하여야 한다.

(라) 운전계통별, 상하선별, 방면별 분리

급전계통은 원칙적으로 운전계통별, 상하선별, 방면별로 분리하고, 그 구분 및 연락은 변전소, 급전구분소 및 보조급전구분소에서 차단기 또는 개폐기로 행한다.

사고시에 전기운전의 영향을 최소화 하는 원칙에서 운전계통별, 상하선별 등으로 구분하고 이들을 분리하면 공히 사고점을 분리되어 건전한 부분에는 타계통 등으로 부터 항상 급전가능하도록 하여야 한다. 이와 같은 역할을 맡고 있는 것이 구분장치, 차단기 및 단로기 등이다.

① **주요역 내에 대하여 타 급전계통으로 부터 절체 급전이 가능한 방식** : 사고시에 사고구간의 단선운전 또는 부분운전을 위하여 주요역 내의 전차선을 방면별 또는 상하선별로 구분장치로 분리하고 다른 급전계통으로 부터도 상호급전이 가능하도록 연락용 개폐기 등을 설치하여 운전지장 시간을 최소한으로 할 수 있다.

② **주요역 구내의 본선과 측선의 분리** : 주요한 역구내의 측선을 본선으로부터 분리하여 적당한 군으로 구분하므로서 본선 또는 측선의 사고시에 상호 지장시간을 최소한으로 할 수 있고 정전작업 구간의 확보가 비교적 용이하게 된다.

③ **전동차고 및 전기기관차고 구내의 분리** : 전동차고 및 전기기관차고 구내에는 차단기 트립(trip) 등의 장해가 비교적 많아 이들이 운전에 미치는 영향이나 본선의 사고로 구내의 차량검수, 입출고 등에 주는 영향 때문에 본선으로부터

분리할 필요가 있다.

④ **신호기와 전기적 구분장치의 관계** : 신호기와 전기적 구분장치의 위치가 부적당할 경우, 신호기의 정지 현시에 의하여 정차한 전기차의 팬터그래프가 섹션 위치에서 정지하게 되면, 전기차는 기동불능으로 열차운전이 불가능하게 된다. 정전작업 또는 사고복구 작업의 경우 편측 정전시 전기차의 팬터그래프가 섹션위치에 걸려 단락되면 전차선의 단선, 용손(溶損)사고 또는 작업원의 감전사고가 발생한다. 이 때문에 해당구간으로 진입하는 전기차를 섹션(section)이 전방에서 정차시킬 필요가 있다든지, 그 설치 위치에 전기차(Pantograph)가 정차할 가능성이 없는 곳에 설치할 필요가 있다.

⑤ **교류 이상구분장치 및 교·직류 구분장치의 설치 위치** : 교류 이상구분장치 및 교·직류 구분장치는 열차의 노치(notch)취급, 팬터그래프 간격, 차상기기의 절환 소요시간 등을 고려하여 운전상 지장이 없는 위치에 설치한다. 또한 교류 이상구분장치 및 교·직류 구분장치는 평탄한 직선개소에 설치한다. 교류 이상구분장치 및 교·직류 구분장치를 통과하는 열차의 운전조건은 Notch off를 원칙으로 하고 있다. 특히 교·직류 구분장치를 통과하는 경우는 타행구간이 길고 열차의 속도저하도 크게 된다. 이 때문에 이들의 구분장치는 열차가 고속으로 통과가 가능하도록 평탄한 직선구간에 설치한다.

(마) 에어 섹션(air section)

Air section은 집전부분의 전차선에 절연물을 삽입하는 것이 아니고 절연하여야 할 전차선 상호 평행부분을 일정간격으로 유지하여 공기의 절연을 이용한 구분장치의 하나이다.

절연할 양방면이 전차선을 상호 300[mm] 이격된 평행부분을 통하여 단독으로 인류하고 또 평행부분 경간의 중앙부에서 500[mm] 이상에 걸쳐 전차선을 등고로 한 것이다. 전차선 상호간의 이격거리는 부득이한 경우에는 250[mm]까지 단축할 수 있다. 이 경우 구분용 애자의 하단은 전차선 높이에서 200[mm] 이상 높게 조가하고 팬터그래프는 등고부분에서 양 전차선을 습동한 후 타방의 전차선에 이행할 수 있도록 되어 있다. 즉, 팬터그래프가 한쪽의 전차선으로 부터 섹션의 중앙부근에서 두 전차선을 습동하고, 반대편의 전차선으로 옮겨 가도록 구성되어 있는 것이다.

양 방면의 전차선의 경간은 50[m] 이상으로 하고 곡선당김과 진동방지장치 등으로 양선의 관계 위치가 틀리지 않도록 한다. 에어섹션과 동일구조로 되어 있으나 전차선 양측을 전기적으로 접속한 것은 에어조인트라고 하며 전차선 상호간격은 150[mm](부득히한 경우 100[mm]까지)이다. Air section은 전기적 절연이 안전하고 팬터그래프 통과시 전류차단이 없고, 전기적으로 연속하여 집전할 수 있는 등의 이점이 있는 외에 집전상 경점(硬点 : Hard Point)이 되지 않기 때문에 가장 고속 운전에 적합한 섹션으로서 직류 및 교류구간에 널리 채용되고 있다.

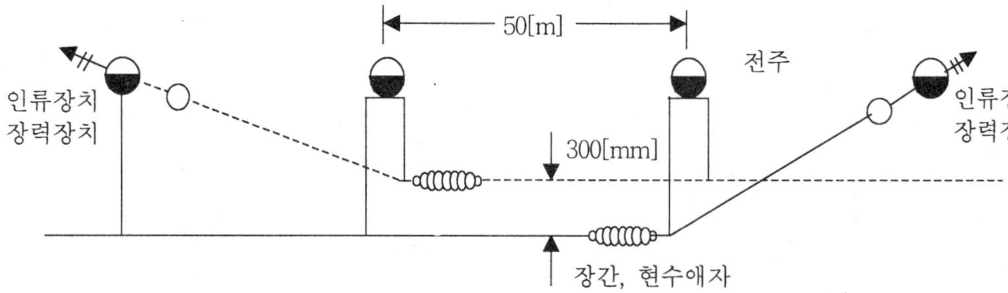

※ 그림 6-1 Air Section(직류) ※

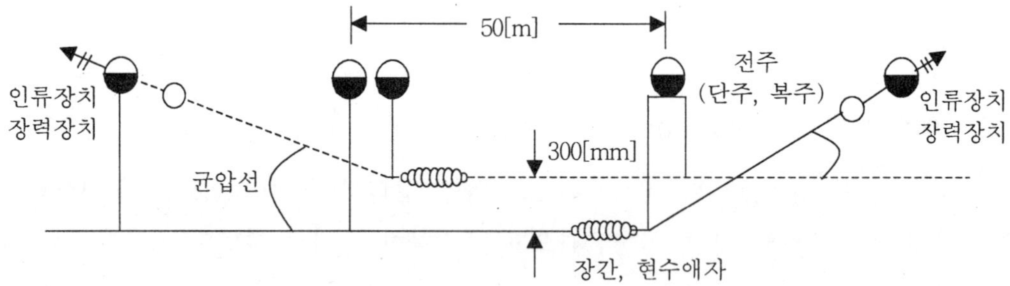

※ 그림 6-2 Air Section(교류) ※

※ 그림 6-3 Air Section(중앙선) ※

(바) 부스터 섹션(Booster section)

Booster section(吸上變壓器 section)은 흡상변압기(吸上變壓器)를 전차선의 회로에 직렬로 삽입하기 위한 섹션이다. 부스터 섹션 개소의 조가선은 팬터그래프 습동 등에 대하여 발생하는 아크로 인하여 손상되지 않도록 설치한다. 기타의 사항에 대해서는 에어 섹션에 준하여 시설한다. 급전방식에서는 4[km] 마다에 부스터(吸上變壓器)가 있고 그 부분의 전차선에는 부스터 섹션이 설치된다. 부스터 섹션을 전기차가 역행운전(力行運轉)하며 통과하는 경우 섹션부에 아크가 발생한다. 이때 부하전류가 크게 되면 조건에 따라서는 아크가 과대하게 되고 조가선의 소선절손(素線切損) 등으로 까지 발전하기 때문에 이들에 대한 대책이 필요하게 된다.

일반적으로 아크(arc)의 성질은 복잡하여 주위의 전자력이나 풍압에 의하여 제거되기 쉽다든지 하여 심하게 되기 전에 억제시키게 되나, 이들의 대책으로 다음의 방식이 채용되고 있다.

(사) 섹션 인슐레이터(Section Insulator)

Section Insulator는 주로 역구내의 상하선간 및 측선 등에 사용되고 사고시나 작업상의 정전시에 최대한 열차운전에의 영향을 최소구간으로 한정하기 위한 장치로 전기적, 기계적으로 충분한 강도를 갖도록 하여 팬터그래프의 통과에 지장을 주지 않도록 설비되어 있다. Section Insulator는 절연구분의 재료에 절연재를 사용한 것으로서 구조, 재질에 따라 “애자형 섹션”, “수지제 섹션(FRP)”으로 대별된다. 또 사용 목적에 따라 “직류용”, “교류용”으로 구분되고, 교류용으로는 “동상전원 구분용”과 “이상전원 구분용”이 있다. Section Insulator용 절연재가 구비하여야 할 요건은 절연내력이 크고 내아크성, 내트래킹(tracking)성이 강하며 열화가 적고 항장력이 커야 한다. 또한 습기를 함유하지 않고 열에 대한 영향이 적으며 중량이 가벼워야 한다.

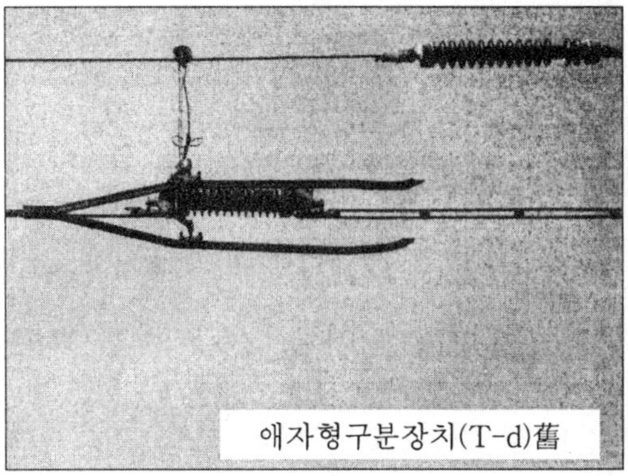
애자형구분장치(T-d)舊

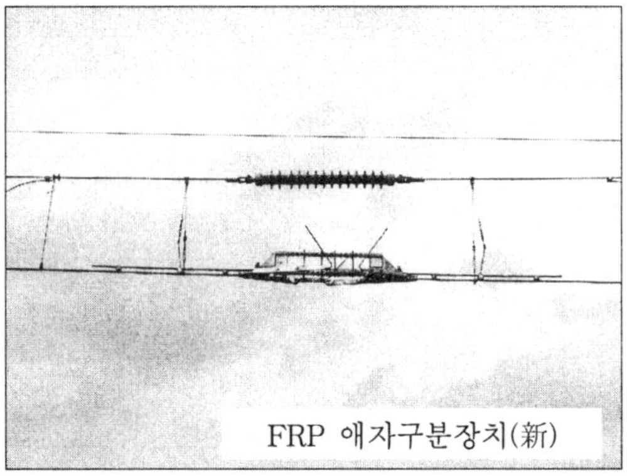
FRP 애자구분장치(新)

※ 그림 6-4 애자형 섹션(Section Insulator) ※

(아) 비상용 Section

비상용 섹션은 재해 또는 사고시에 합성전차선을 전기적으로 구분할 필요가 예상되는 곳에 설치하며 정거장의 비상용 섹션을 부스터 섹션 또는 에어 섹션에 준하여 시설하고 정거장 구내의 비상용 섹션은 애자 섹션(Section Insulator)에 준하여 시설한다.

(자) 절연구간 장치(Dead section)

교류 전철구간의 급전은 이상전원을 구분하기 위하여 변전소(變電所)의 급전 인출구와 그 중간점에 교류 이상 구분장치를 설치하고, 이것을 일반적으로 절연구간(Dead section) 또는 교·교 절연구간(교·교구분용 Dead section)이라고 한다. 또한 직류전철구간과 교류전철구간의 접속개소에는 교·직접속용의 전기적 구분장치를 설치하고, 이것을 교·직 절연구간(교·직구분용 Dead section)이라고 한다. 이 전기적 구분장치는 당초의 “지상절체방식(地上切替方式)”으로 부터 기술의 진전과 더불어 “차상절체방식(車上切替方式)”이 주류로 되고 있다. 절연구간 장치의 길이는 전기적 절연거리와 팬터그래프 간격을 고려하여 결정하고 있다. 즉, 교류전철구간의 이상전원 접속개소 및 직류전철구간과 교류전철구간의 서로 다른 전원의 접속개소에는 서로 다른 전원의 단락(교류구간의 이상단락, 교・직접속개소에서의 교・직류 단락)을 방지하기 위하여 전차선을 전기적으로 절연구분한 구분장치를 설치하고 있는 것이다.

구분장치의 길이는 그 구간을 운전하는 차종(車種)이나 구간이 속도 및 주행 방향에 따라 결정되고 그 길이 만큼이 무가압(無加壓)으로 되기 때문에 "절연구간(Dead section : 絶緣區間)"이라고 한다.

절연구분장치(Neutral section)의 위치가 크게 이동하는 것은 좋지 않기 때문에 인류 구간의 길이를 600[m] 이하로 제한하고, 자동장력조정장치는 한쪽에만 설치하여야 한다. 또한 절연구분장치는 가능한 고정 인류측에 시설한다.

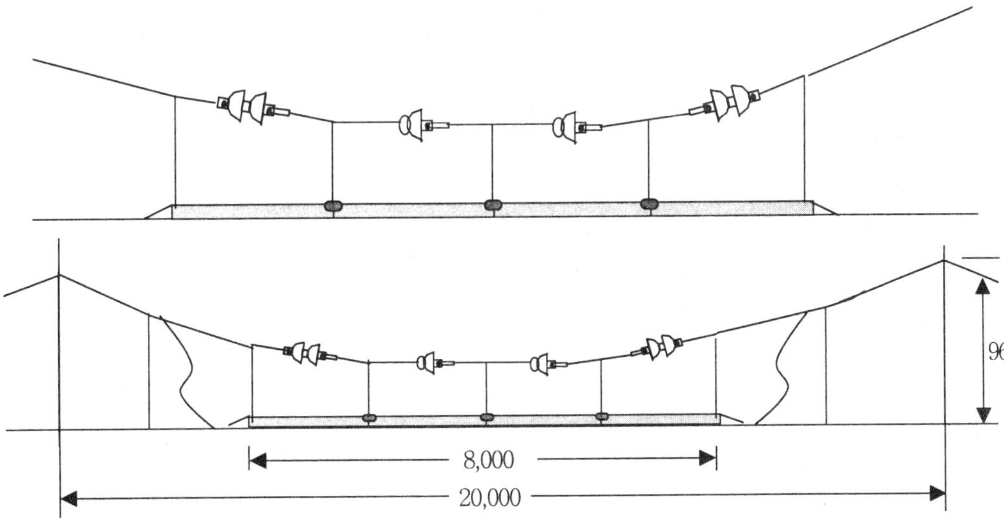

절연구분(Dead Section) 교류-교류 8[m]

※ 그림 6-5 절연구간(Dead Section : 絶緣區間) ※

절연구분장치 양단에서는 조가선과 전차선은 균압선으로 접속한다. 구분장치 근방의 행거 분류를 작게 하고, 행거 및 조가선의 손상을 방지하기 위하여 조가선과 전차선은 균압선으로 전기적 완전히 접속한다. 절연구분개소의 조가선은 팬터그래프 습동시 등에 발생하는 아크로 손상을 받지 않도록 설치하여야 한다. 이상 구분용 섹션의 절연재와 전차선 접속점 부근의 조가선이 팬터그래프 통과시에 발생하는 아크로 인하여 손상되기 때문에 해당개소의 조가선을 아연도금 로드(16 Ø 또는 19 Ø)로 바꿔 설치하여 사고 방지를 도모하고 있다.

✍ 절연구간의 길이(교류 이상 구분용)

섹션을 통과할 때 Notch(가감변)-OFF를 원칙으로 하고 있지만 섹션의 길이를 정할 때 가장 문제되는 것은 Notch(가감변)-ON 상태로 통과하는 경우의 아크 신도인다.

이 값은 현차 시험결과에서 3[mm/kVA] 정도로 나타났으며, 아크 에너지를 최대 2,600[kVA]로 가정하면 섹션의 소요길이는

$$2600[kVA] \times 3[mm/kVA] = 7800[mm] = 8[m]$$

가 된다. 또한, 전기차의 양 팬터그래프로 인한 전원 혼촉을 방지하기 위한 길이가 필요하므로 전체적인 절연구간의 길이는

$$\text{전기적 절연길이} + \text{팬터그래프 간격} = 8[m] + 13[m] = 21[m]$$

가 된다. 여기에 여유 길이 1[m]를 가산하여 일반적인 교류 이상 구분용 절연구간의 길이는 22[m]로 하고 있다.

※ 그림 6-6 절연구간(Dead Section : 絶緣區間) ※

(차) 에어 조인트(Air joint)

Air joint는 온도 변화에 따른 전차선의 신축(가선의 처짐 또는 과도한 장력)을 조정하기 위하여 전차선을 일정한 길이의 것으로 인류하기 위하여 설치되어 있는

기계적인 구분장치이다. 전차선 상호의 평행부분을 일정한 간격으로 유지, 팬터그래프가 한쪽 방향의 전차선으로부터 평행부분의 중앙부근에서 양 전차선을 습동하고, 타방향의 전차선으로 이동하도록 구성되어 있다. 에어 조인트는 전기적으로 완전하게 접속시켜 연속하여 집전가능하고, 집전상 경점이 되지 않도록 시설할 필요가 있다.

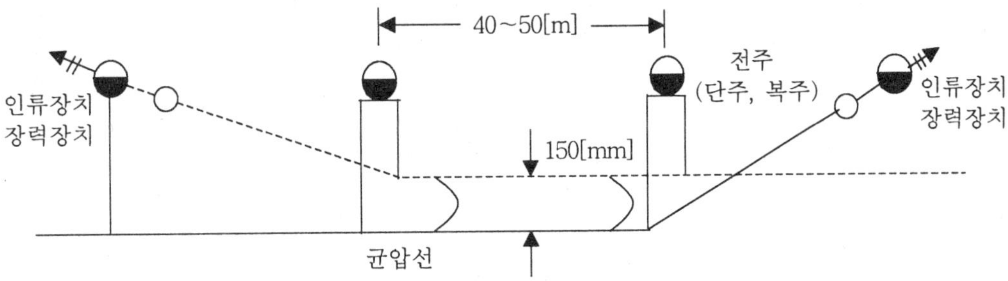

※ 그림 6-7 에어 조인트(교류) ※

평행부분에서 전차선의 간격은 150[mm]로 한다(일본 신간선의 경우 300[mm]). 평행부분의 간격이 너무 접근하면 자동 장력조정장치에 의한 전차선의 이동이 균압선에 의하여 지장을 받기 때문에 이 영향이 없는 범위로 하여 150[mm]로 하고 있다.

평행부분의 양단에서는 조가선 상호 및 조가선과 전차선을 일괄하여 접속한다. 평행부분의 전차선은 전기적으로 완전히 접속할 필요가 있다. 이를 위하여 T-M-M-T 균압선으로 각 전선 상호를 일괄 접속하도록 하고 있다.

균압선 평행부분의 전차선은 온도 변화에 따른 이동량이 크고, 전차선의 이동방향이 양측이 서로 반대로 되기 때문에 이 전차선의 이동을 고려한 리드선 길이의 균압선으로 전기적으로 접속되어야 하며, 특히 아래로 처지는 것에 주의 하여야 한다.

지지점에서 장력 또는 인류측 전차선의 인상 높이는 될 수 있는 한 300[mm] 이상으로 하고, 평행부분의 장 경간은 40[mm] 이상으로 하여야 하며 40[mm] 미만의 경우는 2경간으로 구성한다.

평행부분의 경간을 40[mm] 이상으로 하는 것은 에어 섹션과 같은 관점에서 요크의 하단을 본선의 전차선 보다 300[mm] 이상 인상시키기 위하여 평행 부분의 경간을 40[m] 이상으로 할 필요가 있기 때문이다. 일본 신간선의 경우에는 부득이한 경우를 제외하고 평행부분은 2경간으로 구성하는 것을 표준으로 하고 있다.

※ 그림 6-8 전철용 단로기 설치(애자형 구분장치 조합) ※

3. 사용재료 및 공구

✍ 에어섹션 및 애자형 섹션 유지보수

품 명	규 격	단위	수량	품 명	규 격	단위	수량
수평자	40[cm] 길이 곧은 수평자	개	1	장선기	1.5[Ton]	개	2
줄 자	전기공사용 일반	개	1	작업공구	각종	식	1
가선측정자	전차선 편위, 높이측정용(모터카)	대	1	장선기 크램프	감마롱	개	2
모터카 (사다리차)	전철작업용	대	각 1	와이어 로프	St 58[mm^2]	조	2

4. 실습순서 및 설치방법

구분장치의 신설은 전차선로 가설의 전문적인 숙련기술이 필요하며 기술능력 축적이 충분할 때 까지는 유지보수에 국한 되어야 한다.

상기 각 구분장치의 설치기준을 참고하여 적정 규격에 맞게 주기적으로 조정하고 사고예방 및 사전 보수작업에 중점을 두어야 한다.

(1) 작업전 준비단계

① 작업인원 및 장비, 공구, 당일 작업내용, 안전교육 시행
② 전차선 편위 기록
③ 전차선 높이 기록

(2) 구분장치별 유지보수 및 점검사항

(가) 에어 섹션

① 전선류 상호 교차개소의 조정 및 평행개소 간격 조정
② 평행개소의 중앙부분 전차선 등고의 적정길이(500[mm])
③ 접속부 크램프 및 활편 이상 유무
④ 브래키트 각도 및 전차선의 상승 높이 적정
⑤ 균압선 및 드롭바 조정
⑥ 절연애자의 이상유무 등

(나) 애자형 섹션

① 애자형 섹션의 조립체의 교체
② 애자형 섹션의 조정(접촉면의 높이, 수평, 편위, 기울기 등)
③ 절연애자의 균열으로 인한 교체
④ 애자형 섹션 지지 드롭바 조정 및 교체
⑤ 애자형 섹션의 접촉평면은 주행하는 팬터의 집전면과 평행이 되어야 한다.
⑥ 최종적으로 조정이 제대로 되었는지 점검
⑦ 고정너트, 조정나사, 드롭바의 장력조정장치가 제대로 체결되었는지 점검 등

(다) 절연구분장치

① 절연재(FRP) 마모 및 균열점검(끝단 열결부 미세 균열시 개신)
② 아킹혼 및 전차선 접속부, 드롭바 점검
③ 균압선 및 조가선 절연애자 점검 등
④ 절연구분장치(Neutral section)는 변전소앞 및 구분소앞 선로곡선반경 $R=$

800[m] 이상 구배 5[‰] 이하 개소에 설치함을 원칙으로 한다.

5. 실습결과 및 고찰

① 전차선로 구분장치의 설치개소를 이해하고 설명할 수 있다.

② 구분장치의 구비조건을 설명하여라.

③ 구분장치 종류를 이해하고 설명할 수 있다.

④ 구분장치의 사용구분을 이해하고 설명할 수 있다.

⑤ 애자형 섹션과 에어 조인트를 구별하고 특징을 설명할 수 있다.

⑥ 절연구분장치의 FRP 규격과 설치 기준을 알고 있다.

⑦ 구분장치별 점검사항을 이해하고 설명할 수 있다.

⑧ 절연구분장치의 역간설치 곡선반경 및 구배조건을 이해하고 설명할 수 있다.

실습 7

전주 및 지선의 종류 이해

1. 실습목적

전차선로의 지지물의 구성 요소인 각종 전주와 지선의 이해와 설치를 알아본다.

2. 관련이론

(1) 전차선로 지지물의 개요

전차선, 조가선, 급전선, 부급전선, 귀선 및 부속물을 지지하고 있는 설비 전반을 전차선로 지지물이라고 한다. 전기철도의 **지지물**은 그 특성상 열차가 운행하는 선로 위에 시설되어 전기차를 운행하도록 하여야 하는 특수한 목적의 구조로 되어 있기 때문에, 이에 대한 설계 및 시공에 있어서는 철도공학의 기초위에서 해석되어야 한다.

지지물은 특히 강도, 수명이 상호 보완될 수 있도록 내부식성이 우수하고 유효수명이 길며 열차의 진동에 따른 변형이 없는 재질과 설비를 갖고 충분한 강도에 견딜 수 있어야 하며, 전기운전설비로서 보안도와 신뢰도를 확보할 수 있어야 한다. 또한 경제성이 있고 시공의 편위성과 향후 유지보수의 측면에서 간소화와 표준화가 필요하다.

① 전차선로 지지물의 형식은 설계시공 시설표준도 및 도면에 의한다. 또한 터널벽 등을 이용한 경우도 이에 준한다.

② 정거장 및 전기차량이 60[km/h] 이상으로 운전하는 정거장구내의 본선은 가동 브래키트식 또는 하수 브래키트식(하스팬선빔에 사용하는 것을 말한다)을 사용한다. 다만, 기본설비에 병설하는 개소 등 특히 필요한 경우는 가설의 설비에 준할 수 있다.

③ 조차장, 선로수가 많은 역구내에서 빔의 길이가 특히 길게 설치하여야 하는 개소에는 스팬선빔을 사용할 수 있다.

④ 조차장, 차량기지, 정거장구내 등 합성전차선이 밀집하는 개소에는 빔하스팬선식 또는 가압빔식을 사용할 수 있다.

⑤ 터널 내에는 터널브래키트 또는 가동브래키트식으로 사용할 수 있다.

⑥ 고정빔은 7선용(하수강 설치방식인 경우는 6선용)이상인 경우에는 4각농형빔 사용을 원칙으로 한다.

(2) 전주(電柱)

전주는 가선을 지지 또는 인류하기 위하여 빔, 브래키트 등과 조합하여 시설하는 것으로 철주사용을 원칙으로 하며 부득이한 경우는 콘크리트주를 사용할 수 있다. 다만, 사고복구, 공사 등의 일시적인 가설의 경우에 한하여는 목주를 사용할 수 있다.

(가) 전주의 종류(그림 7-6 참조)

① **철주** : 전차선로의 지지주에는 원칙적으로 콘크리트주를 사용하고 있으나, 전선의 수평장력이나 빔의 중량이 큰 개소, 기타 풍압에 따라 강도가 약한 개소, 선로와 선로의 사이가 협소하여 건축한계에 지장을 주는 장소, 교량난간 등에 전식하는 개소에는 조합철주, 강관주, H형강주 등의 철주를 사용한다. 애자에서의 누설전류나 애자섬락에 의하여 고전압이 가압되는 경우 불완전한 접지로 인하여 인축에 미치는 위험을 방지하기 위하여 제3종 접지공사를 시공한다. 그리고 부식방지를 위하여 철주에는 원칙적으로 아연도금을 하여야 한다.

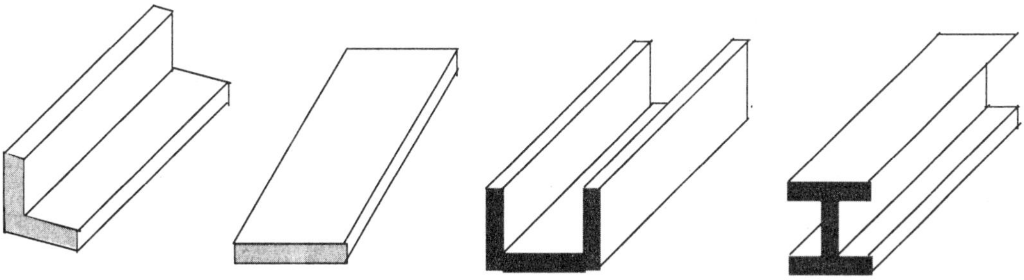

(a) ㄱ형강 (b) 평강 (c) ㄷ형강 (d) I형강

※ 그림 7-1 강재의 종류 ※

㉠ 조합철주 : 조합철주에는 주재를 산형강(ㄱ형강)을 사용하고 사재에는 산형강(ㄱ형강) 또는 평강을 사용하는 4각주와 궤도중심 간격이 좁은 개소와 인류개소 등에는 주재를 ㄷ형강을 사용하고 사재에는 ㄱ형강 또는 평강을 사용하는 구형철주(構型鐵柱 : 채널주)를 사용한다.

철주의 단면은 하중조건과 건식위치에 제약이 있어 300~500[mm] 정사각형 또는 직사각형 단일 단면구조의 볼트 조립을 주로 사용하고 있다.

㉡ 강관주(鋼管柱) : 강관주는 콘크리트주의 설치가 곤란한 고가교, 난간개소에 주로 이용되어 진다. 또한, 토목구조상 투입기초의 설치가 불가능하고 설계 굽힘 모멘트가 15,000[kgf.m]을 넘는 큰 하중을 가지는 단독주에 사용된다.

우리나라에서도 일부 채택하여 사용하였으나 운반의 불편과 보수작업의 곤란 등으로 현재는 사용하고 있지 않으며, 일본에서도 동해도 신간선의 고가개소 등에 사용하였지만 현재는 사용하고 있지 않다.

㉢ H형강주(H型鋼柱) : H형 강주는 단일재를 사용하기 때문에 제작이 용이하고 시공이 간편하여 최근 전철주로 가장 많이 사용되고 있다. 그러나 H형 강주는 비틀림 현상이 있으므로 설계할 때 주의가 필요하다.

H형강주의 비틀림 현상이란 한쪽 축 방향의 단면 2차 모멘트가 다른쪽 방향의 단면 2차의 모멘트에 비해서 작은 부재를 사용하고 있기 때문에 H형강의 단면 2차 모멘트의 큰 쪽의 축에 대해 하중을 더해 가면 H형강주가 돌연 하중방향과 직각 방향으로 꼬이면서 비틀리는 현상을 말한다.

② **콘크리트주** : 콘크리트주는 사용하는 목적에 따라서 1종과 2종으로 구분된다. 1종은 주로 송전, 배전, 통신, 신호용에 이용되고 2종은 전차선로에 이용되고

있다. 전차선로에 사용되는 콘크리트 전주는 보통 철근콘크리트 전주와 철근(PC강선)에 인장을 걸어 만든 프리텐션 콘크리트주가 있으며 프리텐션 콘크리트주가 많이 사용되고 있다. 또한 부득이한 경우 철주 대신에 콘크리트주를 사용하며 전차선로에 사용하는 P.C콘크리트주는 원심력을 응용한 프래스트레스공법에 의한 철근콘크리트주로서 노테이퍼전주(경사없는 전주)이다.

✍ 전주의 형상에 의한 구분

전주의 형상에 의한 콘크리트주 종류별 명칭에는 굽힘모멘트의 분포에 따라서 구분하는 형식기호인 T형과 N형 2가지 형식이 있다. T형이란 전주의 외형(지름)이 말구쪽으로 가면서 가늘어지는 형태를 말하는데 테이퍼의 앞문자 T를 취해 "T"형이라 하며, N형이란 전주의 외형(지름)이 균일화된 형태를 말하며 테이퍼가 아니라는 뜻의 NO 테이퍼의 앞문자를 취해서 N형이라 한다.

③ 목주 : 목주는 부식 때문에 지지물의 강도가 저하되므로 다른 지지물에 비해서 신뢰성이 낮고, 또한 화재에 대해 약하다. 방식처리(주로 크레소드 주입)를 잘하고 목재의 품질이 우량한 것은 30년 이상 사용하는 것도 있지만, 일반적으로 방식처리를 하지 않는 목주는 10년, 방식처리를 한 목주는 20년 정도를 교체 주기로 보고 있다. 그리하여 전차선로의 사고복구시 및 공사시에 있어서 일시적인 가설의 경우에만 쓰인다.

표 7-1 각종 전철주의 비교

구분	콘크리트 전주	철 주	목 주
장점	· 수명이 반영구적이다. · 전주의 형상이 일정하고 공장 제작 품질관리가 용이하다. · 강도선택이 자유롭게 가능하다. · 보수가 필요하다. · 가격이 비교적 싸다.	· 소요강도는 자유롭게 설계가 가능하다. · 강도에 비하여 경량이다. · 내구성이 비교적 높다. · 특수한 형상도 가능하고 건식장소의 제약이 비교적 적다. · 전주 길이에 제약이 없다. · 분할 운반이 가능하다.	· 경량으로 건식이 비교적 용이하다. · 일반적으로 가격이 싸다.

구분	콘크리트 전주	철 주	목 주
단점	· 중량이 무겁다. · 운반, 취급이 불편하다.	· 비교적 고가이다. · 초기 도금 후 방청 도장이 필요하다.	· 가연성이 있다. · 강도를 자유롭게 선택하기가 불가능하다. · 강도의 고르지 못함이 크다. · 노후, 부식으로 교체가 필요. · 조류 등의 피해를 입는다.

(나) 전주의 설치위치

① 정거장 전주의 설치위치는 궤도중심으로 부터 전주 중심까지 일반개소는 3[m], 정거장 구내는 3.5[m] 위치에 설치하는 것을 표준으로 한다. 다만, 교량 및 터널 등 특수 개소로서 부득이한 경우에는 예외로 하되 건축한계에 저촉되어서는 안된다. 곡선반경 500[m] 이하 구간의 내곡선에 설치할 경우에는 3[m] 이상으로 한다.

② 승강장 또는 화물하역장에 설치하는 경우에는 그 연단으로부터 1.5[m] 이상 가급적 멀리 이격한다.

③ 전주는 차막이의 바로 뒤에 설치하여서는 안된다. 다만, 부득이한 경우로서 10[m] 이상 이격하거나 특수한 시설을 하는 경우는 예외로 한다.

④ 차마가 통행하는 건널목에 인접하는 전주는 건널목 양측단으로부터 5[m] 이상 이격하여 설치한다.

⑤ 신호기 부근에 설치하는 경우에는 신호투시에 지장이 없도록 고려하여야 한다.

✍ 전주의 표준경간-(전철전력시설규정 2003. 5.24 훈령 제7965호)

일반 전철구간(운전속도 120[km/h]) 심플커티너리(Simple catenary)방식

제11조(경간)

① 커티너리식 가공 전차선로의 지지물의 표준경간은 표 7-2에 의하고 인접하는 경간의 차는 10[m] 이하로 한다. 다만 부득이한 경우는 20[m] 이하로 할 수 있다.

② 터널브래키트의 설치 표준경간은 20[m](강체가선방식의 경우는 10[m]) 이하

로 한다. 다만, 선로조건이나 가선방식 등을 고려하여 단축할 수 있다.

③ 제1항에 의하기 곤란할 경우는 표준경간에 대하여 표 7-2의 5[m]내로 경간을 단축할 수 있다.

표 7-2 곡선반경에 따른 경간

곡선반지름(R)	경 간	참 고
기설된 시설물(개량시 까지)	(60)	전주경간 구하는 식
곡선반경 1,000[m] 초과	50	$S=\sqrt{16Rd}$ [m]
곡선반경 700[m] 초과 ~ 1,000[m] 까지	45	S : 전주경간[m]
곡선반경 500[m] 초과 ~ 700[m] 까지	40	R : 궤도 곡선반경[m]
곡선반경 400[m] 초과 ~ 500[m] 까지	35	d : 전차선기울기(편위)
곡선반경 300[m] 초과 ~ 400[m] 까지	30	(표준 0.2[m] 기준)
곡선반경 200[m] 초과 ~ 300[m] 까지	20	예 $s=\sqrt{16\times600\times0.2}=43$[m]

④ 지지물의 경간은 최대 50[m] 이하로 한다. 다만, 기설된 60[m] 이하 경간은 설계 개량시까지 이를 사용할 수 있다.

⑤ 커티너리식 가선구간에서의 터널 입·출구의 경간은 20[m]를 표준으로 한다.

(다) 전주의 안전율

전주의 안전율은 다음과 같다.

① 철주는 소재 허용응력에 대하여 1이상

② 철근콘크리트주는 파괴하중에 대하여 2이상

③ 목주는 신설시에 있어서 파괴하중에 대하여 3이상

(라) 전주의 밑 묻기

전주를 땅에 묻는 길이는 그 전장의 6분의 1이상으로 한다. 다만, 견고한 암반 및 콘크리트기초의 경우에는 전주 및 기초의 강도에 따라 단축할 수 있다.

(마) 전주의 기초

① 전주기초의 안전율은 2이상으로 한다.

② 토질이 연약한 곳에 전주를 설치하는 경우에는 침하방지 시설을 한다.

③ 철주기초는 터널, 교량 등에 앵커볼트로 고정하는 경우를 제외하고는 콘크리

트기초를 한다.

④ 콘크리트주기초는 부담하는 하중, 지형 및 토질 등을 고려하여 콘크리트기초, 쇄석기초 또는 블록기초를 한다.

⑤ 목주기초는 쇄석기초 또는 블록기초를 한다.

(3) 지 선

지선은 전차선로에 있어서 항시 횡장력이 걸리는 전주의 반대편에 설치하여 전주의 경사, 쓰러짐 등을 방지하는 기능을 갖는 시설이다. 전차선, 급전선 등의 곡선로 개소에 인류장치를 설치하여 인장력 또는 수평장력이 작용하는 전주에 그 인장력 또는 수평장력에 따른 전주가 경사, 만곡(彎曲)되지 않도록 하기 위한 설비를 지선이라 한다.

지선은 한쪽을 전주에 설치하고 다른쪽은 전주의 근원에서 일정한 지점에 지중에 매설한 치조에 설치하여 인장력 또는 수평장력에 대응하는 구조로 되어 있다.

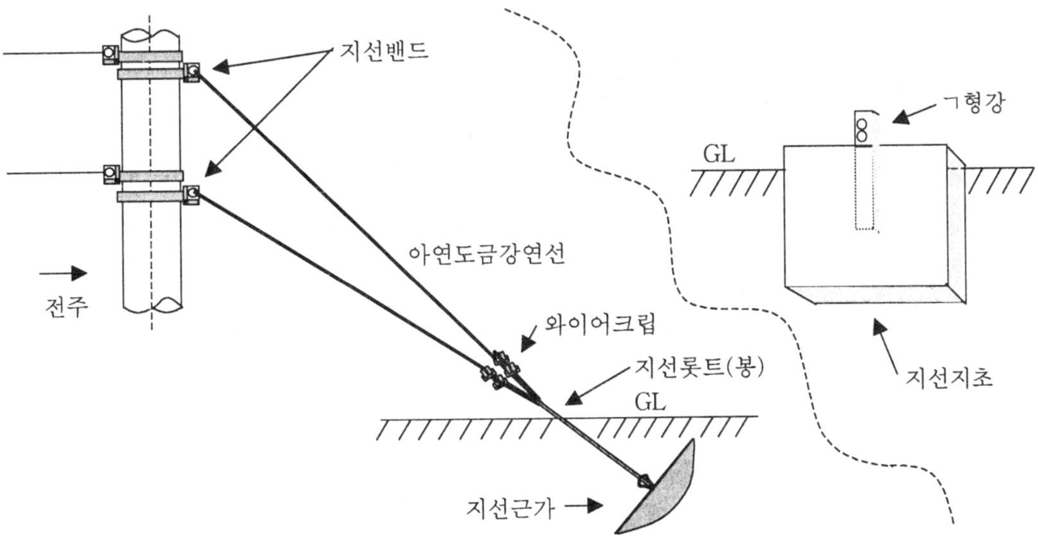

※ 그림 7-2 지선의 설치 및 설치도 ※

(가) 지선의 종류

① **용도, 사용개소에 따른 분류** : 전차선로 지선의 용도는 전차선, 급전선 등의 장력이나 수평장력이 가해지는 불평형 장력에 대응하는 방향으로 설치해서 전

주의 강도를 돕기 위한 것이다. 지선의 사용개소에 따라 분류하면 합성전차선과 급전선 등의 인류를 위한 인류용 지선과 진동방지, 곡선당김장치 등에 설치된 전주에 설치하는 진동방지용 지선, 곡선당김용 지선이 있다.

② **구조, 형상별에 다른 분류** : 구조, 형상에 따라 분류하면 단지선, V형 지선, 2단 지선, 수평지선과 궁형지선 등이 있다.

㉠ 단지선 : 보통지선으로도 부르는 것으로 일반적이며 기본적인 지선이다. 전차선로 등에 큰 장력이 걸리지 않는 보호선, 급전선, 흡상변압기주, 터널 입·출구 고압배전선로 인류 등에 사용된다.

㉡ V형 지선 : 근가를 1개소로서 상부의 형상을 V형으로 시설한 지선을 말하며, 전차선 인류용으로 많이 사용되고 있으며 전차선로용 지선의 대표적인 것이다.

㉢ 2단 지선 : 단지선 또는 V형 지선을 평행(상, 하방향)으로 2개 시설하는 지선을 말하며, 큰장력이나 수평장력이 가해지는 헤비 심플커티너리(Heavy compound catenary) 가선방식의 인류용으로 사용되고 있다. 특히 경부고속철 전차선로에는 이방식을 사용하고 있다.

㉣ 수평지선 : 직접지선을 시설하기가 불가능한 경우 별도로 적당한 위치에 전용의 지선주를 세우거나 인접전주에 수평으로 전주간에 지선을 가선한 것을 말한다. 교통에 지장이 없도록 도로를 횡단해서 시설하는 경우 또는 건축물의 출입구 등을 피해서 지장이 없도록 시설하는 경우 등에 사용한다.

㉤ 궁형지선 : 전주의 근원부근에 근가를 시설해서 궁형으로 설치하는 특수한 지선을 말하며, 지선을 설치할 수 없는 경우 등 특별한 경우에만 사용된다. 일명 궁지선이라고 한다.

표 7-3 지선에 사용되는 금속선

지선의 재질	소 선	
	지름[mm]	인장강도[kgf/mm²]
아연도금강연선	2·0	70 이상
상기 이외의 금속선	2·6	

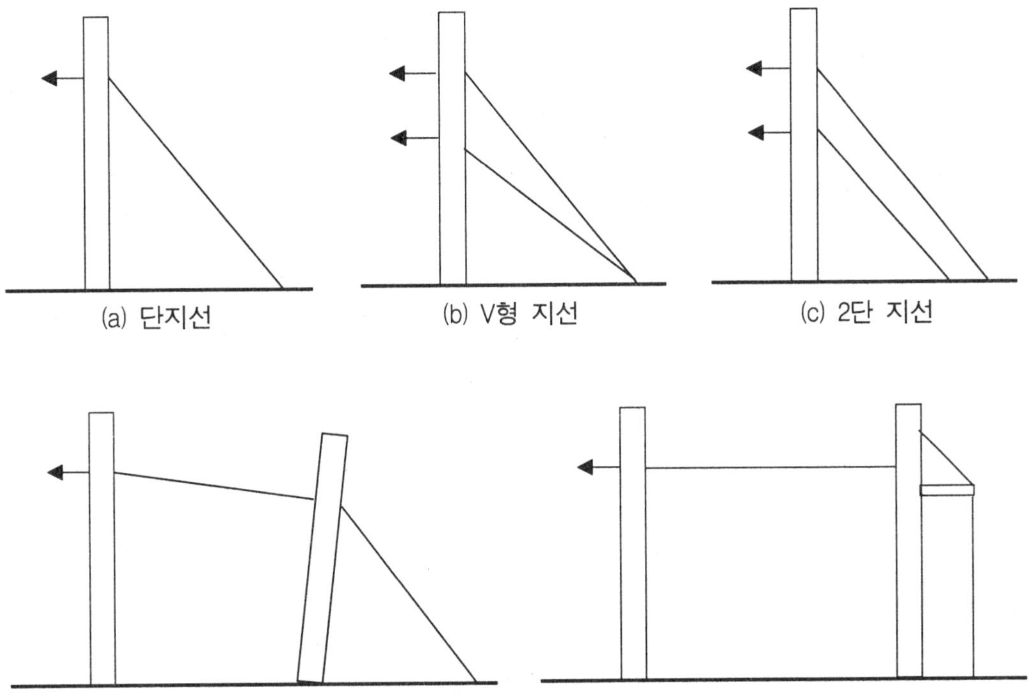

(a) 단지선 (b) V형 지선 (c) 2단 지선

(d) 수평지선 (e) 궁형지선

※ 그림 7-3 지선의 종류 ※

(나) 지선의 설치개소

전주에 작용하는 외력(外力)에는 수직력과 수평력의 2종류가 있다. 수직력은 수직방향으로 힘이 작용하므로 특별한 경우를 제외하고 전주 자체의 내력으로 견딜 수 있으나 수평력은 전주의 횡방향으로 작용하기 때문에 전주 경사, 전도 또는 절손시키기 때문에 전주 자체의 내력이 커야 하고 상당히 강고(强固)한 기초로 하여야 한다. 이 경우에 경제성을 고려해서 수평장력에 대응하는 방향으로 지선을 설치해서 전주 등의 강도를 보강한다.

① 인류주 및 기타 필요하다고 인정하는 전주.

② 지선은 원칙적으로 용지내에 시설하며 통행인 및 자동차 등에 의하여 손상되지 않는 위치에 시설한다. 다만, 부득이한 경우에는 지선보호커버를 시설할 수 있다.

(다) 지선의 설비

① 지선의 안전율은 2·5이상으로 한다.

② 지선의 전주에 대한 설치 각도는 45도를 표준으로 하여 시설한다. 다만, 부득이한 경우에는 30도까지 줄일 수 있다.

③ 지선은 135[mm²], 90[mm²] 및 55[mm²]의 아연도강연선을 사용한다. 다만, 필요할 경우 이와 동등 이상의 아연도강봉을 사용할 수 있다.

④ 가공전차선, 급전선 및 부급전선의 인류주밴드와 지선용 전주밴드는 원칙적으로 분리한다.

⑤ 가공전차선의 인류용 지선은 V형 또는 2단 지선으로 한다.

⑥ 지선은 하중과 토질에 적합한 콘크리트기초 또는 지선용 블록을 사용한다.

⑦ 지선을 설치할 수 없는 경우에는 지주로 대용할 수 있다.

(라) 지선의 높이

철도, 도로 등을 횡단하여 시설하는 수평지선의 높이는 레일면상 6.5[m] 이상, 도로면상 6[m] 이상으로 시설한다.

3. 사용재료 및 공구

✍ V형 지선의 설치작업

품 명	규 격	단위	수량	품 명	규 격	단위	수량
아연도금 강연선	St 55[mm²]	m	20	장선기	1.5[Ton]	개	2
전주 밴드	지선 및 인류용 (Φ300, 350)	개	2	작업공구	각종	식	1
쐐기형 크램프	50~70[mm²]	대	3	장선기 크램프	감마롱	개	2
사다리(고소작업)	5[m](알루미늄 2단 접이용)	대	1	평 강	50×6×560	개	1
인류볼트	2호	개	2	지지와셔	1호(쐐기형) 2호(4 각형)각	개	2

4. 실습순서 및 설치방법

전차선의 인류지선은 전차선과 동일방향이 되도록 시설한다. 역구내 등에 있어서 지선의 방향에 제한을 받는 경우는 가능한 지지물에 과대한 수평장력이 가해지지 않는 장소를 선정한다.

전선의 인류용 밴드와 지선용 전주밴드는 개별로 하는 것이 좋다. 인류용 전주밴드와 지선용 전주밴드와의 분리하는 이유는 인류전선과 지선의 방향이 일치하지 않는 경우와 인류전선의 높이를 조정하기 쉽고 콘크리트주의 노테이퍼에 따른 전주밴드의 흐름방지를 고려하기 때문이다. 또한, 지선용 전주밴드에는 제곱의 하강력이 움직이고 있기 때문에 콘크리트주의 경우에는 지선용 전주밴드를 인류용 전주밴드의 상부에 설치하도록 하며 미끄러지더라도 인류용 전주밴드로 방지하도록 한다.

인류개소의 볼트, 너트와 나사에 인장력이 가해지지 않도록 주의가 필요하다. 전차선의 인류용 지선은 V형 또는 2단 지선으로 한다. 그 이유는 지선 1가닥이 절단해도 복구하기까지 1가닥으로 지지할 수 있기 때문에 사고의 파급을 최소한으로 멈추게 할 수 있기 때문이며, 또한 지선용 블록의 인발력에 대한 지내력(地耐力) 관계로 전차선 인류용 지선에는 V형 또는 2단 지선을 사용하고 있다.

① 작업전 준비단계
  ㉠ 작업인원 및 장비, 공구, 당일 작업내용, 안전교육 시행
  ㉡ 수평장력 및 지선길이 계산 후 기록유지
  ㉢ 주상 작업용 안전모, 안전요대 등 기타 안전장비 착용
  ㉣ 전차선 및 밴드설치 높이기록 및 표시
② 그림 7-4를 참조하여 사다리를 적당한 각도로 전주 가까이 밀착하여 전주 상부에 작업용 도르래를 설치하고 심부름 줄을 연결한다
③ 주상 작업조는 전주밴드 및 인류볼트 설치
④ 지상 작업조는 지선기초에 평강을 설치하고 아연도강연선은 계산한 길이보다 조금 여유를 감안하여 절단한다.(단 전선의 끝단이 풀어지지 않도록 조치)
⑤ 주상작업조는 장선기를 전주에 설치하고 지선에 감마롱을 각각 설치하여 지선에 가장력을 걸어준다.
⑥ 지선에 계산된 장력이 완료되면 지선 끝단에 쐐기형 크램프를 연결하고 장선

기의 장력을 인류볼트에 접속(장력옮김)작업을 완료한다.

⑦ 지선각도와 각종 볼트, 너트 등 충분한 조임을 확인하고 최종적으로 기설물과 이격거리가 규정치를 초과 유무를 점검한다.

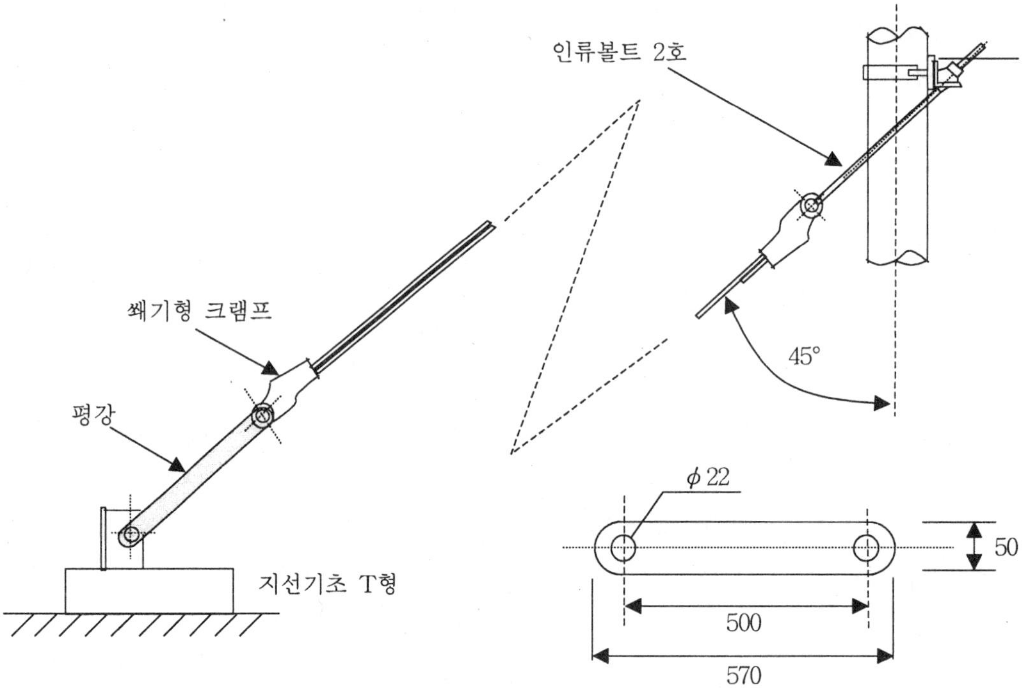

※ 그림 7-4 V형 지선 ※

✍ 지선(支線) 관련 철도청 규정-전철전력시설규정(03.5.24 훈령 제7965호)

제29조(지선의 사용제한)

① 가공 전선로의 지지물로서 대용하는 철탑은 지선을 사용하여 그 강도를 분담시키지 아니한다.

② 가공 전선로의 지지물로서 사용하는 철주, 콘크리트주는 지선을 사용하지 아니하는 상태에서 풍압하중의 1/2 이상의 하중에 견디는 강도를 가지는 경우를 제외하고는 지선을 사용하여 그의 강도를 분담시키지 아니한다.

제30조(지선의 강도)

지선은 소선 직경이 2.9[mm] 이상인 아연도 철선 7조 이상의 연선을 사용한다.

제31조(지선의 도로횡단)

도로를 횡단하여 시설하는 지선의 높이는 지표상 5[m] 이상으로 한다. 다만, 기술상 부득이한 경우로서 교통에 지장을 줄 우려가 없을 때에는 지표상 4.5[m] 이상, 보도의 경우에는 보도상 2.5[m] 이상으로 할 수 있다.

제32조(지선의 철도횡단)

전철구간에 있어서 지선은 원칙적으로 철도를 횡단하여 시설할 수 없다. 다만, 부득이한 경우에는 충분한 이격거리를 확보하여야 한다.

제33조(지선의 절연)

① 지선은 수평력의 합력점에 시설하되 전선과는 200[mm] 이상 이격하고 특히, 변압기 리드선, 인입선, 분기선의 접속선 등과 쉽게 접촉되지 아니하도록 시설한다.

② 전선로의 지지물에 시설하는 지선으로서 전선과 접촉할 우려가 있는 것에는 그 상부에 애자를 삽입하여야 한다. 다만, 저압 가공 전선로의 지지물에 시설하는 지선을 논이나 습지 이외의 장소에 시설하는 경우에는 그러하지 아니한다.

③ 제2항의 지선애자는 지선이 단선되어 지면에 처진 경우 지선애자의 하부지선이 전선과 혼촉되지 아니하도록 지표상 약 2.5[m] 되는 위치로 한다.

제34조(지선의 방부시설)

지선의 지중부분 및 지표상 300[mm]까지의 부분에는 아연도금을 한 철봉 또는 이와 동등 이상의 세기 및 내식 효력이 있는 것을 사용하고 이를 쉽게 부식하지 아니하는 근가에 견고하게 부착하여야 한다.

※ 그림 7-5 전차선로 V형 지선 ※

5. 실습결과 및 고찰

① 전차선로 지지물의 개요를 이해하고 설명할 수 있다.

② 전주의 종류를 알고 전차선로 전주 설치간격(경간)을 이해하고 있다.

③ 각 전차선로 전주의 장·단점을 알고 이해하고 있다.

④ 각종 전주의 종류 및 주요 특성을 이해하고 있다.

※ 그림 7-6 각종 지지물 형상 ※

※ 그림 7-7 전차선로 작업용 모터카(대형) ※

⑤ 지선의 형상에 따라 분류할 수 있으며 설치용도에 따라 설명할 수 있다.

⑥ 전차선로에 대표적인 지선을 알고 설치규정을 이해하고 있다.

⑦ 지선의 각 재료의 이름과 선종 및 재질을 알고 있다.

⑧ 지선의 설치방법과 기 시설물과의 이격거리를 알고 있다.

⑨ 장력장치 및 인류장치 지선을 이해하고 있다.

실 8 습

전차선로 점검 및 장애(사고) 발생시 조치

(직무 안전사고 예방교육 포함)

1. 실습목적

전차선로의 각 중요 장치별 점검 내용을 파악하여 이례상황 발생시 신속정확한 조치 및 복구시간 단축에 노력하여야 하며, 또한 작업중 직무 사상사고 사전예방 및 사고사례 교육으로 동종사고 재발방지을 목적으로 한다.

2. 관련이론

(1) 일반사항

전차선로 유지보수 기준은 예방 유지보수 조치시 고려해야 할 한계값을 나타낸다. 아래의 설정값을 참조하여 점검해야 할 설비에 대하여 여러 가지 값으로 분류한다.

(가) 목표값

설비의 시공후 또는 설비의 개량작업후(보수작업 포함)의 설비 기준치이다.

(나) 조치가 필요없는 값

잘못된 조정이나 마모 정도가 경계값에 이르지는 않았지만 목표값의 품질에 이르지 못하는 값. 운행에 지장이 없는 정도의 상태이므로 특별한 조치가 필요없다.

다만, 정기 검수시 목표값에 근접하도록 조정 및 보수한다.

(다) 경계값(경고값)

보수가 필요하지만 열차 안전운행에 위험은 없는 값이다. 설비가 한계값을 급격히 초과할 우려가 없다면, 이 설비에 대한 보수작업은 다음으로 예정된 작업 때까지 미루어도 문제가 없다. 그러나 기술점검 및 유지보수 작업시 한계값이 도달된 설비가 발견된 경우, 작업을 진행하면서 보수하면 작업계획 수립단계에서 누락된 작업이므로 재차 작업계획을 세울 필요가 없고 작업 운용이 용이할 것이다.

(라) 조치해야 할 값

"조치해야 할 값"은 설비의 열차 안전운행에 대한 위험이 있을 때의 값이다. 이러한 설비는 다음 정기 보수 때까지 기다리지 말고, 열차운행에 지장을 주지 않도록 하기 위하여 계획된 작업수행 이전에 즉시 보수하여야 한다.

(마) 긴급 조치가 필요한 값

천재지변 또는 기상악화, 기타 선로순회시 전차선로 계속급전이 열차 안전운행 및 재산상 막대한 손실이 예상되는 경우에는 지체없이 인근역에 통보하여 열차 방호조치를 하여야 하고 다음 관계사령(전기, 운전사령)에 통보하여 단계적으로 긴급조치 하여야 한다.(당해구간 운행열차가 있다면 무전기 또는 수신호로 정차 유도)

(2) 주요 장치별 일반 점검사항

각 전차선로 장치별 주요 점검사항을 참고하여 시설물 유지 보수관리에 중점을 두어 사고(장애)예방에 노력하야야 한다.

(가) 단독주 금구류 정밀점검

① 일반사항 : 정밀점검은 해체 또는 철거 전후 도면 또는 기준 시방서에 나타난 크기를 측정하는 예방 유지보수 작업이다. 이 정밀점검은 관련 시설물에 필요한 조치를 결정한다.

② 점검할 자재 및 부분 : 단독주 금구류에 대한 정밀점검은 다음과 같이 구성한다.

㉠ 전차선 높이 및 편위(offset)

㉡ 조가선의 위치 : 조가선 높이 및 전차선과 수직 위치

㉢ 수평파이프 하중의 위치 : 수평상태 및 전차선과 간격

㉣ 곡선당김금구 위치 : 전차선 체결구 높이 및 회전형체결구 수직상태

㉤ 금구류의 수직 배치 : 조가선과 전차선 간에 신축이 다를 경우, 이 수직축은 유지되지 못할 수 있다. 브래키트 주파이프와 곡선당김금구 등의 수직상태

㉥ 곡선당김금구 크램프의 마모 : 전차선 회전크램프와 곡선당김금구 말단의 마모 및 크램프 해체 점검

(나) 스팬선 빔 정밀점검

① 일반사항 : 정밀점검은 도면 또는 기준시방서에 명시된 치수의 해체 전후의 측량으로 이루어지는 예방 유지보수 작업이다.

② 점검할 설비 또는 부품

㉠ 스팬선 빔의 파손 : 설치치수, 스팬선 빔 여러 구성품의 거리, 전차선 높이 및 편위

㉡ 설치 적합성 점검 : 턴버클, 행거(드롭바)의 이상 유무

㉢ 치수에 대한 점검 : 전차선 높이, 편위에 대한 점검은 스팬선 빔에 대한 조치를 결정하기 위한 것이다.

㉣ 점검결과 : 순회점검시 발견되는 모든 이상, 원인 규명 및 조치는 기록 유지한다.

(다) 전선류 정밀점검

① 일반사항 : 정밀점검은 이론서, 조립품 문서 또는 시방서에 명시된 시설물을 분해하거나 분해하지 않은 크기에 대한 측정으로 이루어지는 예방 유지보수 작업이다. 특히 전차선 지지물인 전주에는 전차선을 비롯하여 조가선, 급전선, 보호선, 고압배전선로 등이 1개 전주에 공통 설치하는 경우가 다반사이므로 유지보수 작업시 각 전선류 상호간 절연 이격거리, 지지강도, 장력으로 인한 애자이동 등을 사전에 충분히 검토하여야 하며 또한, 기온 변화에 따른 전선류의 이도(弛度 : dip), 풍압에 따른 전선의 이동, 작업원 작업반경 등 기타 시설물 설치기준을 참고하여 고려해야 한다.

② 전선의 종류 및 점검사항

㉠ 전차선 : 전차선의 마모(경점개소 또는 아크 기타 이상 마모 포함) 및 굴곡,

이물질 접촉에 따른 손상 유무(지락사고시 부분손상 등), 특히 인류구간에 대한 전차선의 마모의 진행을 관찰하기 위해 정기적으로 점검하고 측정공구를 사용하여 마모를 측정 기록 유지하여야 한다.

㉡ 조가선 : 소선의 절단 및 융손(아크로 인한 불완전 접촉), 동절기 고드름, 터널내 조류 침입, 선로 연변의 수목의 전도 또는 접촉 등 기타 이물질 접촉으로 인한 손상.(절단된 소선이 5조 이하인 경우 임시 밴딩작업을 계획하고 필요한 경우 손상된 부분을 보강, 교체한다.)

㉢ 보호선 및 급전선 : 외부 결함으로 인한 이물질 접촉, 기온 급변화에 따른 전선류 이도 불량으로 상호간 이격거리 부족, 지지애자 절연불량 및 파손, 가공선로(架空線路)에서 터널 케이블 접속개소, 고압케이블 단말 절연파괴, 선로횡단개소의 이격거리 등(절단된 소선이 5조 이하인 경우 임시 밴딩작업을 계획하고 필요한 경우 손상된 부분을 보강, 교체한다.)

㉣ 가공지선 등 기타 : 소선의 절단 및 기온변화에 따른 타 전선류와 이격거리, 접속 및 지지점 개소의 분리, 낙뇌의 피해 등.

✍ 전차선의 마모관리 - 전철전력설비 보수규정(2003.5.24 훈령 제7964호)

제20조(전차선 마모관리)

전기사무소장은 관할 전차선 섹션에 고유번호를 부여하고 섹션 도면 및 대장을 비치하여 측정치를 기록, 분석하여야 하며 통합시설관리시스템에 등록하여야 한다.

제21조(전차선 섹션 고유번호 부여)

전차선 섹션표에는 아래에 의하여 고유번호를 부여한다.

예 (234-64-289) : ① ② ③ - ④ ⑤ - ⑥ ⑦ ⑧

①항은 각 지방본부　　　　②, ③항은 선별(경부선, 중앙선 등)

④항은 단선, 복선 상·하선　　　　⑤항은 복선의 1, 2, 3선 등

⑥~⑧항은 섹션 일련번호

제22조(전차선 섹션 도면 및 대장비치)

전차선 평면 약도를 작성하고 도면표지에는 건명, 선명, 구간 및 고유번호를 기재하여 선별로 작성 비치한다.

제23조(정기 측정)

전기사무소장은 다음 표에 의거 시행한다.

표 8-1 전차선 섹션별 정기 측정

<table>
<tr><th>시설년령</th><th>측정기준일</th><th>대 상</th><th>측정회수</th><th>비고</th></tr>
<tr><td rowspan="2">15년
미만(20년)</td><td rowspan="2">9월중</td><td>본선 및 중요 측선</td><td>년 1회</td><td rowspan="4">( ) : 산업선 및 경부
상 · 하 1선
(구로~수원)</td></tr>
<tr><td>측선 및 건널선</td><td>3년 1회</td></tr>
<tr><td rowspan="2">15년
이상(20년)</td><td>3월, 9월중</td><td>본선, 부본선 및
중요측선 건설선</td><td>년 2회</td></tr>
<tr><td>9월중</td><td>측선 및 건널선</td><td>2년 1회</td></tr>
</table>

제24조(수시 측정)

정기측정 분석결과 마모한도에 근접한 개소 또는 취약개소는 전기사무소장이 측정 관리한다.

제25조(측정 위치)

전차선 마모 측정개소는 섹션별로 3~5개소를 측정하되 열차출발지점, 지지물경간 중간, 곡선점(내, 외, 종곡선), 평행개소, 교차개소, 절연구간 전후 등을 고려하여 선정하고 고유번호(섹션일련번호 및 A, B, C, D, E)를 붙인다.

제25조(측정치)

측정치는 소수점 둘째 자리(0.01[mm])까지 정밀 측정한다.

(라) 드롭바(행거)의 정밀점검

① 일반사항 : 정밀점검은 이론서, 조립 문서 또는 시방서에 나타난 분해되거나 분해되지 않은 크기의 측정으로 이루어지는 예방 보수 작업이다. 드롭바(행거)는 최초 시설당시는 규격에 맞게 설치 되었지만 이도, 수평장력, 시설개량, 소손, 기타 등 시설물 변형에 따른 보수작업이 적절하게 시행되어야 한다.

② 정밀점검시 점검할 설비 및 내용

㉠ 경간의 드롭바 배분 : 전주 양단의 드롭바의 위치, 드롭바 간격 등

㉡ 드롭바 길이 : 전선의 장력 및 하중 등을 고려하여 산출(고속철도 드롭바길이 허용오차는 ±1.5[mm])

㉢ 드롭바 경사 : 수직 드롭바의 전차선과의 각도(10°) 이하가 되도록 교정 또는 불량시 개신할것(고속철은 수직면에서 좌, 우 100[mm] 전 · 후 교정)

㉣ 드롭바 전선의 절단된 소선의 수 : 드롭바 소선의 절단 또는 부분 소손일

때는 기술점검후 조치

ⓜ 드롭바 크램프의 마모 : 드롭바 크램프 러그의 비정상 마모가 발견된 경우

(마) 인류주의 정밀점검

① 일반사항 : 정밀점검은 운영, 조립 문서 또는 표준집에 기술된 분해 또는 분해되지 않은 크기를 측정하는 작업으로 이루어지는 예방 유지보수 작업이다. 특히 전선 인류개소의 높이는 인류 전선의 종류, 전주에 인류되는 전선의 수, 절연거리, 전선 상승, 기타 등 전차선의 표준높이를 기준으로 기타 전선의 이격거리를 고려한다.

② 정밀점검 작업시 점검할 설비 및 부품

㉠ 전선의 인류 높이 : 각 전선류 표준높이를 측정하여 계획작업 또는 긴급작업시에 충분한 높이를 조정한다.

㉡ 장력조정장치 : 장력조정장치가 없는 인류개소 또는 장력조정장치가 설치된 인류주 각각의 높이를 측정하여 표준높이로 조정한다. 또한 온도측정에 따른 장력조정장치의 주높이 적정, 스톱바간격(20~30[mm]), 요크의 경사, 활차부의 주유상태, 절연장간애자 균열, 지락도선 단선 등 정상작동이 가능하도록 점검하여야 한다.(활차부)

(바) 구분장치의 정밀점검

① 일반사항 : 전차선로의 구분장치는 운영 조립 문서 또는 표준 시방서에 기술된 조정 및 측정하여 적정보수로 이루어지는 작업이다. 고밀도 기술이 요구되는 작업이므로 충분한 기술능력과 노하우가 적적히 조화가 이루어졌을 때 작업자간 상호 협의하여 유지관리 하여야 한다.

② 정밀점검 작업시 점검할 설비 및 구성품

㉠ 에어섹션 : 전차선 상승부 높이, 중심주에서의 전차선의 높이, 드롭바 및 평행 개소의 전차선 간격, 편위, 인류개소의 전차선 높이 등

㉡ 애자형 구분장치 : 전차선 높이, 편위 점검, 스키트 수평상태, 마모, 경점 마모 등

㉢ 절연구분장치 : FRP 균열, 전차선 접속개소 이상 마모, 아크 손상, 드롭바 손상, 절연구분표 위치, 절연구분장치 높이, 편위 등

㉣ 에어 조인트 : 전차선 높이, 편위, 중심부의 전차선 간격 등(에어 섹션에 준

함)

(3) 직무 사상사고의 개요

(가) 사고에 대한 인식

우리생활 주변에는 각양각색의 사고가 빈번히 발생하고 있다. 이러한 사고는 귀중한 생명과 재산에 막대한 피해를 초래하여 개인은 물론 궁극적으로 국가 발전에까지 영향을 미치는 중대한 사고인데도 불구하고 그 인식이 부족하고 소홀히 함으로서 똑같은 사고가 재발되고 대형화 되어 가고 있다.

모든 사고의 발생원인을 조사해 보면 불가항력적인 것은 전체 2[%]에 불과하고 대부분이 불안전한 행동에 기인된 것으로 88[%]를 점유하고 있으며 신체적 결함이나 불안전한 조건이 전체의 10[%] 정도이다.

① 불안전한 행동
  ㉠ 작업미숙
  ㉡ 무모한 행동, 공동 작업시 협조체제 불균형
② 불안전한 조건
  ㉠ 작업장 통로 협소
  ㉡ 작업복 형태상의 악조건
③ 불가항력
  ㉠ 천재지변

(나) 불안전한 행동을 일으키는 요인

불안전 행동을 초래하는 인간 요인을 좀더 자세히 구분한다면 심리적 요인과 생리적 요인으로 나누어 볼 수 있다.

① 심리적 요인
  ㉠ 망각, 착오/착각
  ㉡ 주의력 결여, 성격(외향성, 반사회성, 공격성, 충동성, 신경질적 성향 등)
② 생리적 요인
  ㉠ 피로 : 피로는 인간의 신체적, 정신적 활동에 광범위하게 영향을 미치는 요인이다. 피로는 지각, 판단과 같은 인지 기능과 신체 반응을 저하시킬 뿐 아

니라 일에 대한 의욕을 감소시킴으로서 불안전 행동이 일어날 가능성이 높다.

✍ 피로 정도의 분류

① 그 날 중에 회복되어 다음 날에는 정상적으로 일할 수 있다.
② 다음 날까지도 피로가 계속되지만 정규 휴일에 회복될 수 있다.
③ 정규 휴일만으로는 회복되지 않아서 가외 휴일이 필요하다.
④ 만성적인 피로, 반복적인 실수, 짜증, 의욕 부진이 계속된다.
 · 수면부족, 음주, 노화

(다) 직무사상 사고예방

① **안전의 목적** : 인명존중, 사회복지증진, 가정의 행복과 사회 기여도 향상과 경제성의 향상이다.

② **안전사고방지** : 사고 위험요소가 존재치 못하도록 "관리 또는 통제" 하여 사전에 사고예방에 노력할 것.

③ **직무안전향상** : 안전을 기반으로 한 "인간동작의 관리" 및 심신에 피로도 및 정신적인 문제점 노출 예방이다.

④ **개인의 생명과 재산보호** : 사고로 인한 사망, 상해로 인한 신체적 고통 및 불구, 고통 및 불구자가 될 위험성을 제거 또는 감소시키며 재해로 인한 개인의 재산적 손실을 막아준다.

⑤ **개인 및 기업의 발전** : 종사원들이 불안전한 행동을 함으로써 사전에 예방할 수도 있었던 사고를 일으켜 인명의 상해나 재산상의 손실을 초래하여 귀중한 인적, 물적 자원의 손실을 의미한다.

⑥ **개인의 사기와 직무의욕 증신** : 직무사상사고 방지를 위한 경영자의 종사원에 대한 고뇌심과 배려는 종사원 개인의 사기와 직무의욕을 북돋우며 이는 자연스럽게 직무의욕 향상으로 이어진다.

⑦ **직장의 경비절감** : 작업현장의 안전도 향상 및 직무사고방지에 투자를 절약함으로서 발생되는 보상비용 절감

⑧ **직무능률의 향상** : 가장 능률적인 작업수단은 곧 가장 안전한 것이어야 하며, 지속적이어야 하기 때문에 안전한 방법은 작업자 자신을 위하기 보다 결과적으로 향상된 작업능률을 통한 직장의 이익을 추구하게 된다.

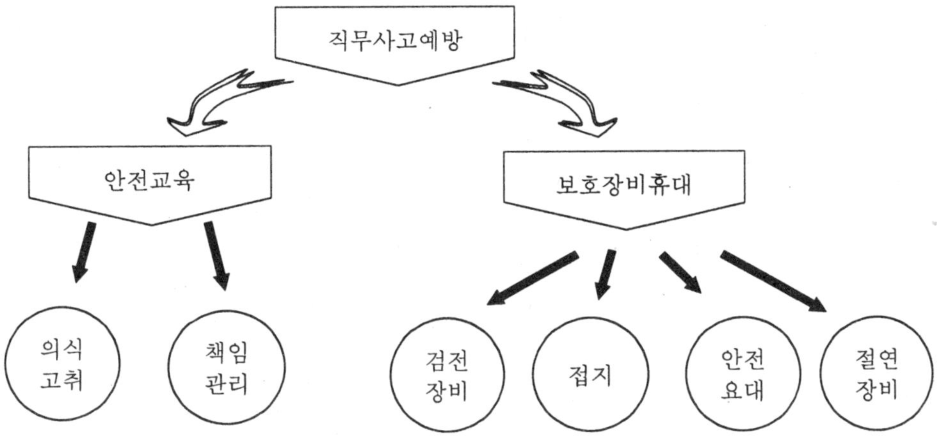

※ 그림 8-1 ※

(라) 직무사상 사고예방 결론

직무사상사고 예방에서는 어떤 방법으로든 사고의 징후를 사전에 감지 할 필요가 있다. 따라서 작업전 및 작업 후에라도 안전사고의 전반에 걸쳐 사고징조를 예견하고 상호 보완하여야 하며 또한 우발적인 사상사고에 대하여는 예방대책에 철저를 기하여 동종사례 재발 방지에 노력하여야 한다. 사후 예방하는 것보다 가급적 사전에 원인제거, 안전대책을 통하여 불가피한 사고는 제외하더라도 상당한 사고예방에 도움이 될 것이다.

따라서 직무사고 방지 대책을 결정할 때 각 설비의 사고 특성 및 장애로 인한 영향, 비용 등을 감안하여 결정하는 것이 바람직하다. 사고 징후를 예측할 수 있는 기술력 외에도 우선 안전사고 예방에 중점을 두어 작업전·후 안전사고 예방교육을 시행하여야 하며, 우리 철도인의 최대사명인 열차안전운행을 위해 각 분야에서 각고의 노력으로 직무사상사고는 날로 줄어들고 있지만 한순간의 방심으로 다시 돌아올 수 없는 길로 가지 않도록 다같이 심혈을 기울려야 한다.

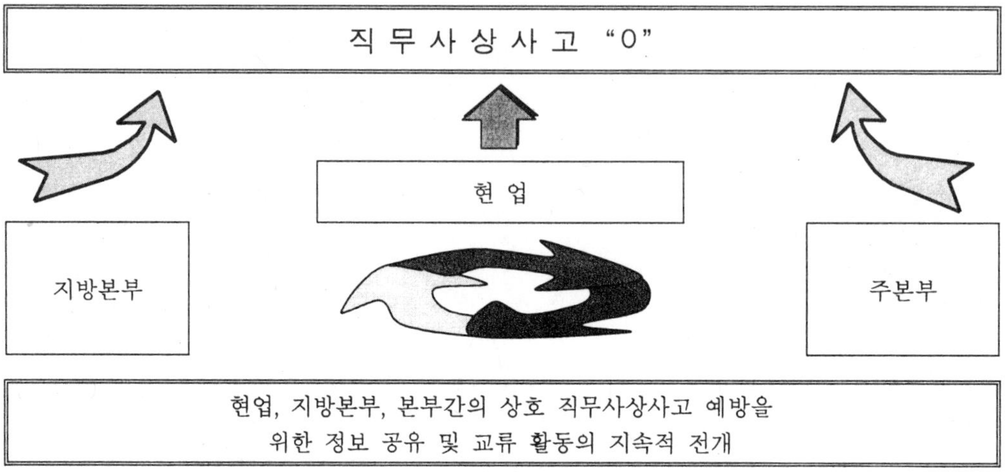

(4) 철도사고에 대한 올바른 인식

철도사고는 대부분 인적원인이 대형사고와 직결되어 왔으며 특히 취급 직원의 순간적인 부주의 및 확인 소홀로 인한 안전사고가 많이 발생되었다. 그때마다 사고사례 교육을 통하여 다시는『인재성 사고』를 내지 않겠다고 결의를 했지만 지금 까지 근절되지 않고 있는 안타까운 실정이 계속 반복적으로 이어지고 있다.

직원과 간부들은 경미한 장애와 고장이다 하더라도 별것 아니라는 안일한 사고방식을 버리고, 반드시 확인하고 규정에 정한대로 의규취급을 습관화하여 안전한 조치를 해야 한다는 것을 명심해야 할 것이다.

(가) 철도사고의 특징

열차는 차량(중량)과 속도간의 함수관계에 의하여 제동거리의 변화가 심하고 복잡하여 다른 도로교통 사고와는 다르게 특이한 성질을 가지고 있다. 이처럼 철도수송의 특성에 따라 열차운행 중 발생하는 사고의 특징을 살펴보면 다음과 같다.

① 사고의 원인이 순간적으로 노출된다.
② 사고의 진행이 급속한다.(순간적인 충돌, 탈선 등)
③ 사고의 규모와 피해가 크다.(열차의 중량과 속도)
④ 병발사고의 위험이 크다.(근접선로의 영향, 복구과정에서 병발사고 등)
⑤ 사고의 관련자가 많다.(분야별로 상호 협력하여 업무수행)

(나) 전차선로 작업시 안전사고 예방

전차선, 고배선 근접작업 및 기타작업시 안전사고(감전 및 직무사상) 방지를 위한 대책으로서 아래 사항을 참조하여 직무 사상사고 사전 예방에 심혈을 기울여야 한다.

① 전철운행선 인접 작업현장에서 작업원의 부주의로 인한 이 물질 접촉(장비 또는 보수품 기타)에 의한 송전장애 발생을 예방하기 위한 대책
② 안전조치 및 확인소홀로 인한 직무사상사고 방지대책
③ 보호장구 착용 및 사전점검 미흡으로 작업중 추락 및 감전사고 방지
④ 작업현장 검전기 급, 단전 미확인 및 접지장비 설치방법 착오로 직무사상사고 예방대책
⑤ 고소작업시 안전조치 결여에 따른 추락, 감전, 보수장구 조치 미흡 대책
⑥ 기타 작업시 안전사고 예방에 중점추진

(다) 안전 사고방지를 위한 대책

① 작업조건에 따른 세부작업계획 수립에 안전수칙
  ㉠ 주요 작업물량 및 작업내용 사전숙지, 급전계통, 단전구간, 단전시간, 사전 확인
  ㉡ 작업전 안전교육 실시 및 보호장구 확인
  ㉢ 안전확보 및 작업자 상호간 의사소통, 육체적 문제점 파악
② 운전 및 전차선 정전협의 철저
  ㉠ 작업내용, 소요시간, 연락방법
  ㉡ 작업표지 설치(입찰식, 안전망 등)
③ 작업현장 양쪽에 안전요원(열차감시원 등) 배치
  ㉠ 무전기, 호루라기, 손전등, 메가폰(사이렌), 적색기 등 안전용품 휴대
④ 단전구간 및 차단구간을 반드시 숙지하여 작업자가 혼돈하지 않도록 할 것
⑤ 가압부분 근접작업시 반드시 충분한 2[m] 이상 이격 확보
⑥ 검전기로 단전확인 및 접지걸이 설치후 작업시행
⑦ 고소작업시는 2인 1조가 되어 작업협조 및 안전사고 예방에 노력
⑧ 작업전 작업원의 신체적 결함 유무 확인 및 이상 발견시 작업 배제

(5) 장애(사고) 발생 및 복구작업

(가) 사고복구 개요

철도 운행선에서 열차사고, 자연재해 등으로 사상자가 발생하거나, 열차가 정상 운행 되지 못하여 수송질서에 혼란이 예상될 경우 이에 신속하고 효율적으로 대처하여 인명과 철도피해 및 고객의 불편을 최소화하는데 있다. 또한 각종 사고사례를 참조하여 시설물 유지보수를 철저히 하여 사고를 미연에 방지하고 동종사고가 재발되지 않도록 노력하여야 한다.

사고발생시 신속한 복구체제 구축과 소속간 상호 협력하여 복구 작업시간 단축 및 우선 본선의 개통과 경제적 피해를 최소화하여야 한다.

(나) 사고복구 작업의 우선 순위

① 인명의 구조 및 안전조치
② 본선의 개통
③ 민간인 및 철도의 재산보호

(다) 사고발생시 최초 보고내용

① 일시, 장소, 해당열차
② 개황(현재 상황), 사상자 발생여부, 인접선로 지장여부, 기타 인지된 사항

(6) 각종 전기관련 사고사례 및 개황

(가) 동백산SS~심포리SSP간 산골T 터널브래키트 절연불량으로 인한 전차선 지락사고(장애)

① 전차선로 장애, 사고시 사령근무자 및 현장 작업자의 조치순서(안)을 마련하고, 익힘으로서 동종사고 발생 및 이례상황 발생시 긴급조치 능력을 배양하고 작업시간 단축으로 원활한 열차소통과 열차안전운행 확보에 기여하고자 함.
② 사고개황 : 영동선 통리-심포리간 산골터널(영기 98.490[km]~99.570[km])내 브래키트 절연불량으로 인한 전차선 지락으로 EL 열차운행중지 및 긴급복구 후 가압된 송전장애임.

③ 급전계통도

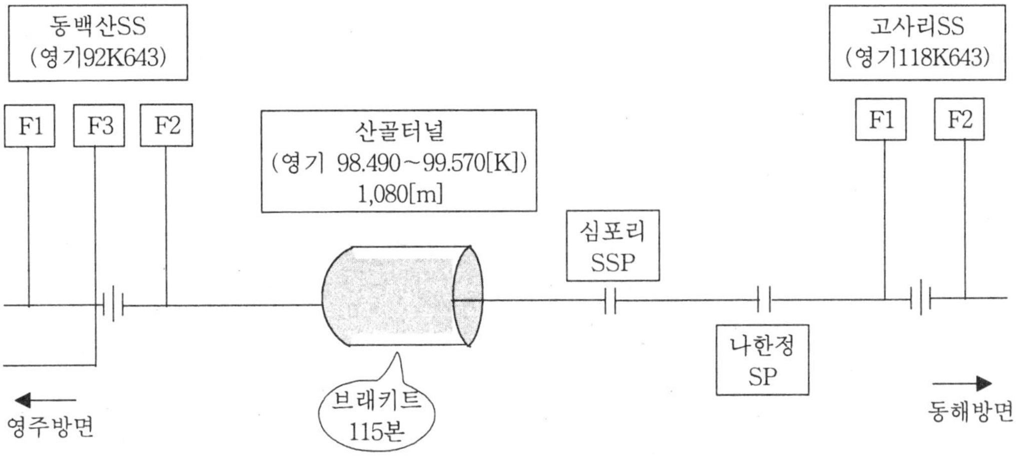

※ 그림 8-2 ※

④ 산골터널 위치도

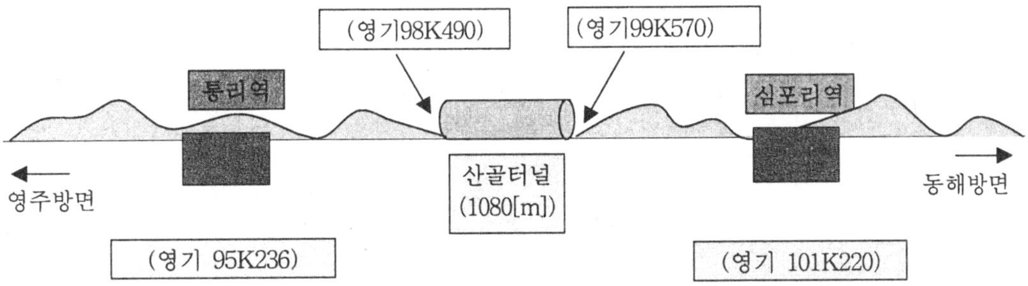

※ 그림 8-3 ※

⑤ 산골터널 가는 길

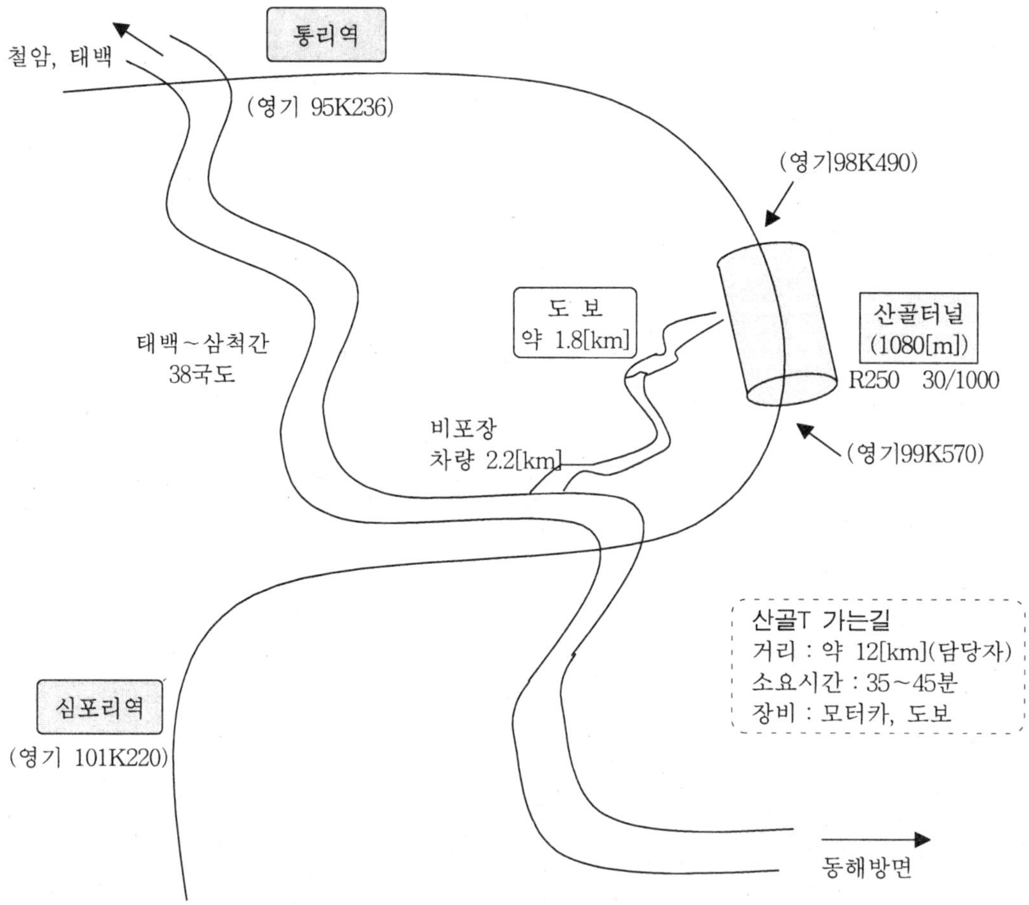

※ 그림 8-4 ※

참고

① 통리~심포리 역간 : 7.7[km]

② 터널수량 : 12개

③ 자동차 궤도 근접불가

④ 취약 : 동절기 고드름 및 터널누수
시설물 부식, 조기노화, 곡선

⑥ 장애처리 절차

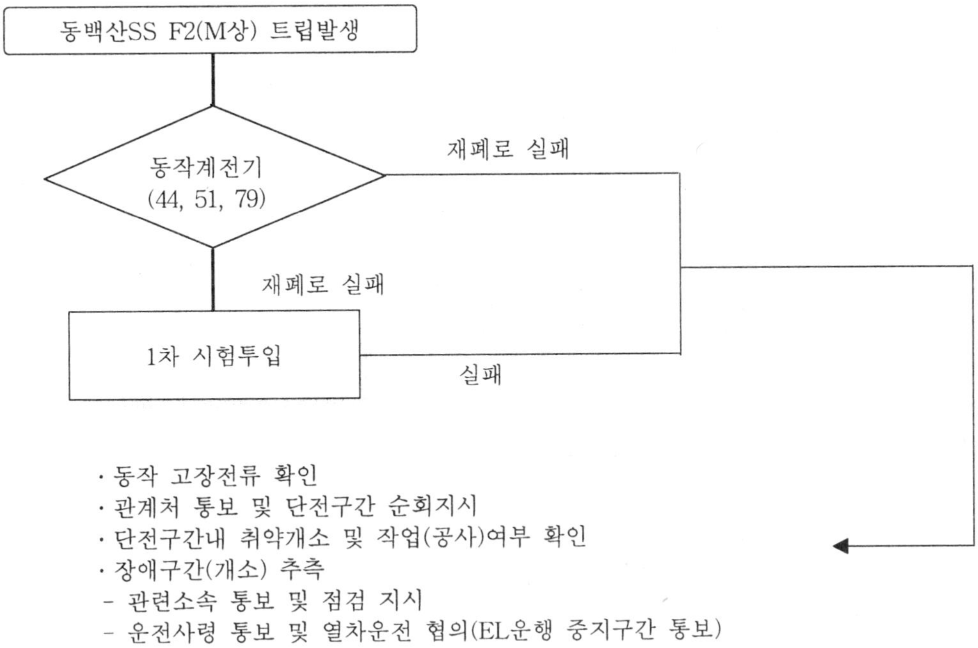

※ 그림 8-5 ※

⑦ 사령자 조치순서

16 : 00 동백산SS~고사리SS간 전차선로 M상 단전(재폐로 실패)

16 : 01 나한정SP개방 동백산SS 시험투입실패, 고사리SS 시험투입 성공

16 : 02 심포리SSP개방 동백산SS 투입실패, 나한정SP 투입성공
(전차선단전 및 장애구간 확인 동백산SS~심포리SSP)

16 : 05 운전사령 전차선단전 및 EL운행중지구간 통보
지장 열차 및 DL운행여부 협의
담당자 ⇒ 순회점검 지시, 필요시 모터카 운행협의 및 인원동원

16 : 10 보호계전기 및 고장전류확인(동백산변전소 근거)
· 79 F2 동작⇒79 F2 재폐로 실패
· 44 F2 : 510A, 전류 그래프확인(아날로그)

16 : 12 관계 사무소 장애상황 통보 및 지원협조
(야간시 당직자 인원, 장비 동원협의 및 담당책임자 통보)

16 : 20 통리역 도착 순회계획 및 복구협의
(통리, 심포5T, 심포리 각 3개조 정밀순회 시행 및 시설물 이상 확인시 즉시 통보요청)
16 : 50 장애예상 브래키트 확인 및 철거, 신설 작업(필요시 장비투입)
17 : 30 전차선 가압 및 관련 부서 통보
- 모터카를 이용한 야간 복구작업 -
02 : 00 동백산SS~고사리SS간 트립(병렬급전 M상 재폐로 실패)
브래키트 지락사고 흔적 발견후 복구작업
02 : 40 복구작업(00 전기분소 선임전기장 000외 5명)완료
- 사진 촬영 및 절연불량 브래키트 처리
- 전차선(Cu 110[mm^2]), 조가선(CdCu 70[mm^2]) 소손 없음
- 기타 근접시설물 이상유무 점검
03 : 00 현장철수 수보(00 전기분소 선임전기장 000)
03 : 10 전차선로 급전 이상 없음.

(나) 경부선 000 역구내 하선 고속철도 송전장애

① 발생일시 : 2004. 0. 00 00 : 43
② 장소 : 경부선 000 역구내 하선(서기 033.600[km]부근)
③ 종류 : 송전장애
④ 원인 : 조사중
⑤ 개황 : 2004. 0. 00 00:00분경 KTX-5열차가 백화역구내 운행중 팬터그래프가 전차선에서 이탈되면서 파손되고, 조가선이 단선되어 백곰-하동간 하선 전원공급이 중단되어 열차운행에 지장을 준 장애임(KTX-5호 000.975 지점 정차)
⑥ 조치 내용
10 : 43 00기지변전소 52TS1, 52F3, 52F4, 52F5 트립 확인
10 : 44 00산전기분소 선임전기장 홍길동 순회중 발견 수보
- 분소직원 출동 및 비상전화기 설치 지시
10 : 48 52TS1 시험 투입 성공
10 : 49 52F4 시험 투입 실패
10 : 52 52F5 투입 성공
10 : 53 현장확인 및 운전협의

11 : 19 52F4 투입 성공

12 : 00 비상전화기 설치 확인(사령직통, 116, 117)

12 : 02 #45열차 환승 완료, 현장 발차

12 : 20 #5열차 현장 발차

13 : 50 가복구 완료 수보 및 급전지조(00전기분소 선임전기장 홍길동)

13 : 53 벽령기지변전소 52F3 투입 성공

⑦ 참고사항

㉠ 지장열차 : 확인중

㉡ 출동인원 : 00지역본부 000 기술국 000 과장외 7명(00 전기소장외 25명)

※ 구내 사고 사진 ※

※ 구내 가동브래키트 복구 사진 ※

※ 사고복구 완료사진 ※

(다) 작업자 감전사고 사례

① 일시 : 2003. 0. 0 목요일 12 : 38분경

② 장소 : 영동선 000 -000 간 전철주 000호(영기 00[km] 940)

③ 종류 : 감전

④ 원인 : 조사중

⑤ 개황 : 2003. 0. 0 11 : 10~12 : 30 오양SSP~여백SS(차단 오양~북대양)간 3/4분기 전차선로 정밀점검(운명91360-08077호) 점검중 12:38분경 영동선 오양~여백간 전철주 112호의 전차선로(태백선)에 접촉되어 감전된 사고임

⑥ 조 치

11 : 25 영동선 오양SSP~북대양SS(철암~동백산)간 단전작업(운명90000-00077호)

12 : 47 단전작업중 오양～여백 112호 감전수보
12 : 48 119구급차 현장도착(북대중앙병원 후송)
13 : 07 영동선 오양SSP～여백SS간 가압
05 : 09 한강성심병원(서울) 출발예정(동승자 - 분소장, 남봉팔)
가족 동해→서울출발
19 : 50 한강성심병원(서울) 도착

⑦ 동원인원 : 오양전기 선임장 000외 3명

⑧ 동원장비 및 재료

㉠ 장비 : 모터카 1대, 자동차 1대

㉡ 사용재료 :

⑨ 피해시설 :

⑩ 참고사항 : 감전자(화상) - 성 명 0 0 0 (500000-0000014)-44세

⑪ 지장열차 :

(7) 안전대책(사령 근무자 및 현장작업자)

(가) 사고 장애시

① 재폐로가 되지 않으면 급전 구간별로 시험 급전하여 장애구간을 최소화하고 급전계통 확인

② 차단기 자체 또는 보호계통 기능 확인

③ 단전구간을 운전사령에 통보하여 열차운용에 협조

④ 관계사무소장 또는 분소장에 단전구간, 단전시간 통보 및 긴급복구 수배

⑤ 장애개소 상태 확인후 작업책임자 확인 및 복구대책 수립
(DL통과 가능 여부 확인)

⑥ 지역사무소장을 경유 철도공사사장(전기본보장)에게 즉시보고

⑦ 현장 연락방법 확인

⑧ 복구준비, 동원인원 및 장비출동상태 파악

⑨ 개방된 개폐장치 쇄정 확인

⑩ 현장접지 설치 지시

⑪ 전기차 판오버 우려개소 방호조치 지시

⑫ 장애원인 분석
⑬ 복구작업 완료후 급전 요청시 작업책임자 확인
⑭ 접지걸이 및 방호조치 철거 확인
⑮ 작업원의 안전지역 철수 및 급전 이상유무 확인
⑯ 필요시 변전소 등에 가압 지장유무 확인
⑰ 급전조치
⑱ 관계처에 급전통보
⑲ 급전후 최초 전기차 안전 통과 확인

(나) 천재지변

기온의 급변, 지진, 폭풍우, 강풍, 뇌우, 홍수, 폭설 등의 우려가 있을 때에는 정보를 수집하여 관계사무소, 변전소등에 정보를 제공하여 사전에 장애예방 및 복구대책을 수립하도록 한다.

(다) 기 타

① 외부요인으로 인한 장애는 전기시설물 사고 및 장애처리 규정에 의거 처리한다.(보고시는 6하 원칙에 의거 추정보고가 가능하나 원인이 발견되면 작업책임자는 보고계통의 순서에 의해 원인 및 복구예정시간 등 통보)
② 미승인 작업장소에서 추가작업 요청이 있을 때에는 운전사령과 협의 결정하여 계획단전 순서에 의한다.
③ 선로순회시 이례사항 발생시 조치순서를 반드시 습득하여 신속하게 처리한다.(장애발견-열차방호-인근역 통보-전기사령보고(간략하게)-사무소, 분소 통보 및 사고 복구준비-전기사령 현장상황 상세통보 DL 운행가능여부 및 기타 사항)
④ 작업전 당일작업내용 및 급전계통도 숙지, 작업원 상호간 연락방법, 통신수단, 기타 안전확보에 노력하고, 특히 양단접지걸이 설치시는 감독자 또는 작업책임자 지휘아래 반드시 책임자를 지정하여 확인하여야 한다.
⑤ 작업이 완료되면 인원, 장비, 절연 이격거리 및 최종적으로 접지걸이 철거확인 후 가압을 요청하여야 하며 최초열차 안전운행여부를 확인 통보한다.

(라) 지시보고 및 연락계통

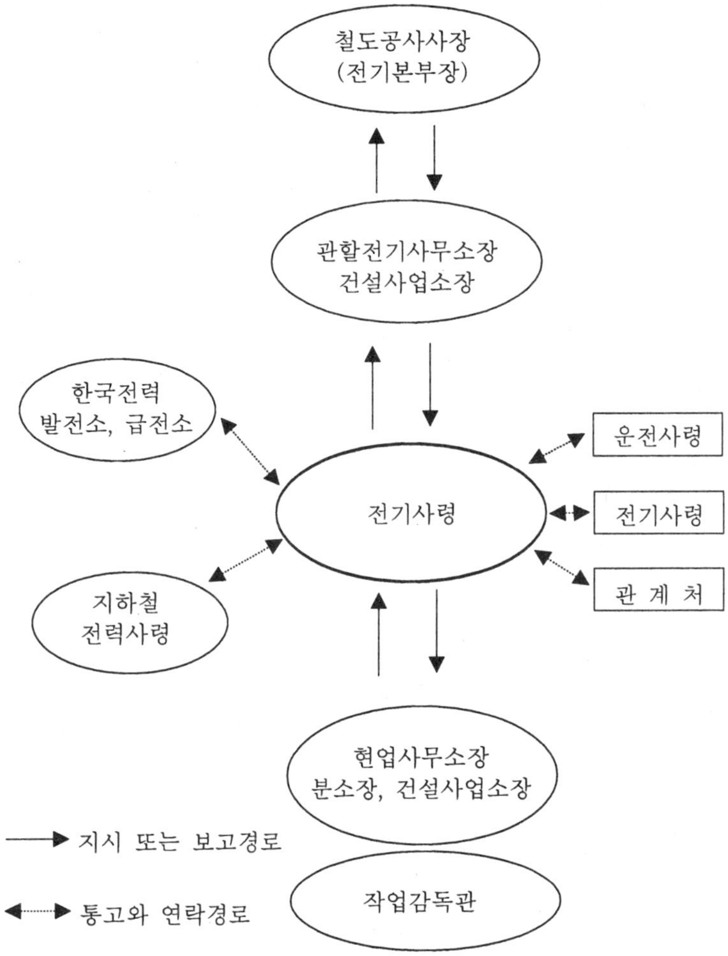

※ 그림 8-6 ※

✍ 급전제어규정(철도청 2001.08.17 철도청훈령 제7837호)

제10조(시행절차)

전철전력설비를 단전후 보수 또는 공사를 할 때에는 다음 각 호에 의거 시행하여야 한다.

(1) 긴급단전

① 작업책임자의 소속 · 직위 · 성명 등 확인

② 현장 및 시설물의 상태 파악

③ 급전계통 확인
④ 긴급 보수관계처 수배
⑤ 단전구간 · 선로일시 사용중지 및 시간을 운전사령과 협의 결정
⑥ 현장 연락방법 확인
⑦ 현장 보수인원 및 장비 배치상태 파악
⑧ 단전조치
⑨ 개폐기 개방 · 쇄정확인
⑩ 작업책임자를 확인하고 단전구간, 선로일시사용중지 및 단전시간 관계처 통보
⑪ 전기차 판오버 우려개소 방호조치 지시
⑫ 현장접지 설치 지시
⑬ 지역사무소장 경유 철도공사사장(전기본부장)에게 즉시 보고.
⑭ 장애원인 파악
⑮ 작업완료 후 급전 요청시 작업책임자 확인
⑯ 접지걸이 및 방호조치 철거 확인
⑰ 필요시 변전소 · 급전구분소 · 보조급전구분소 · 수전설비 · 전기실등에 가압 지장 유무확인.
⑱ 급전조치
⑲ 관계처에 급전통보
⑳ 급전후 최초 전기차 통과 확인

(2) 계획단전

① 운전명령 승인여부 확인
② 사전 작업내용 및 장소확인
③ 급전계통확인
④ 단전구간 · 선로일시 사용중지 및 시간을 운전사령과 재확인
⑤ 필요시 변전소 · 급전구분소 · 보조급전구분소 · 수전설비 · 전기실 등 근무자에게 단전내용 통보
⑥ 현장 연락방법 확인
⑦ 현장 보수인원 및 장비 배치상태 파악
⑧ 단전조치

⑨ 개폐기 쇄정 확인
⑩ 작업책임자를 확인하고 단전구간·선로일시 사용중지 및 단전시간 관계처 통보
⑪ 전기차 판오버 우려개소 방호조치 지시
⑫ 관계역 작업지조 및 현장접지 설치 지시
⑬ 작업완료후 급전 요청시 작업책임자 확인
⑭ 접지걸이 및 방호조치 철거 확인
⑮ 필요시 변전소·급전구분소·보조급전구분소·수전설비·전기실 등에 가압지장 유무 확인
⑯ 급전조치
⑰ 관계처에 급전통보
⑱ 급전후 최초 전기차 통과 확인

(3) 전원휴전(한전측)

① 한전측의 전원휴전 요구시 작업내용 및 소요시간을 확인 후 휴전 승인요청
② 운전명령 승인여부 확인
③ 전원휴전 시행
④ 예비전원으로 절체
⑤ 예비전원 수전 불가시 인근 변전소로부터 전차선로 및 고배선로 연장급전
⑥ 전원 휴전시 급전측 및 수전측 개폐장치 개방쇄정
⑦ 전원 수전시에는 접지 및 작업 유무 확인후 수전측 개폐장치 해정
⑧ 수전측 차단기를 투입하여 변압기를 운전하고 이상유무 확인 후 순차적으로 급전측 및 고배용 개폐장치의 쇄정을 해정한 후 급전. 다만, 사고시에는 원인을 확인하여 지역사무소장을 경유 철도공사사장(전기본부장)에게 즉시 보고

제11조 (사고 및 장애처리)

사령자는 관내 사무소의 상비응급물자, 장비 및 인원의 배치현황을 정확히 파악하여 사고 및 장애시 긴급복구 작업을 효율적으로 시행하고 필요시 인접 사무소의 지원을 요청하고 전철 및 고배 급전측 장애발생시에는 다음 각 호에 의거 시행하되, 이를 확인 조치하여야 한다.

① 재폐로가 되지 않으면 급전 구간별로 시험 급전하여 장애구간을 최소화 하고

급전계통 확인. 다만, 직류전철구간의 연락개폐기 차단시에는 인근변전소에서 연장급전하고 장애발생 변전소의 시험급전을 금한다.

② 차단기 자체 또는 보호계통 기능확인.
③ 단전구간을 운전사령에 통보하여 열차운용에 협조.
④ 관계사무소장 또는 분소장에 단전구간, 단전시간 통보 및 긴급복구 수배.
⑤ 장애개소 상태 확인 후 작업책임자 확인 및 복구대책 수립.
⑥ 지역사무소장을 경유 철도공사사장(전기본부장)에게 즉시 보고.
⑦ 현장 연락방법 확인.
⑧ 복구준비 · 동원인원 및 장비출동상태 파악.
⑨ 개방된 개폐장치 쇄정 확인.
⑩ 현장접지 설치 지시.
⑪ 전기차 판오버 우려개소에 방호조치 지시.
⑫ 장애원인 분석.
⑬ 복구작업 완료후 급전 요청시 작업책임자 확인.
⑭ 접지걸이 및 방호조치 철거 확인.
⑮ 작업원의 안전지역 철수 및 급전 이상유무 확인.
⑯ 필요시 변전소 등에 가압 지장유무 확인.
⑰ 급전조치(단전조치 역순).
⑱ 관계처에 급전통보.
⑲ 급전후 최초 전기차 통과 확인.

3. 실습결과 및 고찰

① 전차선로 유지보수 작업시 각 목표 설정값을 이해하고 있다.

② 주요 장치별 점검내용과 보수작업을 이해하고 설명할 수 있다.

③ 사고에 대한 인식과 사고원인의 대부분을 차지하는 불안전한 행동을 이해한다.

④ 철도사고 복구 우선순위 및 최초 보고내용을 이해하고 있다.

⑤ 전차선로 단전작업시 안전사고 방지를 위한 조치사항을 알고 있다.

⑥ 사고(장애)사고시 조치내용을 파악하고 이해할 수 있다.

⑦ 작업종료 후 전차선가압 요청하기 안전점검 내용을 알고 있다.

⑧ 직무사상사고 방지를 위한 작업전 안전대책에 대하여 이해하고 있다.

⑨ 전차선로 순회시 이례사항 발생시 조치순서를 알고 있다.

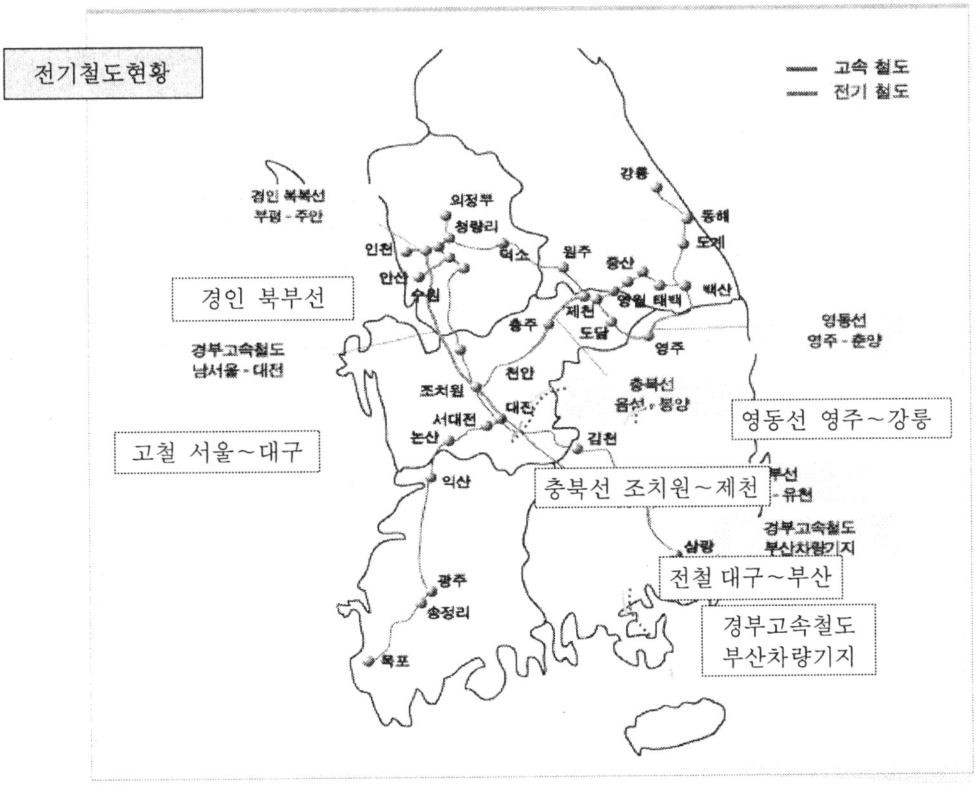

※ 그림 8-7 우리나라 전기철도 현황도 ※

제 3 장

전차선 실습

실 1 습

고압 배전선로 구성 및 유지보수

1. 실습목적

철도전력설비 운영과 고압 배전선로 시설물 유지보수의 기술축적으로 이론과 실기를 겸한 전문 기술능력을 배양하는데 목적이 있다.

2. 관련이론

철도전력설비는 철도운용과 열차운전에 중요한 역할을 담당하고 있는 설비이다. 전기기관차나 전기동차의 운전에 필요한 운전용 전력의 공급을 비롯하여 조명설비, 동력설비, 신호보안설비, 통신설비 및 여객서비스의 부대설비 등이 모두 전기로서 운영되고 있기 때문이다. 현재 우리 철도가 2004. 4. 1 개통된 경부고속철도의 안정운행을 위한 시설의 첨단화, 자동화도 철도전기가 선도적 역할을 하고 있는 것이다. 철도시설의 개량에 따라 전기설비의 현대화와 자동화가 이루어지고 있으며 철도 전력설비의 현황을 살펴보면 다음과 같다.

(1) 철도 전력설비의 분류

표 1-1 전력설비의 분류

설 비 구 분	세부설비 및 기능
전선로 설비	- 송·배전선로 - 전차선로 - 옥내배전선로
수변전 설비	- 수전설비 - 변전설비
동력 전원설비	- 차량정비창, 역사 등의 동력 기기 - 차량검수 설비 - 급수 및 냉난방 설비
조 명 설 비	- 청사, 역사, 정거장 조명 등 - 조차장, 구내외 투광기
신호 통신 전원설비	- 신호기기 - 전철기 - 전화교환 및 방송설비
전산기기 설비	- 승차권 전산화 - 역무 자동화 설비 - 전철 및 전력의 원격제어 설비
여객 서비스 및 기 타	- 열차시각안내 표시 - 승차권 자동판매기 - 광고설비 및 기타

(가) 철도 고압배전선로 계통

✍ 한전변전소(특고압) → 역사, 청사전원(조명/동력 저압)

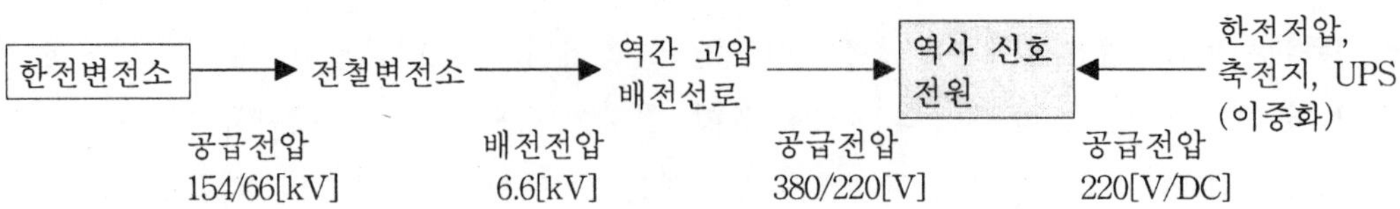

※ 그림 1-1 ※

(나) 수전설비 및 고압 배전선로 급전계통도(예)

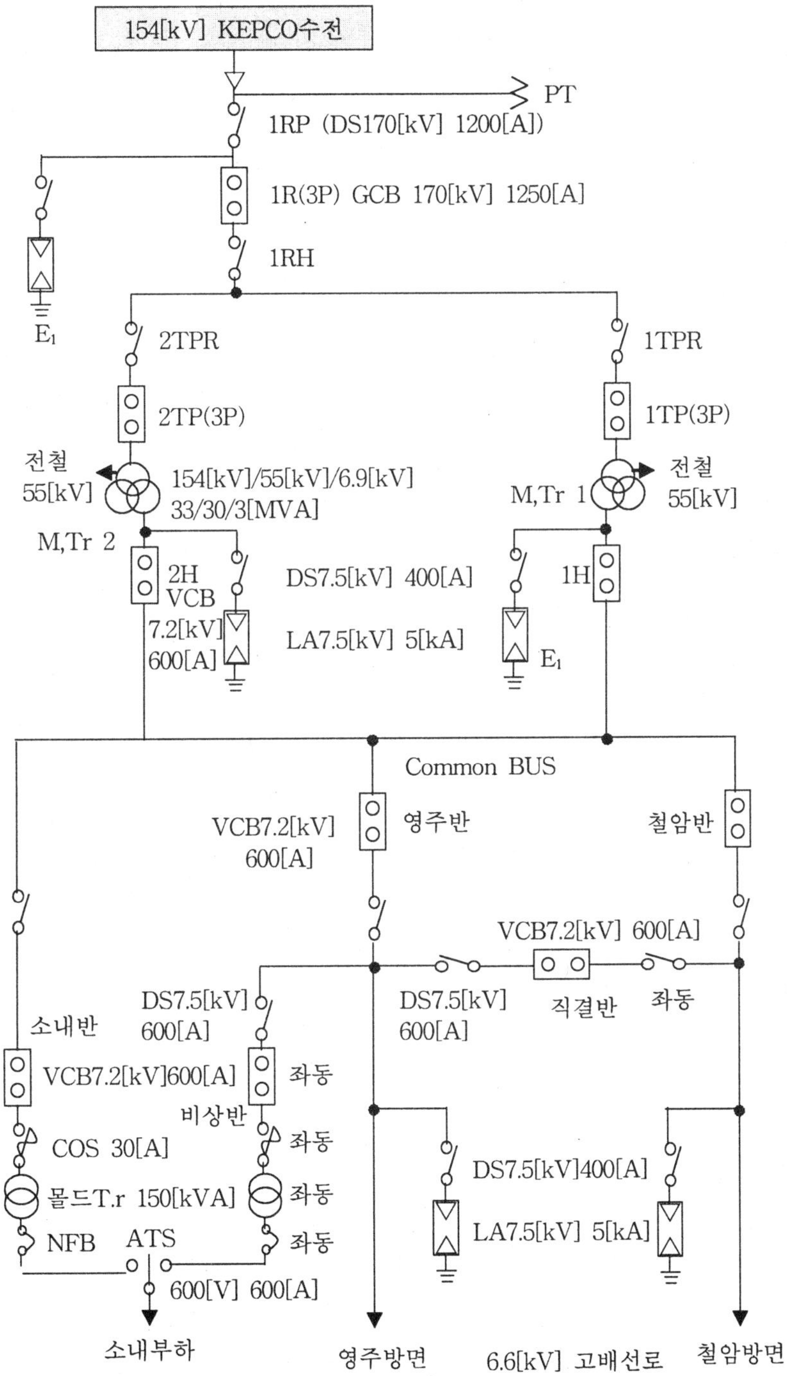

※ 그림 1-2 춘양SS 수전설비 단선도(고배) ※

(다) 고압 수전설비 표준단선도(한전→ 일반수전)

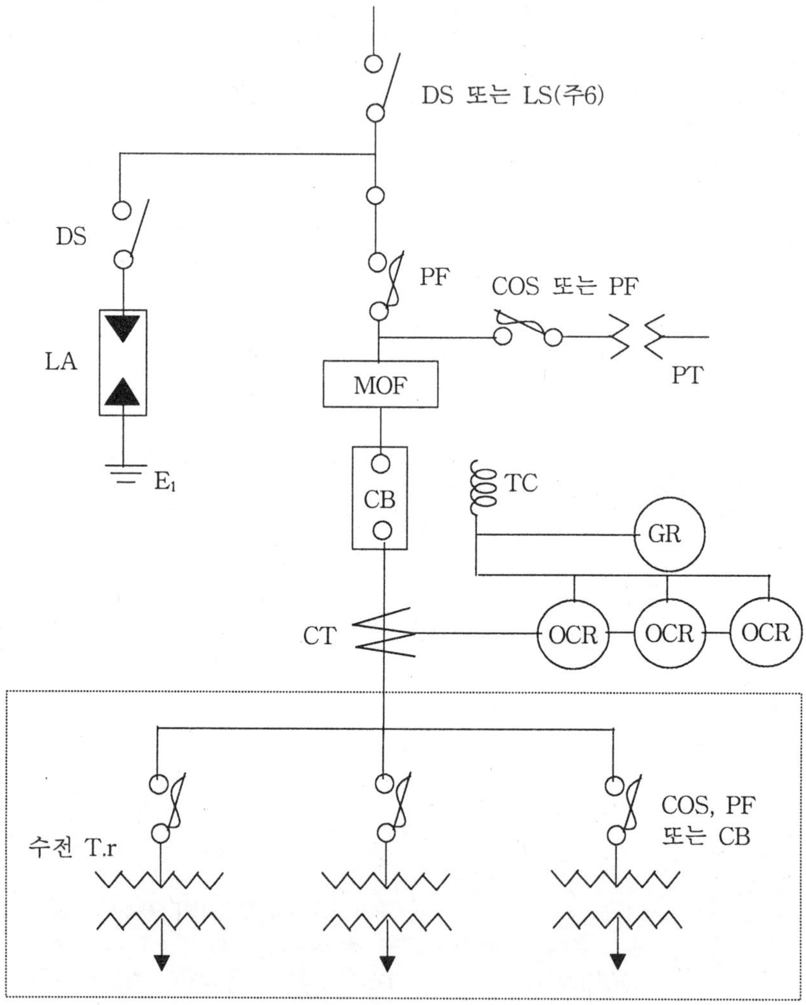

※ 그림 1-3 특별고압수전설비 표준결선도 ※

(2) 전력공급방식

(가) 공칭전압

특고압, 고압, 저압의 배전선로의 표준공칭전압을 말하며 변압기의 결선방식에 의해서 다양하게 얻을 수 있고, 우리나라의 주요 공칭전압은 표 1-2와 같다.

표 1-2 배전선로 공칭전압

구 분	표 준 공칭전압	배전방식별 전압(V)				회로최고 전압[V]
		1 φ2W	1 φ3W	3 φ3W	3 φ4W	
저압	110	110	220/110	-	-	-
	220	220	-	220	-	-
	380	220	-	-	220/380	-
	440	-	-	-	254/440	-
고압	3,300	3,300	-	3,300		3,600
	5,700	3,300	-	-	3,300/5,700	6,200
	6,600	6,600	-	6,600		7,200
특고압	11,400	6,600	-	-	6,600/11,400	12,900
	22,900	13,200	-	-	13,200/22,900	25,800

(나) 배전방식

공칭전압에 의하여 부하설비에 전력을 공급하는 방식이며 따라서 저압공급방식, 고압공급방식, 특별고압공급방식으로 구분되고 변압기의 2차측 결선방식과 중성점 접지 여부에 따라서 각종 전압을 얻을 수 있다.

① 저압배전방식

㉠ 단상 2선식 : 각 110[V], 220[V] 2선식으로 배전하는 방식

㉡ 단상 3선식 : 변압기 1대로 2종의 전압을 공급(110/220[V]), 중성점 접지

㉢ 3상 3선식 : 변압기 3대를 △ 또는 Y 결선하여 공급하는 방식과 2대의 변압기로 V결선으로 공급하는 방식이 있으며 동력전원 공급에 사용된다.

㉣ 3상 4선식 : 부하에 3상전력과 단상전력을 공급할 수 있는 배전방식으로 중성점을 접지하여 단상전압(상전압)을 얻을 수 있다(변압기 중간 탭을 접지하여 V결선으로 단상전원 사용가능)

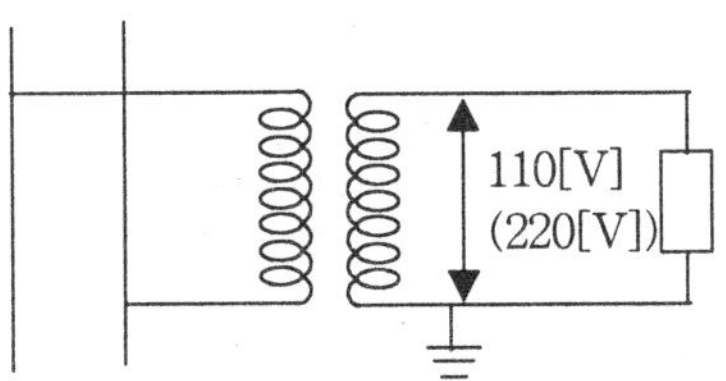

(a) 단상 2선식

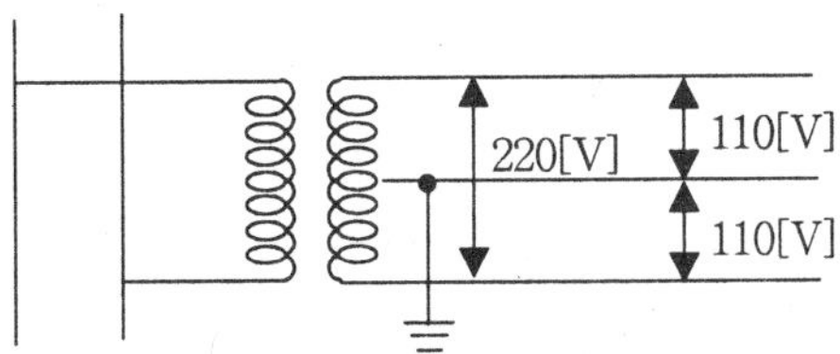

(b) 단상 3선식

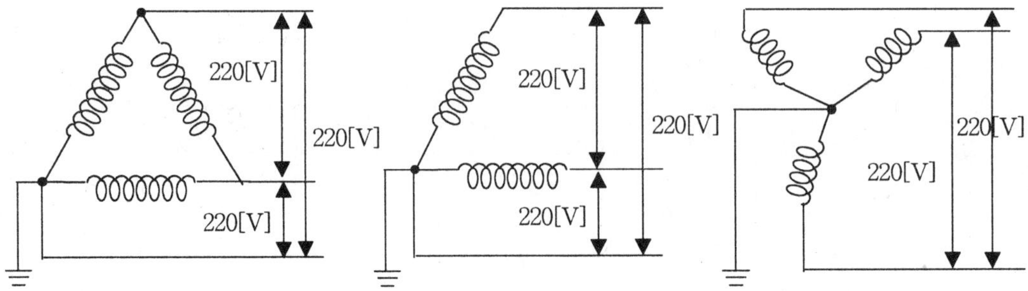

(c) △ 결선　　(d) V 결선　　(e) Y 결선

※ 그림 1-4 저압 변압기결선 방식 ※

② **고압배전방식** : 철도에서 고압은 6.6[kV]로 전력을 공급하는 △방식이 주로 사용된다. 변압기 중간탭의 결선이나 변압기 제작에 의해서 전력을 공급하며 단상부하에 대하여는 △결선한상에서 공급한다.

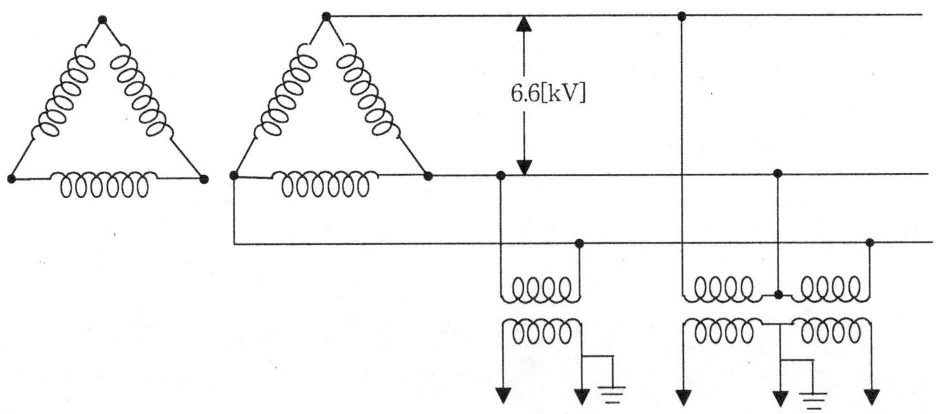

※ 그림 1-5 △ 결선방식 66[kV] ※

③ **특별 고압배전방식** : 송전선로에서 154[kV]나 66[kV]로 수전하여 특별고압으로 전력을 공급하는 방식은 주로 22.9[kV]을 공급하며 그림 1-6의 Y결선으로 공급한다.

선간전압은 22.9[kV]나 11.4[kV]를 얻을 수 있으며 각상과 중성점 간에 있어서 22.9[kV] 결선에서는 상전압은 13,200[V], 11.4[kV]에서는 6.6[kV]를 얻을 수 있어 부하에 따라 3상 4선식, 2상 3선식, 단상 2선식으로 공급할 수 있다.

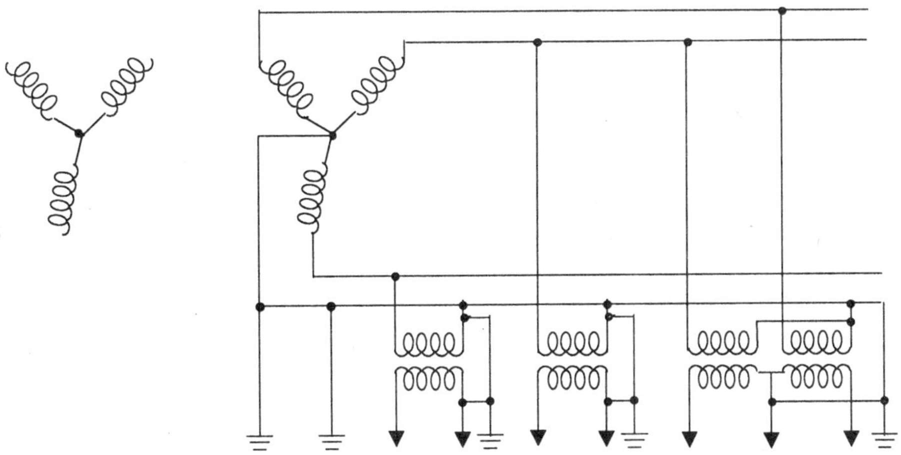

※ 그림 1-6 Y 결선방식 22.9[kV] ※

(3) 배전방식(配電方式)의 특징

배전선로 각 정수와 전압강하 전력손실 및 배전방식별 배전전력을 검토하면 다음과 같다.

(가) 선로정수

선로정수는 송배전선로에 있어서 각종 특성 즉 전압강하 전력손실 고장전류 등에 영향을 주는 기본 요소를 말하며 저항, 인덕턴스, 정전용량이 있다.

① 저 항

$$R = \rho \frac{L}{A}$$

ρ : 고유저항, A : 단면적, L : 도선길이

② 자기 인덕턴스

$$L = 0.4605 \log_{10} \frac{D}{r} + 0.05 [\text{mH/km}]$$

$D = \sqrt[3]{D_{12},\ D_{23},\ D_{31}}$: 기하학적 선간거리[m], r : 전선의 반지름[mm]

③ 정전용량

$$C=\frac{0.02413}{\log_{10}\frac{D}{r}}\ [\mu F/km]$$

· 3상 3선식일 때 상호작용 정전용량 $C_w = C_s + 3C_m$

· 1상 2선식일 때 상호작용 정전용량 $C_w = C_s + 2C_m$

C_s : 대지정전용량, C_m : 선간정전용량

(나) 전압강하

전로의 전압은 선로정수의 크기와 부하전류 및 역률에 의해서 결정되며 $1\phi 2W$과 $3\phi 3W$선로에서의 전압강하식은 다음과 같다.

① 단상부하(집중부하인 경우) : $1\phi 2W$

$$V = 2I(R\cos\theta + X\sin\theta)$$

R : 저항, X : 리액턴스, $\cos\theta$: 역률(力率)

② 3상부하(집중부하인 경우) : $3\phi 3W$

$$V = \sqrt{3}I(R\cos\theta + X\sin\theta)$$

표 1-3 전압유지범위

표준 공칭전압[V]		전압유지범위[V]
저압	110 220 380 440	104~116 207~233 342~418 414~466
고압	3,300 6,600	3,000~3,450 6,000~6,900
특별고압	13,200 22,900	12,000~13,800 20,800~23,800

(다) 선로의 손실

각 배전방식별 선로 손실은 다음과 같다.

① 단상 2선식, 단상 3선식 : $P=2I^2R$

② 3상 3선식, 3상 4선식 : $P=3I^2R$

P : 선로손실, I : 선로전류, R : 선로저항(線路抵抗)

∴ 배전전압과 손실과의 관계(n배 승압시)

- 배전정격이 같은 경우 손실은 $\frac{1}{n^2}$배
- 전력손실을 같게 한다면 n^2배의 전력을 공급할 수 있다.
- 배전전력 및 전력손실을 같게 한다면 선로는 n^2배 연장할 수 있다.

(라) 전압조정 및 역률 개선

① 종류 : 유도전압조정기, 변압기 탭조정, 승압기, 전력용 콘덴서 등

② 역률개선용 콘덴서 용량계산

$$Q=P(\tan\theta_1-\tan\theta_2) \qquad \tan=\sin/\cos$$

$$=P\left(\frac{\sqrt{1-\cos\theta_1{}^2}}{\cos\theta_1}-\frac{\sqrt{1-\cos\theta_2{}^2}}{\cos\theta_2}\right)$$

P : 유효전력[kW], θ_1, θ_2 : 역률개선 전후 역률각

(4) 선로절연(線路絶緣)과 접지(接地)

(가) 선로 및 절연

전선은 절연전선 케이블 나전선 등이 있으며 도체는 연동, 경동, 알루미늄합금, 구리합금 등이 사용된다. 절연체나 보호피복재료로는 천연고무, 합성고무, 합성수지 등이 사용되고 있으며 근래에는 합성수지를 거의 사용하고 있다.

전기로 등의 특수설비를 위한 선로를 제외한 전선로는 다음 규정값 이상의 절연상태를 유지하도록 하여야 한다.

① 저압선로의 절연 : 저압선로의 절연값은 표 1-4와 같다.

표 1-4 저압전로의 절연값

전로의 사용전압	절연저항값
150[V] 이하	0.1[MΩ] 이상
150[V]를 넘고 300[V] 이하	0.2[MΩ] 이상
300[V]~400[V] 이하	0.3[MΩ] 이상
400[V] 넘은것	0.4[MΩ] 이상

② **고압 및 특별고압선로의 절연내력 시험** : 고압 및 특별고압선로와 변압기, 개폐기, 차단기 등은 최대 사용전압에 따라서 표 1-5와 같은 시험전압으로 계속해서 10분간 견디어야 한다.

표 1-5 고압 및 특별고압선로의 절연내력 시험

전로의 종류	시험전압
7[kV] 이하(비접지식)	최대사용전압×1.5(최저 500[V])
7[kV]넘고, 60[kV] 이하(비접지식)	최대사용전압×1.25(최저 10,500[V])
25[kV] 이하 중성점 접지식	최대사용전압×0.92
60[kV]를 넘는 중성점 접지식(직접접지 제외)	최대사용전압×1.1(최저 75[kV])
60[kV]를 넘고 170[kV]이하(중성점 직접접지)	최대사용전압×0.72
170[kV] 넘는 중성점 직접 접지	최대사용전압×0.64

다만, 교류 전류로서 케이블을 사용하는 경우에는 교류시험전압의 2배의 직류전압으로 시험할 수 있다.

(나) 접지설비(接地設備)

이상 전압으로부터 선로와 기기, 부하설비의 보호와 인축의 감전을 방지하기 위하여 가공지선, 변압기, 피뢰기, 보호선 등에는 규정에 의한 접지를 하여야 한다.

① **접지공사의 종류** : 접지공사의 종류는 제1종, 제2종, 제3종 및 특별3종 접지공사로 구분된다.

㉠ 제1종 접지공사 : 접지선과 대지간의 접지저항이 10[Ω] 이하인 것을 말하며 접지선은 2.6[mm]나 8[mm^2] 이상의 전선을 사용하여야 한다.

㉡ 제2종 접지공사 : 변압기의 고압측과 저압측의 혼촉시 변압기 2차 전압이

150[V]이하가 되도록 하기 위한 접지공사를 말하며 접지선을 고압에서 저압으로 변성시는 2.6[mm] 이상, 특고압에서 저압으로 변성시는 4[mm](8[mm²]) 이상의 전선을 사용하여야 한다.

$$R \leq \frac{150}{I} \left(R \leq \frac{300}{I} [\Omega] \text{ 단, } 5[\Omega] \text{ 미만은 요하지 않는다.} \right)$$

$$I = 1 + \frac{\frac{V}{3}L - 100}{150} + \frac{\frac{V}{3}L' - 1}{2} [A]$$

R : 접지저항, I : 1선지락저전류(최소값 2), L : 가공선로[km]

V : 선로 공칭 전압 V[kV]를 1.1로 나눈값, L' : 케이블선로[km]

㉢ 제3종 접지공사 : 접지선과 대지간의 저항값이 100[Ω] 이하인 접지(0.5[sec] 이내 자동차단장치 시설시 500[Ω] 이하) 공사로 접지선의 굵기는 1.6[mm] 이상이어야 한다.

㉣ 특별 제3종 접지공사 : 저압 400[V] 이상인 기기의 접지에 적용되며 접지저항은 10[Ω] 이하이며 접지선의 굵기는 1.6[mm] 이상이어야 한다.

② 접지공사의 시설방법

㉠ 접지극은 지하 75[cm] 이상의 깊이 매설

㉡ 접지선을 철주 기타 금속체에 따라 시설하는 경우 접지극과 금속체는 1[m] 이상 떼어 매설한다.

㉢ 접지선으로는 절연전선이나 케이블을 사용할 것.

㉣ 지하 75[cm]로 부터 지표상 2[m]의 부분은 합성수지관 또는 몰드로 덮을 것.

㉤ 접지선을 시설한 지지물에 피뢰침용 지선을 시설하지 않을 것.

㉥ 접지극으로 전기저항값이 『3[Ω] 이하인 금속제 수도관』『2[Ω] 이하인 건물의 철골』을 사용할 수 있다.

(5) 보호설비(保護設備)

낙뢰로 인한 직격 및 유도로 인한 이상전압과 기타 다른 방법으로 인한 이상전압으로부터 선로와 전력기기 및 부하 등을 보호하기 위한 설비로 가공지선, 피뢰기, 피뢰침 등이 있다.

(가) 가공 공동지선

뇌해가 많은 지역에 설치하여 직격뢰 및 유도뢰의 유입을 차단시키기 위하여 전선로 상부에 시설된 전선로이다.

① 설치위치 : 전선로 상부에 이격거리 1[m] 이상으로 설치하며 차폐각도는 45° 이내로 한다.
② 접지 : 200[m] 간격으로 접지한다. 단 50[Ω] 이하로 할 것.
③ 가공지선의 접지와 피뢰기 접지는 공동으로 할 수 있다.
④ 접지선은 접지용(GV) 전선 22[mm^2]를 사용한다.

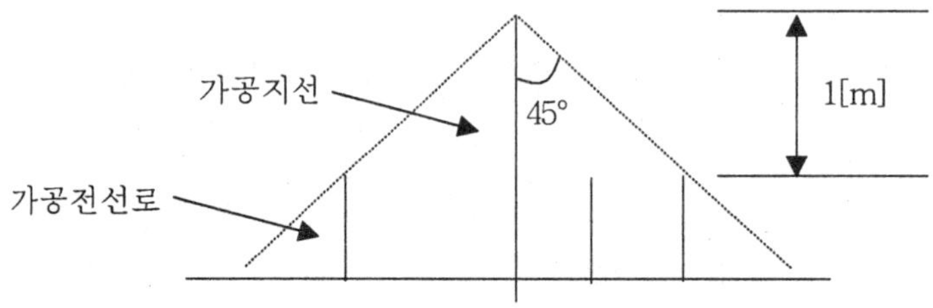

※ 그림 1-7 가공지선의 보호각 ※

(나) 피뢰기(避雷器)

번개를 비롯한 이상전압으로부터 전력계통을 보호하는 장치. 즉 이상전압이 침입하여 전기기기의 절연이 위험하게 되었을 때 전압을 강하하기 위하여 전류를 재빨리 대지로 방류하고 작용이 끝나면 원상으로 되돌아오게 되어 있다. 피뢰기는 그 특성 및 설치하는 위치에 따라 변압기·모선(母線)·애자(碍子)의 수 등 기본적인 회로설계에 영향을 미친다. 전력계통의 이상전압으로는 직격뢰(直擊雷)와 유도뢰(誘導雷) 등의 뇌서지(外雷)와 차단기 등의 개폐기를 개폐할 때 발생하는 개폐서지(內雷) 등이 있다. 피뢰기는 이와 같은 이상전압이 발생하여 이것이 어떤 값(정격전압보다 높고, 다른 변압기·모선 등의 기기 절연파괴전압보다 낮은 값)을 넘으면 방전을 개시하며, 일정한 송전을 계속하는 역할을 한다. 구조는 일반적으로 방전전류와 단자전압(제한전압)의 특성을 결정하는 요소와 방전 후에 계통전압에 의해 계속 흐르려는 전류를 저지하는 요소로 되어 있다. 종류는 비직선 저항을 이용한 비직선저항형 피뢰기와 밸브형 피뢰기, 파이버통(筒)의 소호(消弧, arc extin-guishing)작용을 이용한 방출형 피뢰기 등이 있으며, 점차 고성능의 새로운 제품이 개발되고 있다.

선로에 발생된 이상전압을 대지에 방전시켜 선로 및 부하설비를 보호하는 설비로서 설치개소는 다음과 같다.

① 변전소 및 수배전소 인입 인출구
② 선로용 개폐기주(상시개방개폐기는 양단)
③ 가공전선과 케이블접속개소(길이 200[m] 이상은 양단)
④ 신호용 변압기 및 중요한 변압기는 50[m] 이내에 설치
⑤ 가공전선의 종단 인류주
⑥ 가공전선의 분기개소(길이 200[m] 이상 분기)

(다) 접지방법

피뢰기에는 제1종 접지공사를 하여야 하며 피뢰기 접지선과 변압기 2차측 접지선을 동일전주에 설치할 경우에는 서로 반대측에 시설한다.

참고

✍ 피뢰기 관련 참고사항

① 특성 : 뇌전류 방전, 속류의 차단, 선로 기기보호
② 구성 : 특성요소와 직렬캡
③ 구비조건
  ㉠ 제한전압이 낮을 것.
  ㉡ 속류차단 능력이 우수할 것.
  ㉢ 충격파 전압은 낮고, 사용주파 허용전압은 높을 것.
④ 피뢰기 정격전압 : 속류가 차단되는 교류의 최고전압
⑤ 피뢰기 제한전압 : 충격파 전류가 흐르고 있을 때 단자전압
⑥ 피뢰기정격 : 2,500[A], 5,000[A], 10,000[A]
⑦ 절연협조의 기본 : 피뢰기 제한 전압
⑧ 기타 특성
  ㉠ 상용주파 방전개시전압 : 건조 및 주수사용주파 방전개시 전압은 피뢰기 정격전압의 1.5배 이상이다.

㉡ 보호특성 : 피뢰기의 뇌충격 방전개시전압, 개폐 충격 방전개시전압(정격 전압 100[kV] 이상의 10,000[A] 피뢰기) 및 제한전압은 표 1-6의 수치를 초과해서는 안된다.

표 1-6 피뢰기 보호특성

정격 전압 [kV], 실효값	파두준도 F.O.W kV/μs	파두충격 방전개시 전압 [kV], 파고값	1.2/50 충격 방전개시 전압 [kV], 파고값	개폐충격 방전개시 전압 [kV], 파고값	제한전압 [kV] 파고값		
					10,000[A] 피뢰기 10[kA]	5,000[A] 피뢰기 5[kA]	2,500[A] 피뢰기 2.5[kA]
7.5	62	31	27	-	27	27	27
9	75	38	32.5	-	-	-	32.5
12	100	50	43	-	43	43	-
18	150	75	65	-	-	-	65
21	175	88	76	-	76	76	-
24	200	100	87	-	87	87	-
75	625	310	270	-	270	270	-
138	1030	530	460	-	460	-	-
288	1200	815	725	695	690	-	-

* 절연협조 : 발전소(發電所), 변전소(變電所)의 기기나 송배전선로 등 전력 계통 전체의 절연설계를 보호장치와 관련시켜서 합리화를 도모하고 안전성과 경제성을 유지하는 것.

⑨ 고려사항

㉠ 외적요소 : 뇌격, 애자착설, 오손

㉡ 과전압 : 개폐서어지, 지락, 뇌서지

㉢ 계통조건 : 구성, 회선, 모선배치, 기기특성, 신뢰도, 고성능 피뢰기 등

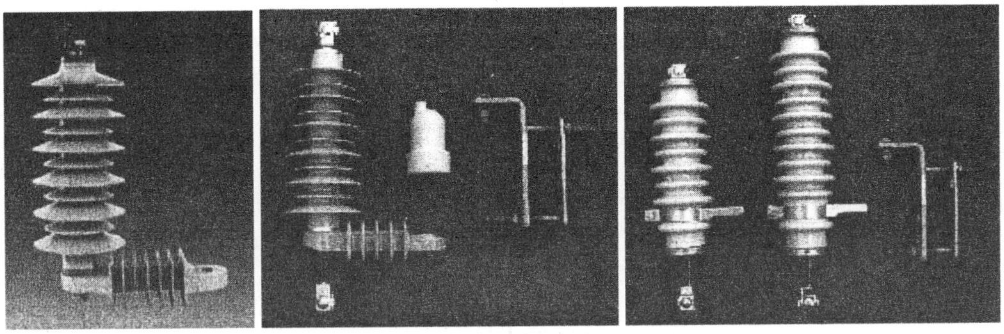

※ 그림 1-8 각종 피뢰기 형상 ※

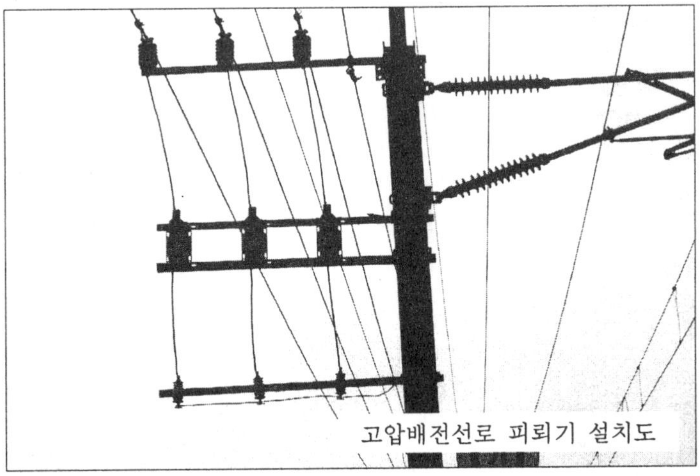

※ 그림 1-9 피뢰기 설치도 ※

(6) 기기설치

(가) 변압기(變壓器 : Transformer)

① 설치높이(고압변압기)

㉠ 시가지 : 4.5[m] 이상

㉡ 시가지외 : 4.0[m] 이상

② 설치방식

㉠ 행거식 : 가공선로 전주에 설치

㉡ 거치식 : 지상 울타리 안에 설치

③ 설치 유의사항

㉠ 부득이한 경우 이외는 각도주 및 개폐기를 설치할 전주에 장치해서는 안된다.

㉡ 1차 퓨즈는 가능한 저압선의 상부에 설치한다.

㉢ 케치 홀더가 외함에 접촉되지 않도록 도선을 일단 애자로 지지한다.

㉣ 1차 고압선에 접속하는 인출선은 5.5[mm^2] 이상의 고무 또는 비닐전연선을 사용한다.

㉤ 변압기 절연유는 내부의 전압절체용 단자의 상부 40[mm] 이상 이어야 한다.

④ **절연저항** : 500[V] 메가로 측정하여 다음과 같아야 한다.

㉠ 1차와 2차측 및 대지간 : 20[MΩ] 이상

㉡ 2차와 대지간 : 5[MΩ] 이상

(나) 개폐기(開閉器)

① **용도 및 종류** : 저압용으로 브래카 또는 나이프스위치를 사용하며 고압용은 다음과 같이 구분하여 사용한다.

㉠ 빈번한 개폐용 : 유입 및 기중개폐기

㉡ 구분용 : 유입 및 기중개폐기

㉢ 주상변압기 1차 : 애자형개폐기

㉣ 이 외 개소 : 10[A] 이하 ⇨ 애자형개폐기, 10[A] 이상 ⇨ 유입 및 기중개폐기

② **유입 및 기중개폐기 설치장소**

㉠ 중요한 분기점 또는 고장발견에 필요한 개소

㉡ 고압배전선로 길이부분 : 2[km]이하 마다

㉢ 고압배전선로가 2개역 이상인 경우 : 각 역마다

③ **유입 및 기중개폐기 절연저항** : 충전부와 대지간 50[MΩ] 이상

참고

· 선로의 병가 : 동일 지지물에 별개의 완금에 가공전선을 시설하는 것.
(특고압과 고압 및 저압을 동일 지지물에 설치)

· 선로의 공가 : 동일 지지물에 공동의 완금에 가공전선을 시설하는 것.
(고압 및 저압과 약전류전선과 동일 지지물에 설치)

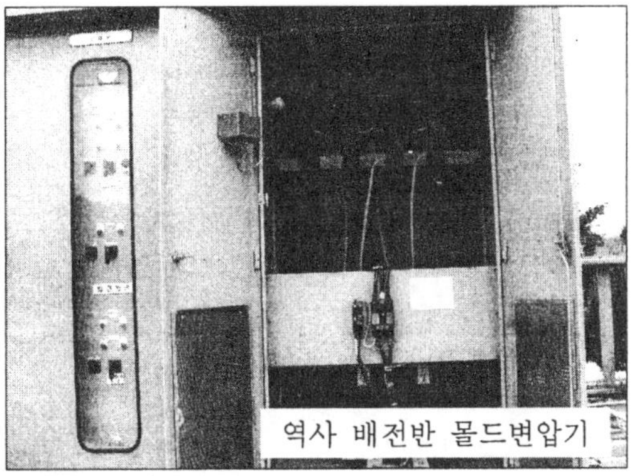

※ 그림 1-10 개폐기 및 몰드변압기 ※

(7) 지중선로 시설

전력선로 중 지중배전선로는 가공전선로를 시설하기가 곤란한 경우와 외관상의 미관을 좋게 할 경우와 인구 밀집지역을 통과하는 경우에 시설한다.

(가) 특 징

① 동일루트에 다회선 포설이 가능하여 도심지역에 적합하며 외부의 기상여건 등에 영향을 거의 받지 않는다.

② 차폐케이블을 사용하므로 유도장해를 줄일 수 있으며 설비 유지보수가 쉽다.

③ 가공선로에 비해 건설비가 고가이며 사고시 고장점 발견이 어렵고 복구시간이 가공선로에 비해 길다.

④ 외상사고, 접속개소, 시공불량에 의한 사고가 발생한다.

⑤ 눈, 풍수 등에 의한 사고에 대하여 높은 신뢰도를 가지고 있다.

(나) 매설방법

매설은 직접매설식, 암거식, 관로인입식 등이 있으며 방법은 다음과 같다.

① 견고하게 시설하여 차량, 기타 중량물의 압력에 견딜 것.

② 관로 또는 암거내에 물이 침입하기 어려운 구조로 축조할 것.

③ 매설깊이는 차도와 같이 중량물이 압력을 받을 우려가 있는 경우에는 1.2[m] 이상, 기타 개소는 0.6[m] 이상으로 한다.

④ 매설경로 100[m]마다 매설위치 직상(直上)에 케이블 매설표를 설치하거나 매

설 표시 시트를 매설한다.

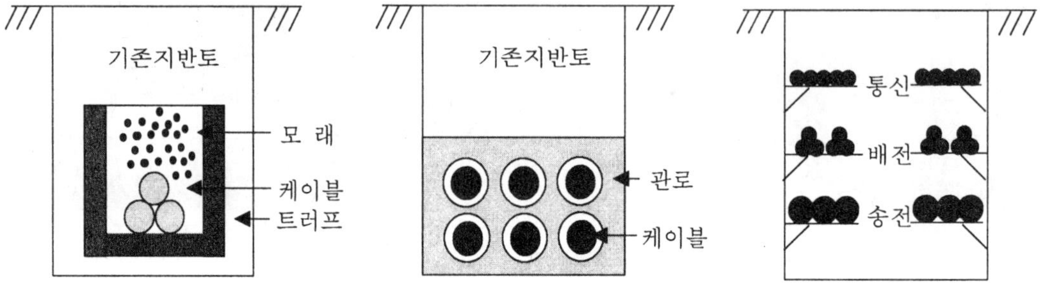

(a) 직매식　　(b) 관로식　　(c) 전력구

※ 그림 1-11 지중선로 시설방법 ※

(다) 케이블 이격거리

케이블의 상호간 이격 및 약전류전선과의 교차, 접근시에는 다음과 같이 이격하여야 한다.

① 고저압케이블과 약전류전선 : 300[mm] 이상
② 특별고압케이블과 약전류전선 : 600[mm] 이상
③ 고저압 및 특별고압케이블 상호 이격거리 : 300[mm] 이상
　단, 견고한 내화성 격벽을 설치하는 경우는 이하로 할 수 있다.
④ 케이블의 입상 및 만곡 : 케이블의 입상 및 만곡개소는 다음과 같이 하여야 한다.
　㉠ 입상개소는 1[m]마다 새들을 사용 고정한다.
　㉡ 지표면하 300[mm] 이상, 지표면상 2[m] 이상에는 외부손상을 막기 위하여 케이블 외경의 1배 이상의 내경을 가진 철판이나 합성수지관내에 수용한다.
　㉢ 만곡부분은 케이블 외경의 15배 이상이 되도록 만곡한다.

(라) 케이블 헤드

케이블의 단말접속개소에는 케이블 누수, 습기, 오염 등에 의한 절연파괴를 막기 위하여 헤드를 설치하여야 한다.

① 작업은 가능한 맑은 날씨에 한다.

② 케이블을 소중히 취급하며 습기침입을 방지하여야 한다.
③ 헤드는 지지물에 견고히 설치한다.
④ 단말 및 직선접속개소에는 상 식별표시를 하여야 한다.

(마) 케이블 접지

지중전선로의 케이블을 수용하는 금속관, 전선 접속함, 케이블쉬즈는 제1종 접지공사를 한다. 또한 가공 케이블 선로중 조가선(22[mm^2] 이상 아연도강연선)에도 제3종 접지공사를 시행한다.

✍ 각종 용어 해설 - 전철전력시설규정 2003. 5.24 훈령 제7965호

이 규정에 사용하는 용어의 정의는 다음 각 호와 같다.

① "전기설비"라 함은 발전·송전·변전·전철·배전 또는 전기사용을 위하여 설치하는 기계·기구·전선로·보안 통신선로 기타의 설비를 말한다.
② "수전설비"라 함은 타인의 전기설비로부터 전기를 공급받거나 구내 발전설비로 부터 전기를 공급받아 구내 배전설비로 전기를 공급하기 위한 전기설비로서 수전 지점으로 부터 구내 배전설비에 전기를 공급하기 위한 배전반까지의 설비를 말한다. 다만, 전철설비는 제외한다.
③ "전기 수용설비"라 함은 수전설비와 구내 배전설비를 말한다.
④ "구내 배전설비"라 함은 수전설비의 배전반 이후로부터 전기기계·기구에 이르는 전선로·개폐기·차단기·분전반·콘센트·제어반·스위치 기타 부속설비를 말한다.
⑤ "수용장소"라 함은 전기 사용장소를 포함하여 전기를 사용하는 구내 전체를 말한다.
⑥ "변전소"라 함은 구외로 부터 전송된 전기를 구내에 시설한 변압기·전동발전기·회전변류기·정류기 등 기타의 기계기구에 의하여 변성하는 장소로서 변성한 전기를 다시 구외로 전송하는 곳을 말한다.
⑦ "인입선"이라 함은 배전선로로 부터 분기하여 수용장소의 인입구에 이르는 부분의 전선을 말한다.
⑧ "인하선"이라 함은 배전선로의 지지점으로부터 분기하여 지지물을 따라 옥외 시설의 제표지등·역명표·외등 및 기타 시설물의 인입구에 이르는 부분의 전

선을 말한다.

⑨ "옥내배선"이라 함은 옥내의 전기 사용장소에서 고정하여 시설하는 전선을 말한다.

⑩ "접지선"이라 함은 다음 각목에 열거한 것을 접지극에 접속하는 금속선을 말한다.

㉠ 전기기계 · 기구의 금속제 프레임 또는 외함

㉡ 금속제의 전선관 · 덕트 등

㉢ 케이블의 금속피복

㉣ 전로의 중성점 1단자

㉤ 피뢰기의 접지단자

㉥ 변성기의 2차측 접지단자

㉦ 기타 접지의 목적물

⑪ "절연전선"이라 함은 절연물로 피복한 전선을 말한다.

⑫ "지지물"이라 함은 목주 · 철주 · 강관주 · 콘크리트주 · 철탑 · 전주 대용물 및 이의 부속장치를 말한다.

⑬ "전주"라 함은 전선로에 사용하는 목주 · 철주 · 강관주 및 콘크리트주를 말한다.

⑭ "지중관로"라 함은 지중 전선로 · 지중 약전류전선로 · 지중 광섬유 케이블선로 지중에 시설하는 수관 및 가스관과 이와 유사한 것 및 이들에 부속되는 지중함 등을 말한다.

⑮ "건조물"이라 함은 사람이 거주하거나 근무하며 또한 빈번한 출입이 있고 사람이 모이는 건축물 등을 말한다.

⑯ "수전반"이라 함은 특별고압 또는 고압 수용가의 수전용 배전반을 말한다.

⑰ "배전반"이라 함은 개폐기 · 과전류 차단기 · 계기 · 보호계전기 등을 설비한 독립된 반으로서 구내 배전설비로 전기를 공급하는 전기설비를 말한다.

⑱ "조작반"이라 함은 특정의 전기기계 · 기구를 조작하기 위하여 필요한 기기를 설비한 독립된 반을 말한다.

⑲ "분전반"이라 함은 전로를 2이상으로 분기하기 위하여 필요한 기기를 설비한 독립된 반을 말한다.

⑳ "저압"이라 함은 직류에 있어서는 750[V] 이하, 교류에 있어서는 600[V] 이하의 전압을 말한다.

㉑ “고압”이라 함은 직류에 있어서는 750[V]를, 교류에 있어서는 600[V]를 초과하여 7,000[V] 이하의 전압을 말한다.

㉒ “특별고압”이라 함은 고압의 한도를 초과하는 전압을 말한다. 단, 고압 또는 특별고압의 다선식 전로(중성선을 가지는 것에 의한다)의 중성선과 다른 1선을 전기적으로 접속하여 시설하는 전기설비에 관하여는 그 사용전압 또는 최대 사용전압이 그 다선식 전로의 사용전압 또는 최대 사용전압과 같은 것으로 하여 이 규정을 적용한다.

㉓ “정격전압”이라 함은 전기사용 기계 · 기구 · 배선기구 등에서 사용상 기준이 되는 전압을 말한다.

㉔ “공칭전압”이라 함은 그 전선로를 대표하는 선간전압을 말한다.

㉕ “최대 사용전압”이라 함은 보통의 사용상태에서 그 회로에 가하여지는 선간전압의 최대값을 말한다.

㉖ “대지전압”이라 함은 접지식 전로에서는 전선과 대지 사이의 전압을 말하고, 비접지식 전로에서는 전선과 그 전로 중의 임의의 다른 전선 사이의 전압을 말한다.

㉗ “접촉전압”이라 함은 지락이 발생된 전기기계 · 기구의 금속제 외함 등에 사람이 닿았을 때 생체에 가하여지는 전압을 말한다.

㉘ “인입구”라 함은 옥외 또는 옥측으로 부터 전로가 가옥의 외벽을 관통하는 부분을 말한다.

㉙ “점멸기”라 함은 전등 등의 점멸에 사용하는 개폐기(텀블러 스위치 등)를 말한다.

㉚ “과전류”라 함은 과부하 전류 또는 단락전류를 말한다.

㉛ “과부하 전류”라 함은 기기에 대하여는 그 정격전류, 전선에 대하여는 그 허용전류를 초과하여 그 계속되는 시간을 합하여 생각하였을 때, 기기 또는 전선의 손상 방지상 자동차단을 필요로 하는 전류를 말한다.

㉜ “단락전류”라 함은 전로의 선간이 임피던스가 적은 상태로 접촉되었을 경우에 그 부분을 통하여 흐르는 큰 전류를 말한다.

㉝ “지락전류”라 함은 지락에 의하여 전로의 대지로 유출되어 화재 · 감전 또는 전로나 기기의 손상 등 사고를 일으킬 우려가 있는 전류를 말한다.

㉞ “누설전류”라 함은 전로 이외를 흐르는 전류로서 전로의 절연체(전선의 피복 · 애자 · 붓싱 · 스페이서 및 기타 기기의 부분으로 사용하는 절연체 등)의

내부 및 표면과 공간을 통하여 선간 또는 대지 사이를 흐르는 전류를 말한다.

㉟ "과전류 차단기"라 함은 배선용 차단기 및 기중 차단기와 같이 과부하 전류 및 단락 전류를 자동 차단하는 기능을 가지는 기구를 말한다.

㊱ "배선용 차단기"라 함은 전자작용 또는 바이메탈의 작용에 의하여 과전류를 검출하고 자동으로 차단하는 과전류 차단기로서 그 최대 동작전류가 정격전류의 100[%]와 125[%] 사이에 있고 또한 외부에서 수동·전자적 또는 전동적으로 조작할 수 있는 것을 말한다.

㊲ "정격 차단용량"이라 함은 과전류 차단기가 어떤 정해진 조건에서 차단할 수 있는 차단용량의 한계를 말한다.

㊳ "지락 차단장치"라 함은 전로에 지락이 생겼을 경우에 부하기기 금속제 외함 등에 발생하는 고장전압 또는 지락전류를 검출하는 부분과 차단기 부분을 조합하여 자동적으로 전로를 차단하는 장치를 말한다.

㊴ "누전 차단기"라 함은 누전 차단장치를 일체로 하여 용기 속에 넣어서 제작한 것으로서 용기 외로부터 수동으로 전로의 개폐 및 자동차단 후의 복귀가 가능한 것을 말한다.

㊵ "공해지역"이라 함은 아황산가스 오염도가 기준치(0.05[ppm])를 넘는 곳으로서 철도공사사장이 공해발생 취약개소로 지정한 장소를 말한다.

㊶ "염해지역"이라 함은 염수의 침입 및 해풍으로 해안지역의 식물이나 전기시설물의 피해 우려가 있는 지역을 말한다.

3. 실습결과 및 고찰

① 저압배전방식의 종류를 이해하고 변압기 결선방법을 설명할 수 있다.

② 표준공칭 전압의 유지범위를 이해하고 있다.

③ 배전선로의 저항 및 자기인덕턴스, 정전용량을 구할 수 있다.

④ 전압의 승압시 손실경감을 이해하고 역율개선용 콘덴서 용량을 구할 수 있다.

⑤ 각 지선의 종류를 알고 표준각도를 이해하고 있다.

⑥ 저압선로의 절연 저항값을 이해하고 있다.

⑦ 고압 및 특별고압선로의 절연내력 시험을 전로의 종류별로 이해하고 있다.

⑧ 접지공사의 종류 및 설치방법을 알고 있다.

⑨ 제2종 접지공사 1선지락전류를 가공선로, 케이블 별로 구할 수 있다.

⑩ 가공지선 및 피뢰기설비에 대하고 이해하고 있다.

⑪ 변압기 절연 저항값을 이해하고 설치시 유의사항을 알고 있다.

⑫ 지중선로 매설방법의 종류를 이해하고 이격거리를 알고 있다.

⑬ 각종 전력설비 용어를 이해하고 있다.

⑭ 고압수전설비 계통도를 이해하고 각 구성요소를 설명할 수 있다.

실 2 습

고압배전반 설비의 이해

1. 실습목적

전기철도 변전설비 및 역구내 고압, 특고압설비의 중추신경이며 계통을 감시하는 배전반설비를 이해하고 유지보수 기술축적을 하는데 목적이 있다.

2. 관련이론

(1) 배전반의 개요

전력 계통의 감시, 제어 및 보호를 위하여 사용되는 장치로서, 단위 기기와 지지 구조물 그리고 이를 접속 및 연결시키는 전선의 집합체로 구성되어 있다. 전자화 배전반(Intelligent Digital Switchgear) 산업의 발달과 더불어 대용량화, 복잡화 되어가는 전력계통을 Digital Network System Integration 기술을 적용하여 효율적인 계통 운용을 위하여 배전반 내에 각종 전자화, Digital화 된 감시, 제어 계전기들을 내장하여 배전반의 Digital System Integration Network화를 실현함으로 고신뢰도와 경량화, 소형화를 이룬 시스템이다.

(가) 배전반의 정의

① 배전반 : 계기류, 계전기류 및 각종 보안장치를 설치하여 전류를 개폐 또는 제어하는 대리석, 에보나이트, 철판제 등의 장치를 말한다.

② 제어반 : 차단기 등 개폐장치의 외부에서 신호를 받아 이것을 선택하여 개폐장치의 조작에너지를 제어하는 것으로서 각종 계기류, 보호계전기 및 보조 접점으로 구성된 것이다.

(나) 배전반의 목적

① 기기상태를 감시
② 기기조작 및 전압, 전류, 전력의 계측
③ 보호계전기를 자동적으로 이상 검출 및 차단기 동작
④ 회로의 분리 등

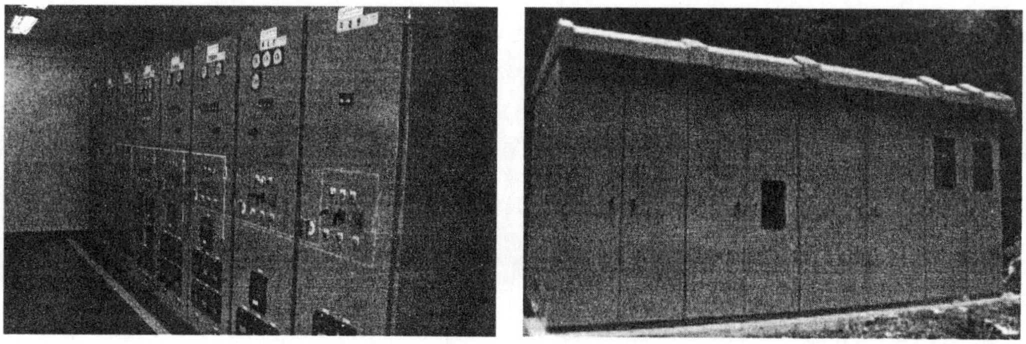

※ 그림 2-1 옥내, 옥외용 배전반 ※

(다) 고압 배전반 단선도(청사, 역사, 공작창 등)

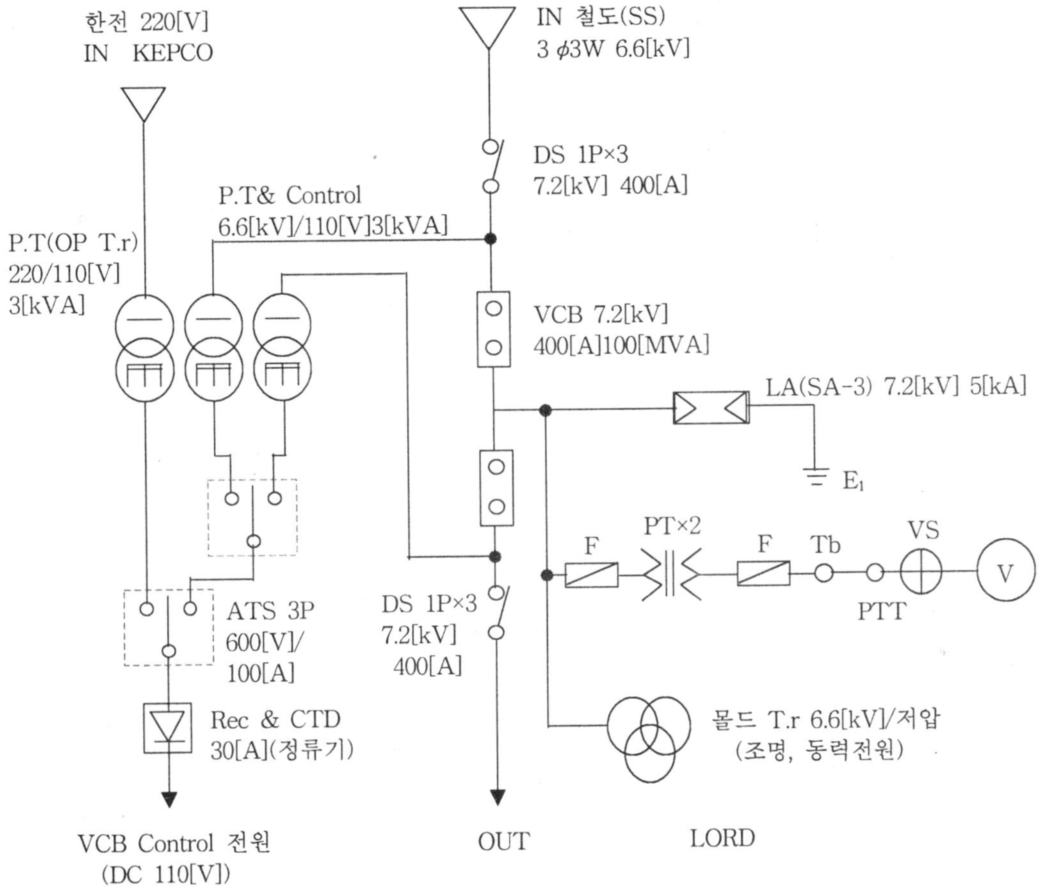

※ 그림 2-2 고압 배전반 단선도(역사, 청사 등) ※

(라) 배전(제어)반의 구성

제어반에는 수전 및 급·배전상황을 감시하는데 필요한 전류계, 전압계, 역률계, 최대 전력계, 고장표시기, 모의모선, 조작스위치, 시험단자, 보호계전기, 보조계전기, 전력량계, 경보장치, 각종 단자대 및 제어배선 등으로 구성되어 있고 배전반은 제어반의 구성품에 부스-바, 개폐장치(단로기, 차단기 등), C.T, P.T, 등이 추가되어 있으며 일부에는 몰드변압기가 내장된 형태도 있다.

※ 그림 2-3 고압 배전반 내부형상 ※

(2) 선로의 개폐(開閉)장치

(가) 차단기(遮斷器 : Circuit Breaker)

차단기는 전력 개폐장치의 일종으로서 사용 목적에 따라 발전기용, 선로용, 변압기용, 축전기(Condenser) 회로용 및 분로 Reactor(혹은 shunt reactor)용 등으로 대별된다. 그러므로 각각의 용도에 따라 적합한 차단기를 선정하여야 한다.

전력계통에 단락 · 접지 등의 고장이 발생하면 큰 고장전류가 흐른다. 이것을 그대로 두면 고장난 부분의 피해가 커지고 나머지 부분도 대전류로 고장날 수 있기 때문에 고장부분을 차단기로 되도록 빨리 차단할 필요가 있다. 차단하는 시간이 빠를수록 전력계통의 안정성이 증가하므로, 차단시간은 날로 단축되고 있다. 예를 들면 150~500[kV]에 쓰이고 있는 대형 차단기도 전류를 차단하는 시간은 불과 30~60[ms] 정도이다.

즉, 차단기의 사명은 송배전, 변전설비의 절체 및 정지 등을 계획적으로 시행하는 것 외에 전력계통에 고장이 발생하였을 때 신속히 자동차단하는 책무를 갖는 매우 중요한 보호장치이다.

① **차단기 종류** : 전기회로의 개폐는 두 도체가 이어지고 끊어져서 이루어진다. 다만 전압이 높은 회로나 전류가 큰 회로에서는 두 도체가 떨어져도 도체 사이에 아크방전이 발생하여 전류가 없어지지 않는다. 다시 말해 전류를 차단할 수 없으므로, 차단기는 발생한 아크방전에 대해 강력한 냉각 소(消)이온작용을 일으켜 아크방전을 소멸시켜야 한다. 차단기는 아크방전을 소멸시키는 방법에

따라 다음과 같이 분류할 수 있다.

㉠ 유입 차단기(OCB : 油入遮斷器, Oil circuit breaker) : 절연유(絶緣油) 속에 있는 소호실(消弧室)이라는 절연통 속에 아크방전을 발생시킨다. 소호실 안에서는 아크열에 의해 기름이 분해되어 수소가스가 발생하는데, 높은 열전도율에 의한 강력한 냉각작용과 밀폐실 내의 발생가스에 의해 가압된 신선한 기름을 아크방전에 내뿜어 아크방전을 소멸시킨다.

㉡ 공기차단기(ACB : 空氣遮斷機, Air blast circuit breaker) : 15~30[atm]의 고압공기를 도체 사이에 발생한 아크방전에 내뿜어 소멸시킨다.

㉢ 가스차단기(GCB : Gas circuit breaker) : 절연성능이 좋은 6플루오르화황가스를 아크방전에 내뿜어 소멸시킨다.

㉣ 진공차단기(VCB : Vacuum circuit breaker) : 최근 고압배전반에 주로 많이 사용하는 진공차단기는 전로의 차단이 높은 진공중에서 소호하는 차단기를 말한다. 이는 고 진공중에서는 절연내력은 상당히 높고 금속증기나 전하입자의 확산에 의한 소호작용이 현저하기 때문에 이러한 특징을 살려서 진공용기 내에서 전류의 개폐, 차단을 행하도록 한 것이 진공차단기이다.

진공차단기의 특성은 소형으로서 무게가 가볍고 불연성, 무소음으로서 수명이 길어 차단기로서 기본적으로 필요한 고속도, 고빈도 개폐가 가능하고 차단성능이 우수하다. 이 진공차단기는 정격전압 3, 6~7.2[kV], 정격전류 400~3,000[A], 정격 차단용량 50~250[MVA], 전차단시간 3싸이클의 것이 일반적이다.

㉤ 자기(磁氣)차단기(MCB : Magnetic circuit breaker) : 발생한 아크방전을 아크방전 자체의 전자기력으로 절연판 속의 슬릿에 보내, 아크방전의 길이를 증대시키거나 절연벽에 밀어 붙이는 냉각효과로써 아크방전 전압을 높여 소멸시킨다. 일반적으로 이들 차단기는 고전압회로에 사용되는데, 6[kV]급의 회로에는 자기차단기 · 진공차단기 · 유입차단기 등이 많이 쓰이고, 60[kV] 이상의 회로에는 가스차단기 · 공기차단기 · 진공차단기 등이 쓰인다. 전력계통에는 교류계통과 직류계통이 있는데, 교류는 반주기마다 전류영점을 통과하므로 아크방전이 소멸될 기회가 있으나, 직류는 전류가 0이 되는 일이 없어서 차단하기 어렵다. 직류회로의 차단은, 회로전압 3,000[V] 이하에서는 아크방전 전압을 높여 전류를 감소시켜서 차단하고 있다. 직류송전용 차단기와 같은 고전압용에는 역전류를 겹쳐 전류영점을 만들어서 교류차단기를

이용하여 차단하는 방법과 저항을 점차 증가시켜 전류를 줄여가는 방법 등이 쓰이고 있다. 고장전류 차단기로는 이 밖에 퓨즈가 있다. 이것은 과대전류의 통과에 의한 발열로 스스로 녹아 끊어져 회로를 끊게 되어 있다. 차단기에 비해 구조가 매우 간단하고 값도 싸지만 결점도 많다.

㉥ 퓨즈 없는 차단기(NFB) : 교류 600[V]・직류 250[V] 이하의 회로에는 퓨즈 없는 차단기 또는 배선용 차단기라는 일종의 소형 자기차단기가 많이 사용된다. 일반 차단기는 고장전류를 차단할 수는 있어도 고장전류가 흐르는 것은 알 수 없으므로 고장발생을 발견하는 계전기(繼電器 : 릴레이)와 함께 사용된다. 퓨즈 없는 차단기는 차단기와 계전기의 기능을 함께 지닌 것으로, 차단기 자체가 고장전류를 검지해서 차단한다. 이와 유사한 것으로 400[V] 이하의 저압회로에 사용하는 누전차단기가 있다.

② **차단기 용량** : 차단기는 고장전류의 차단이 가능하지만 차단 능력에는 한계가 있으며 이러한 한계는 설계할 때 결정된다. 그 능력(정격차단 용량)은 3상(相) 회로의 경우 회로전압(정격전압)과 차단이 가능한 단락전류(정격차단 전류)로 다음 식과 같이 표시된다(단상회로에서는 $\sqrt{3}$을 쓰지 않는다).

$$\text{정격차단 용량[kVA]} = \sqrt{3} \times \text{정격전압[kV]} \times \text{정격차단 전류[A]} \qquad (2\text{-}1)$$

차단기는 단락고장이 이미 발생한 회로를 접속하는 경우도 있다. 이때는 차단기의 투입과 동시에 단락전류가 흐르기 때문에 차단기는 곧바로 차단동작에 들어간다.

차단동작에 들어가는 시간은 짧으므로(보통은 1초 이내) 투입 조작이 계속되는 경우가 많다. 즉, 투입조작과 차단조작이 동시에 이루어지는데, 이때는 차단조작이 우선되어 투입조작이 계속되어도 차단이 안전하게 이루어져 재차 투입되는 일이 없도록 설계되어 있다. 이러한 순간분리 차단기능은 차단기가 반드시 갖추어야 할 중요한 기능의 하나이다.

(나) 단로기(DS : 斷路器, Dis-connecting switch)

단로기는 정격전압하에서 단지 충전된 전로를 개폐하기 위해서 사용하는 것으로서 부하전류를 개폐하지 않고 충전된 전로를 개폐하여 회로의 접속변경, 구분 및 기기점검 보수시 전원으로부터 기기를 확실히 분리하기 위하여 사용되며 저전압으로부터 초고압까지 여러 종류가 있고 명칭도 제작사 또는 제작국가에 따라 Line switch(L.S), Air switch(A.S), Dis-connecting switch(D.S) isolator 등으로 상이하게 부르고 있다.

3000~50만[V] 정도의 고전압 전기회로에 전류가 흐르지 않는 경우에 개폐를 한다. 전류 차단 능력은 없지만 단로기에서 차단기에 이르는 짧은 범위의 충전전류 정도는 차단할 수 있다. 단로기에는 단극과 3극이 있으며, 단극단로기는 절연봉을 사용하여 인력 조작하는 것이 많고, 3극단로기는 압축공기 또는 전자기력으로 조작하는 것이 많으며, 원격조작도 가능하다. 단로기는 차단기와 직렬로 접속되는 경우가 많다. 그 이유는 차단기를 점검·손질할 때 걸려 있는 전압을 없애기 위해 양쪽에 단로기를 설치해 개방하며, 차단기는 접점부분을 외부에서 볼 수 없지만 단로기의 접점부분은 한눈에 보이기 때문에 이것을 열어 놓으면 차단기에 비해 불안감이 제거된다.

※ 그림 2-4 진공차단기 및 단로기(1P) ※

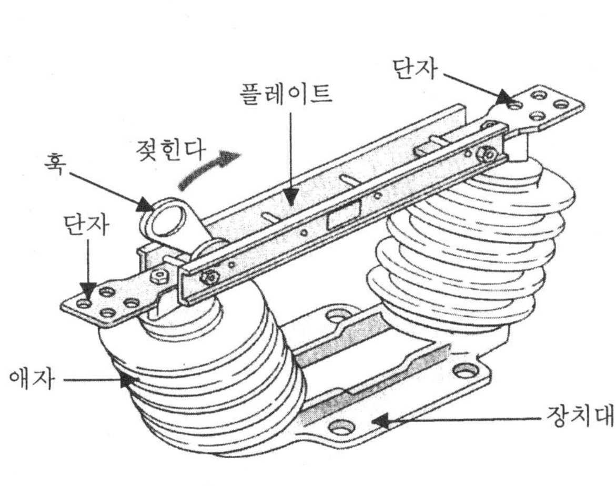

※ 그림 2-5 단극단로기 ※

(3) 계기용 변성기(計器用變成器 : Metering transformer)

계기가 측정할 수 있는 전압·전류의 범위를 확대하기 위해 계기와 회로 사이에 넣는 변성기이다. 변성기라는 것은 변압기·변류기 등을 구별하지 않고 사용하는 용어로서, 계기용 변류기와 계기용 변압기를 합쳐서 말한다. 교류회로에서 이용되며, 측정하려는 회로와 계측기의 회로를 계기용변성기로 전기적으로 완전히 절연할 수 있다. 송배전선로 같은 고전압·대전력회로에서는 계기를 선로로부터 절연하므로, 취급자의 안전을 위해 사용한다.

작동원리는 전력용 변압기와 같다. 절연에 주의해야 하고, 1차, 2차 권선(捲線) 사이의 변성비 오차와 위상각 오차가 작아야 한다. 직류회로에서는 측정범위를 확대할 때 일반적으로 분류기·배율기·분압상(分壓箱) 등이 이용되는데, 전기철도나 화학공장 등의 대전력회로에서는 절연이나 출력에 반도체의 홀효과를 이용한 홀소자형, 자기증폭기형 등의 직류계기용변성기가 이용된다.

(가) 계기용 변류기(Current transformer)

수변전 설비에서는 고전압, 대전류를 취급하기 때문에 계측, 기록, 제어를 하기 위하여 직접 배전반에 계기나 계전기를 접속하는 것은 위험하다. 따라서 고압측 전류에 비례하는 소전류로 변성하여 계측기나 보호 계전기에 접속하여 사용한다.

① 변류기 종류

㉠ 관통형 변류기 : 1차 도체를 변류기의 1차 권선으로 사용하는 것으로 1차 권선은 하나이다. 즉, 2차 권선이 감겨진 환상철심의 중심부를 1차 도체가 통과하는 형태의 변류기이다.

㉡ 붓싱형 변류기 : 1차 도체를 변류기의 1차 권선으로 사용하며 1차 권수가 하나인 것은 관통형변류기와 동일하나 2차 권선이 감겨진 환상철심이 변압기 또는 차단기 등 전력기기의 절연된 붓싱에 설치하여 이 붓싱을 1차 권선으로 하여 사용하는 형태의 변류기이다.

㉢ 권선형 변류기 : 철심에 1차 및 2차 권선을 감은 것으로서 필요에 따라서 1차 권선을 2개 이상으로 감을 수 있으며 저전류 특성을 좋게 만든 변류기이다.

㉣ 몰드, 유입형변류기 : 몰드형은 절연재료를 합성수지, 부틸고무 등을 사용하여 권선 또는 전체를 절연한 형태로서 고압이하에서 주로 사용한다. 유입형

은 절연유를 절연재료로 이용한 것으로 주로 특고압 이상 대용량의 설비에 사용하며 애자형 C.T, 탱크형 C.T 등이 있다.

㉤ 영상변류기(ZCT : Zero phase current transformer) 회로의 지락 사고의 파급을 방지하기 위하여 지락 사고가 생겼을 때 흐르는 영상 전류를 검출하여 접지 계전기에 의하여 차단기를 동작시켜 사고를 예방한다.

② **변류기 결선** : 전기실 각종 배전반에 설치되어 사용중인 CT를 정결선과 오결선시의 상황을 유형별로 도시하여 2차측의 전류값 만으로도 CT의 결선상태를 판별할 수 있도록 함으로써 장애발생시 신속히 대처할 수 있도록 하기 위함이다.

㉠ CT 결선시 2차 전류 계산하는 요령

ⓐ Vector가 Yes인지 No인가 판단한다.

ⓑ 전류의 방향을 확인한다.

· Vector가 아닐 경우(즉 1상일 경우 : 방향만 생각한다)

- 전류의 방향이 같고 Vector가 아니면 : +(더해준다)
- 전류의 방향이 반대이고 Vector가 아니면 : −(빼준다)

· Vector일 경우(즉 3상일 경우)

- 전류의 방향이 같고 Vector이면 : 같다.
- 전류의 방향이 반대이고 Vector이면 : $\sqrt{3}$배이다.

㉡ CT 정결선 및 오결선 판단하는 요령

ⓐ 공통선의 전류를 훅크온메터로 측정하여 CT의 2차 전류와 같으면 정결선으로 판단한다.

ⓑ 공통선의 전류를 훅크온메터로 측정하여 CT의 2차 전류보다 3배의 전류값이 나오면 오결선으로 판단한다.

㉢ CT의 유형별 결선

ⓐ 1상에 2대의 CT를 설치할 경우

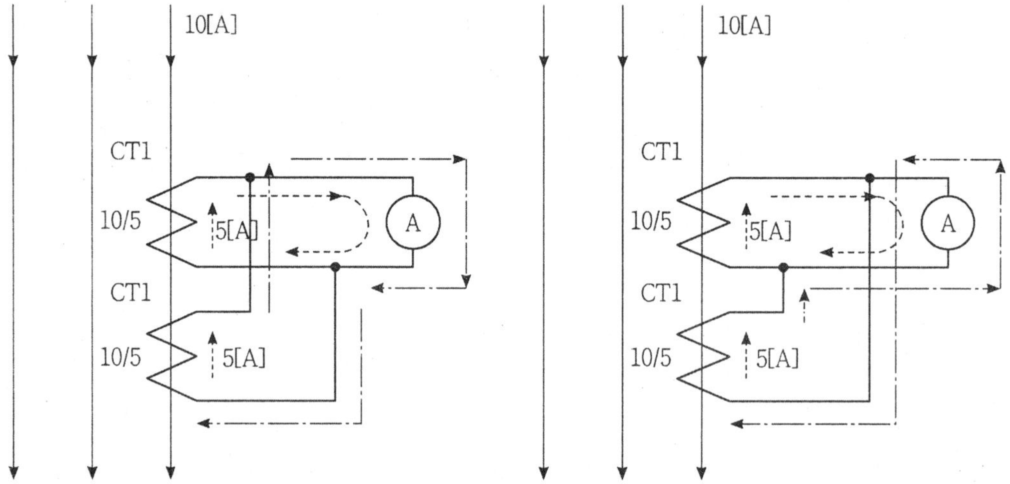

(a) 정결선시 (b) 오결선시

※ 그림 2-6 변류기 결선도 ※

· 정결선 : CT1에 흐르는 전류 $I_1=5[A]$, CT2에 흐르는 전류 $I_2=5[A]$ 공통선에 흐르는 전류의 방향이 같을 경우에는 더해준다.

∴ A에 흐르는 전류 $I=I_1+I_2=5+5=10[A]$

(단, CT1과 CT2의 임피던스가 같다는 조건하에 성립)

· 오결선 : CT1에 흐르는 전류 $I_1=5[A]$, CT2에 흐르는 전류 $I_2=5[A]$ 공통선에 흐르는 전류의 방향이 반대일 경우에는 빼준다.

∴ A에 흐르는 전류 $I=I_1-I_2=5-5=0[A]$

(단, CT1과 CT2의 임피던스가 같다는 조건하에 성립)

참고

① 1ϕ일 경우에는 전류의 방향만 생각한다.

- 전류의 방향이 같을 경우에는 더해주고 전류의 방향이 다를 경우에는 빼준다.

② 배전반에 설치된 OCGR 오결선 판단하는 방법
- OCR R, S, T상에 훅크온메터로 측정하여 OCR 상보다 OCGR에 걸리는 전류가 2배가 나오면 오결선(1상이)으로 판단한다. 즉, CT1, CT2에 1[A] 흐를경우 OCGR에는 2배인 2[A]의 전류가 검출된다.
- 이유없이 51G가 트립되면 후크메타로 측정하여 51G쪽에 2배의 전류가 흐르면 오결선이다.
(트립 후에 재투입이 되었지만 점차적으로 부하증가시 다시 트립된다.)

③ C.T 2차 개방금지
정격 부담을 많이 초과하거나 개방 상태가 되면 1차 전류는 모두가 여자전류가 되어 자기포화와 철손이 증가하여 C.T가 소손되고 또한 고전압이 발생하여 감전, 화재 등 위험을 초래하게 되니 보수, 점검시에는 C.T 2차가 개방되지 않도록 각별히 주의하여야 한다.(2차 정격전류는 5[A]이다)

ⓑ CT 2개를 이용 V결선 할 경우(정결선시)

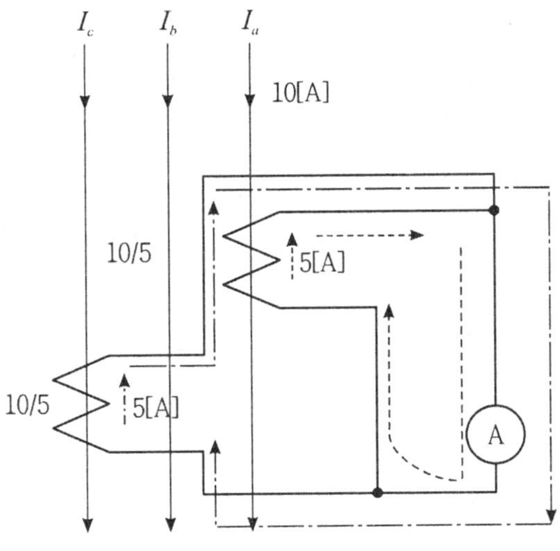

I_a=5[A], I_c=5[A]
∴ I_b는 벡터로 계산
3상은 위상각이 120°이기 때문이다.
I_b=5[A]이다.

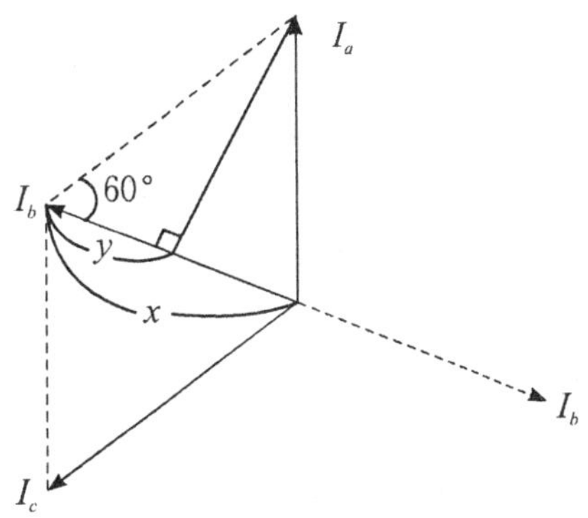

Vector diagram
$X=2Y \quad Y=5\cos 60° = 5/2$
∴ X=5[A]

※ 그림 2-7 CT 2개를 이용한 V결선 및 벡터도 ※

(나) 계기용 변압기(Potential transformer)

최근의 전력계통은 큰 발전소가 수요지에서 멀어지는 경향이 있어 긴 송전선으로 큰 전력을 수송해야 한다. 이 때문에 송전전압은 차츰 높아지고 있다. 그러나 공장이나 일반가정에서 이러한 높은 전압은 적당하지 못하기 때문에 낮은 전압으로 변환시켜야 하므로 변압기가 사용된다. 즉 어떤 전압값을 이에 비례하는 전압값으로 변성하는 계기용 변성기로서 전기계기 또는 측정장치, 보호장치와 함께 사용된다.

① 계기용 변압기의 원리

구성은 1차 권선, 2차 권선 및 철심으로 구성된다. 원리는 변압기와 동일하며, 권수비 (n)=1차 권선수/2차 권선수이다.

1차측의 전압, 전류 및 임피던스를 2차측으로 환산하려면 $1/n$, n 및 $1/n$의 제곱을 곱해서 2차측으로 환산한다.

② 정격 전압

㉠ 정격 1차전압 : 공칭전압(3.3[kV], 6.6[kV], 22,900/$\sqrt{3}$ 등)

㉡ 정격 2차전압 : 110[V], 110/$\sqrt{3}$(100[V], 150[V], 190/$\sqrt{3}$ 등)

③ **정격부담** : 계기용 변성기(PT, CT)의 용량을 정격 2차 부담이라 한다. 정격 2차 전압하에서 부하로 소비되는 피상전력(VA)으로 표시한다.

(변류기의 부하는 직렬로 접속하지만, PT의 부하는 병렬로 접속한다.)

㉠ 0.1급 또는 0.2급(표준용) : 10[VA], 15[VA], 25[VA]

㉡ 0.5급(정밀계측용, 일반용) : 15, 50, 100, 200[VA]

㉢ 1.0급 또는 3.0급(일반용) : 15, 50, 100, 200, 500[VA]

* 2차측 배선 부담 고려한 Cable 굵기에 주의, 예로 100[VA], 100[m] 일시는 5.5[mm^2] 이상 사용.

④ **극성 및 단자 기호** : 계기용 PT의 극성은 감극성이 표준이다.

· 단상 PT : 1차측 단자기호(U, V), 2차측 단자기호(u, v), 중성점(v)

⑤ **접지** : 혼촉방지 및 2차회로 유기전압 현상 방지를 위해 PT의 2차측을 2차 중성선 또는 1차 단자를 접지한다.

⑥ **제품의 표시 및 호칭** : 명칭, 계급, 절연계급(표준용은 제외), 정격 1차전압, 2차전압, 정격부담, 정격 주파수 표시. 예 계기용 변압기 : 0.2급, 6.6[kV]/110[V], 15[VA], 60[Hz]

㉠ 고압 계기용 변압기 종류

ⓐ 건식 계기용 변압기 : 절연재료로 종이, 면 등을 절연니스에 진공 합침한 것을 사용한 것으로서 주로 저전압 옥내용으로 사용한다.

ⓑ 몰드형 계기용 변압기 : 흡습에 의한 절연 파괴를 방지하기 위하여 합성수지, 에폭시, 고무 등을 절연재료로 사용한 것으로서 주로 30[kV] 이하의 소용량 전력계통에 사용한다.

> **📖 참고**
>
> ✍ P.T 2차 단락금지
>
> 정격 부담을 많이 초과하거나 단락상태가 되면 2차 단락에 의한 과전류가 흘러 P.T가 소손되고 감전, 화재 등 위험을 초래하게 되니 보수, 점검시에는 P.T 2차가 단락되지 않도록 각별히 주의하여야 한다.(2차 정격전압은 110[V]이다)

㉡ 계기용 변압기 결선법

ⓐ V결선 : P1, P2, P3 선간 전압 측정시 110[V] 발생
P1, P3와 대지간 전압측정시 110[V] 발생
P2와 대지간 전압측정시 0[V]

ⓑ Y결선 : 각 선간 전압측정시 110[V] 발생
각 선과 대지간은 63[V]/(110$\sqrt{3}$)가량 발생

ⓒ 오픈 △결선 : 각 상간 전압측정시 63[V]/(110$\sqrt{3}$)
a상과 d상은 1[V] 미만이 측정되고 d상과 접지는 0[V]이다.
단, 변압기결선 방법은 그림 2-8 계기용 변압기 결선도를 참조할 것.

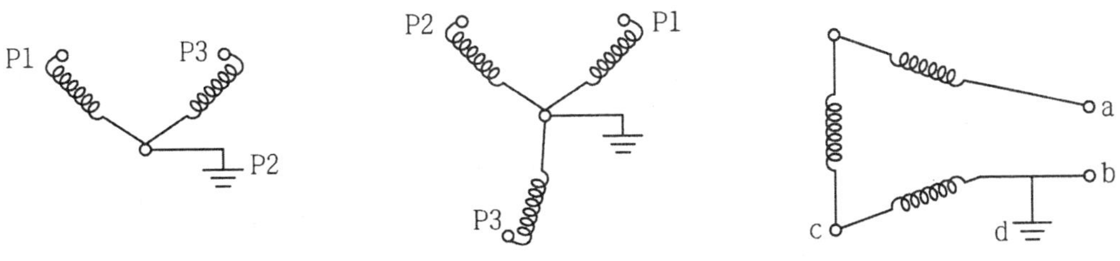

(a) V결선 (b) Y결선 (c) 오픈△결선

※ 그림 2-8 계기용 변압기 결선도 ※

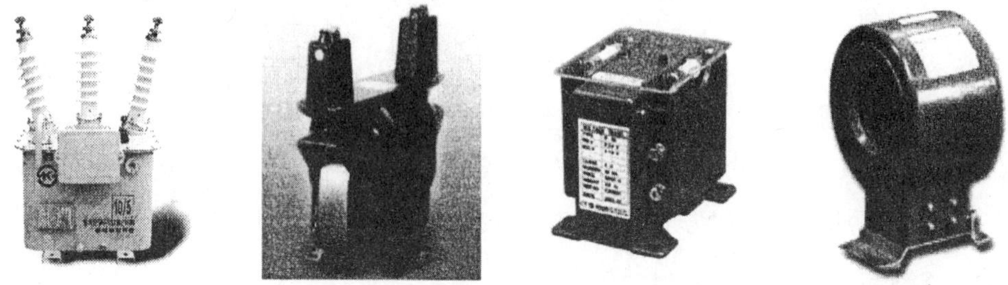

(a) 특고압용 PT (b) 고압용 PT (c) 고압용 PT (d) 고압용 CT

※ 그림 2-9 각종 계기용 변성기(PCT) 형상 ※

(다) 접지형 계기용 변압기(Ground Potential transformer)

일반적으로 고압 가공선 계통 및 소규모의 케이블 계통에는 비접지 방식이 채용되며 우리 철도에서는 전철부하용으로 스코트결선을 채용하고 있으나 이 결선은 고조파를 발생하게 되므로 이 고조파를 제거하기 위하여 동일철심에 제3의 권선으로 환상(△)결선을 채용하여 고압배전용으로 사용하고 있다. 이러한 비접지방식은 접지형 계기용 변압기에 의한 접지 이외에는 따로 계통의 접지를 중성점을 접지하지 않는 방식이다.

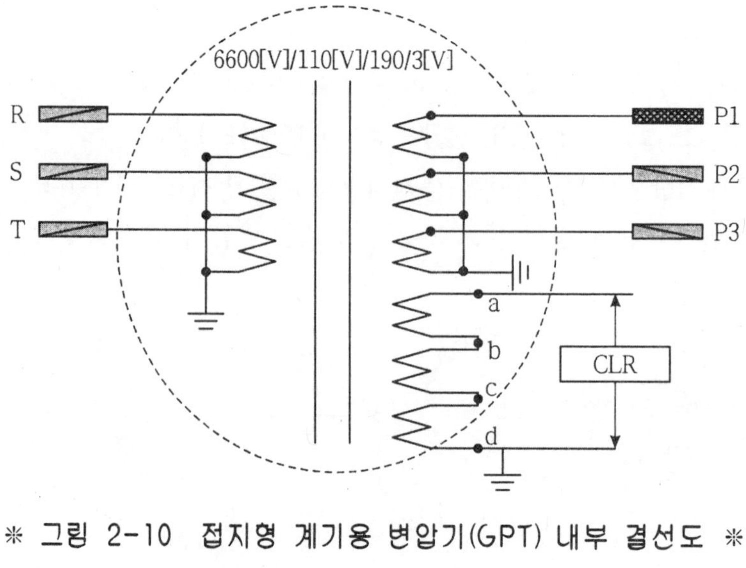

※ 그림 2-10 접지형 계기용 변압기(GPT) 내부 결선도 ※

① GPT(3권선부 PT) : 그림 2-10과 같이 한 철심에 1, 2, 3차 권선을 각각 설치

하여 1차측은 Y결선하여 고압이 인가되고 2차측은 Y결선하여 계기용으로 사용되며, 3차측은 개방 △결선하여 영상전압을 얻을 수 있는 기기를 말한다.

※ 그림 2-11 접지형 계기용 변압기(GPT) 모양 ※

② GPT 동작원리(영상전압) : 영상전압은 접지형 변압기(GPT)에 1차 권선을 Y 접속하고 그 중성점을 접지하며 2차 권선은 Y접속하여 정상 전압을 인출하고, 3차 권선은 개방 삼각결선하여 영상전압 $3V_0$을 검출하는데 건전시 각 상간에는 63.5[V]가 검출되나, 1선 완전 지락시 사고 선로는 0[V]에 가깝게 되고 건전상은 건전시 63.5[V]의 $\sqrt{3}$배(110[V])에 가깝게 발생하며 개방점인 a와 d(f) 간에는 건전시 각상 전압의 3배(190[V])가 나타난다.

T상이 완전 지락이 발생하였다고 가정

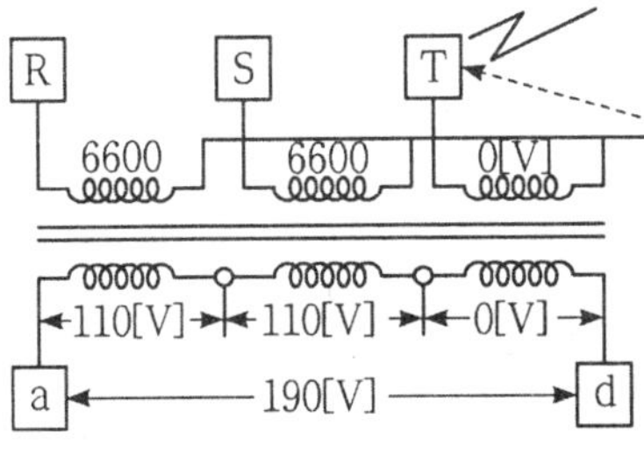

- Y결선에서 1상 지락이 발생되면 다른상에 영향을 미치므로
- 1차측 R상과 S상의 전압은 6600[V]
  T상은 지락시 0[V](Y결선이 V결선으로)
- 유도전압은(배율 60배)
  a-b간 110[V], b-c간 110[V], c-d간 0[V]
  a-d간 백터합(110[V]+110[V]+0[V])은 190[V]이다.

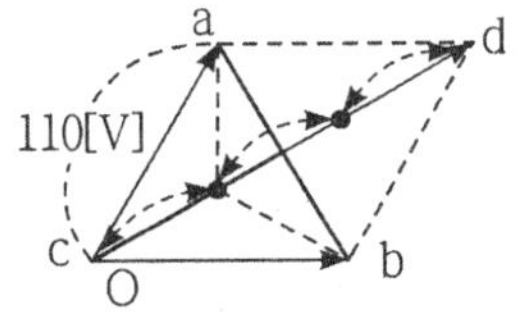

※ 그림 2-12 GPT결선 ※

(4) 배전반 점검시 유의사항

배전반은 장애가 발생하여도 기기를 현지에서 직접 제어할 수 있다는 안이한 생각에서 자칫 점검을 소홀히 할 수 있으나 배전반 기능이 장애등으로 마비될 경우 보호계통이 마비되어 과부하, 단락, 지락사고로 인한 감전, 화재 등 대형사고를 유발할 수 있다. 따라서 배전반의 보수, 점검은 결코 소홀히 할 수 없는 매우 중요한 임무이다.

① 외부 일반 : 외관청소, 이상음, 각종 제어배선 등
② 경보 및 보호장치 : 표시등, 경보, 각종 지시계기 기능 등
③ 부스바 : 단자접속상태, 애자류, 이상음 등
④ 차단기 : 조작함내 보온, 습기, 제어배선, 붓싱, 오손 등
⑤ 건식(몰드)변압기 : 권선, 철심, 외함, 절연유, 주회로 단자, 이상음 등
⑥ 단로기 : 접촉자, 단자의 손상, 브레이드, 링크기구의 손상, 오손 여부 등

참고

용어 정리

① 선택지락 계전기(SGR : Seletive Ground Relay) : 건전선로에서 영상 변류기에 흐르는 전류는 부하측에서 전원측으로 고장선에서는 전원측에서 부하측으로 흐르므로 이 고장전류의 방향을 영상 전압을 기준으로 판정하도록 하여 방향성을 갖도록 한 것이 선택지락 계전기이다.

② 영상 변성기(GPT : Ground Power Transfomer) : 평상시에는 중성점과 대지간에는 전압이 나타나지 않으나 1선 지락사고가 발생하면 상전압에 상당하는 크기의 전압이 발생하여 GPT 2차측에 영상전압(영상전압)으로 유기된다.

③ 영상 변류기(ZCT : Zero Phase Current Transformer) : 선로에 흐르는 누설전류(漏泄電流), 영상전류(零上電流)를 검출하여 2차측에 이에 비례하는 전류값으로 유기된다.

④ 전류 제한 저항기(CLR : Current Limit Resistor) : 방향지락 계전기를 동작시키는데 필요한 유효분 전류를 발생시키고 개방 삼각결선 회로의 각상 전압 중의 제3고조파 전압의 발생을 방지하며 중성점 이상전위진동, 중성점 불안정 현상 등의 이상현상(異狀現想)을 억제(抑制)한다.

⑤ **유도형 계전기**(Induction Relay) : 이동 자계 또는 회전 자계에 의한 유도작용에 의해서 원판 또는 원통에 생기는 토크(Torque)를 사용해서 접점의 개폐를 하도록 한 구조의 것으로서 현재 송전계통에 사용되는 계전기로서는 이 유도형(儒道形)이 제일 많다.

⑥ **반한시 계전기**(Inverse Time Limit Relay) : 정정된 값 이상의 전류가 흘러서 동작할 때 동작시간이 전류값에 반비례해서 전류값이 클수록 빨리 동작하고 반대로 전류값이 작아질수록 느리게 동작한다.

⑦ **유도 원판형**(Induction Disk) : 교류전용의 계전기로 사용하며 이동 자계와 고정 자계에 의하여 도체에 발생하는 와류(Eddy Current)와의 상호작용으로 도체가 회전하는 것을 말한다.

⑧ Phase (Ø) : 전력선(電力線)의 상수(常數)를 말한다.

⑨ Wire(W) : 전력선(電力線)의 상수(常數)에 따른 전선(電線)의 가닥수를 말한다.

⑩ **유도형 접지 계전기**(誘導形接地繼電器) : 계전기의 주요 동작부분은 전류 Coil, 전압 Coil, 전자석, 회전원판, 제동자석 등의 구조로 되어 있으며 접지사고에 의해 발생된 영상전압, 영상전류에 의하여 적산전력량계와 같은 원리로 원판을 회전시켜 계전기를 동작시킨다.

GPS=Selective ground relay(SGR) : 선택지락 계전기

GPD=Directional ground relay(DGR) : 방향지락 계전기

표 2-1 배전반 계기의 종류

기호	품명	규격	용도	동작목적 및 취급방법
1	A-METER	/5	전류 측정	선로에 흐르는 전류를 나타내는 계기로서 CT로부터 검출된 전류를 눈금으로 나타낸 계기
2	V-METER	380/190[V]	전압 측정	선로에 흐르는 전압을 나타내는 계기로서 PT로부터 검출된 전압을 눈금으로 나타낸 계기
3	kW-METER	[kW]	전력 측정	선로에 흐르는 전력을 나타내는 계기로서 PT로부터 검출된 수치를 전력으로 환산하는 계기

기호	품명	규격	용도	동작목적 및 취급방법
4	PT-METER	±50[%]	역 률 측 정	선로에 흐르는 역률을 나타내는 계기로서 PT로 검출된 전압과 CT로 검출된 전류를 환산하여 현재역률 나타냄.
5	BUZZER	DC 110	이상시 경 보	선로에 흐르는 전류 및 지락전류가 설정된 값을 초과하여 흐르게 되면 운전자에게 알리기 위해 경보를 울림.
6	VS	3 ϕ4W	전압계 전 환 S/W	1개의 전압계만 설치하여 3상의 전압을 측정할 때 필요한 스위치를 좌우로 회전시켜 측정할 상부분으로 절환시키면서 선로에 흐르는 전압측정.
7	AS	3 ϕ4W	전류계 전 환 S/W	1개의 전류계만 설치하여 3상의 전류을 측정할 때 필요한 스위치를 좌우로 회전시켜 측정할 상부분으로 절환시키면서 선로에 흐르는 전류측정.
8	FL	2CCT	고 장 표 시 램 프	선로에 흐르는 전류, 지락전류가 설정값 이상 흘러 기기에 손상을 입힐 우려가 있는 경우 보호계전기가 동작차단기를 동작시키고 운전자에게 동작된 계전기를 기억표시 해주는 장치.
9	G-LAMP (OFF)	DC -110	차 단 표 시	차단기의 개방시 원거리나 야간에 OFF 표시상태를 운전자에게 확인시켜 주는 장치.
10	R-LAMP (ON)	DC -110	투 입 표 시	차단기의 투입시 원거리나 야간에 ON 표시상태를 운전자에게 확인시켜 주는 장치.
11	L/R 스위치	2단 2열	절 환 스위치	차단기 조작을 2개소에서 조작시 조작장소를 선정해주는 절환 스위치 로컬 전환시 현자에서 Remote 전환시 감시제어반에서 제어가 가능하도록 한 것.
12	CS	1a 1b	차단기 ON, OFF	차단기의 투입 차단을 시키기 위한 장치로서 손잡이를 몸쪽으로 약간 당긴 후 시계방향, 반대방향으로 하면 ON, OFF가 된다.
13	RESET BUTTON	1a 1b	고 장 경보시 복귀명령	선로이상이나 사고시 보호계전기가 동작하여 차단기를 OFF 동작시키면 램프가 지속적으로 점등되어 사고 원인을 나타내게 되므로 원인제거 후 버튼을 누르면 고장램프 관련회로가 해제됨.
14	BUZZER STOP	1a 1b	경보시 경보정지	고장램프가 켜지고 경보음이 울리면 운전자가 경보음을 듣고 현장에 도착하면 버튼을 누름 경보해제.

기호	품명	규격	용도	동작목적 및 취급방법
15	LAMP TEST	1a 1b	고장표시 램프점검	평소에 램프의 이상유뮤를 파악하여 고장시 램프의 이상으로 고장 부위를 확인할 수 없는 상태에 대비하기 위하여 설치된 장치.
16	SIGNAL LAMP	AC 220[V]	동작표시 램 프	각 분기회로용 배선용 차단기의 동작상태를 나타내기 위한 램프로서 차단기를 투입시는 램프 ON, 차단시는 OFF 표시.
17	PL	AC 220[V]	상태표시 램 프	회로별 차단기가 조건제어를 하게 되어 있어 인터록이 설치되어 있으나 운전자의 상태파악을 보다 용이하도록 하기 위해 설치된 램프.
18	CTT	3 ϕ4W	전류측 시험단자	운전중 도어에 설치된 계기 및 계전기의 성능확인 시험을 하기 위한장치로서 CT측에서 변환된 전류는 시험 단자의 하부측으로 입력이 되며 계기 및 계전기측은 시험단자의 상부측으로 연결되었다. 시험시는 전면의 플러그를 인출한 후 수직으로 연결되어 있는 접속편을 하부측은 RST상 모두 수평으로 연결한후 상부측에 가상전류를 흘리면 계기 및 계전기의 성능시험을 할 수 있다. · 접속면이 개방되면 CT의 포화상태 및 고전압유기로 CT가 소손될 수 있다.
19	PTT	3 ϕ4W	전압측 시험단자	운전중 도어에 설치된 전압과 관련된 계기 및 계전기의 성능확인시험을 위한 장치로서 PT측에서 변환된 전압은 시험단자의 하단부에 접속되며 상단부에는 계기 및 계전기와 연결되어 있다.
20	ELD		누전 경보기	부하측으로 공급되는 각각의 배선용 차단기와 연관되어 부하측에서 발생될 수 있는 누전사고시 회로별로 누전 상태를 감지하여 경보음을 내며 운전자에게 알려주는 장치로서 5회, 10회로를 집합으로 설치하여 회로별 상태를 알려주는 장치. 누전상태는 후레임측에 회로별로 설치된 ZCT를 이용하여 검출 하도록 되어 있음.
21	V-METER	DC 150[V]	직 류 전압계	축전지의 단자전압을 측정하기 휘한 계기이다.

기호	품명	규격	용도	동작목적 및 취급방법
22	A-METER	DC 200[A]	직 류 전류계	충전기로부터 축전지로 공급 충전되는 전류 또는 축전지로 부하측으로 흐르는 DC전류를 측정하기 위한 계기로서 충전기로부터 축전지측으로 흐를 경우(충전시) 계기는 +측으로 지시하게 되며 반대로 축전지측으로부터 부하측으로 흐를 경우 (방전시)계기는 −측으로 지시하게 된다.

참고

전철전력시설규정 2003. 5.24 훈령 제7965호

① 고압의 보호설비

㉠ 직렬콘덴서 : 변전소 등의 직렬콘덴서는 급전용변압기 또는 전차선로 전압강하분을 보상하며, 분수조파 발생을 억제할 수 있어야 한다.

㉡ 병렬콘덴서 : 변전소 등의 병렬콘덴서는 필요한 경우에 설치하며, 평균부하 역율은 90[%] 이상으로 유지하고 송전회로에서 발생하는 고조파를 억제할 수 있어야 한다.

② 변전소 등에는 다음 각호의 필요한 부대설비를 갖춘다.

㉠ 제어용 전원설비 : 전기사령실 및 변전소 등에는 기기를 제어하기 위한 교류전원설비와 직류전원설비를 한다.

ⓐ 제어용 교류전원 : 제어용 교류전원은 변전소 및 구분소별로 상용과 예비의 2계통으로 구성하고, 제어용 변압기의 표준용량은 표 2-2에 의한다.

표 2-2 제어용 변압기의 표준용량

구 분	표준용량 [kVA]	비 고
변전소	150, 200, 250, 300	
급전구분소 보조급전구분소	30, 50, 75, 100	

ⓑ 제어용 직류전원 : 제어용 직류전원은 축전지와 정류기를 사용하되 부동 충전방식을 사용하며, 축전지의 용량은 다음 표 2-3에 의한다.

표 2-3 제어용 축전지의 용량

구 분	축전지 용량		기 사
	알카리축전지 (Cell 공칭전압 1.2[V])	무보수연축전지 (Cell 공칭전압 2[V])	
변전소	150~200[AH]	200~300[AH]	
급전구부소 보조급전구분소	60~100[AH]	100~200[AH]	

㉡ 제어방식

ⓐ 제어방식은 중앙 집중 원방감시제어식으로 하고 변전소 등의 제어 및 감시가 전기사령실에서 이루어 지도록 하여야 한다.

ⓑ 전기사령실과 변전소 또는 기타 사령업무에 필요한 장소에는 상호 연락할 수 있는 통신설비를 시설하고, 전기사령실에는 정보처리장치 등을 설치한다.

(5) 원방감시 제어장치(SCADA System : Supervisory control Data Acquisition System)

집중 원격감시제어 시스템 또는 원방감시제어 데이터수집 시스템이라고도 하는 스카다(SCADA)시스템은 통신 경로상의 아날로그 또는 디지털신호를 사용하여 원격장치의 상태정보 데이터를 원격 소장치(Remote Terminal Unit)로부터 수집, 수신, 기록, 표시하여 중앙제어시스템이 원격장치를 감시 제어하는 시스템이다.

각 설비들의 상태를 쉽게 파악할 수 있으며 또한 설비의 상태를 Database화하고 설비의 위급 상태에 따라 다양하게 취급자(사령자)에게 통보할 수 있으며 각종 자동제어 기능을 부가함에 따라 무인화 운전이 가능한 시스템으로 운영되고 있다.

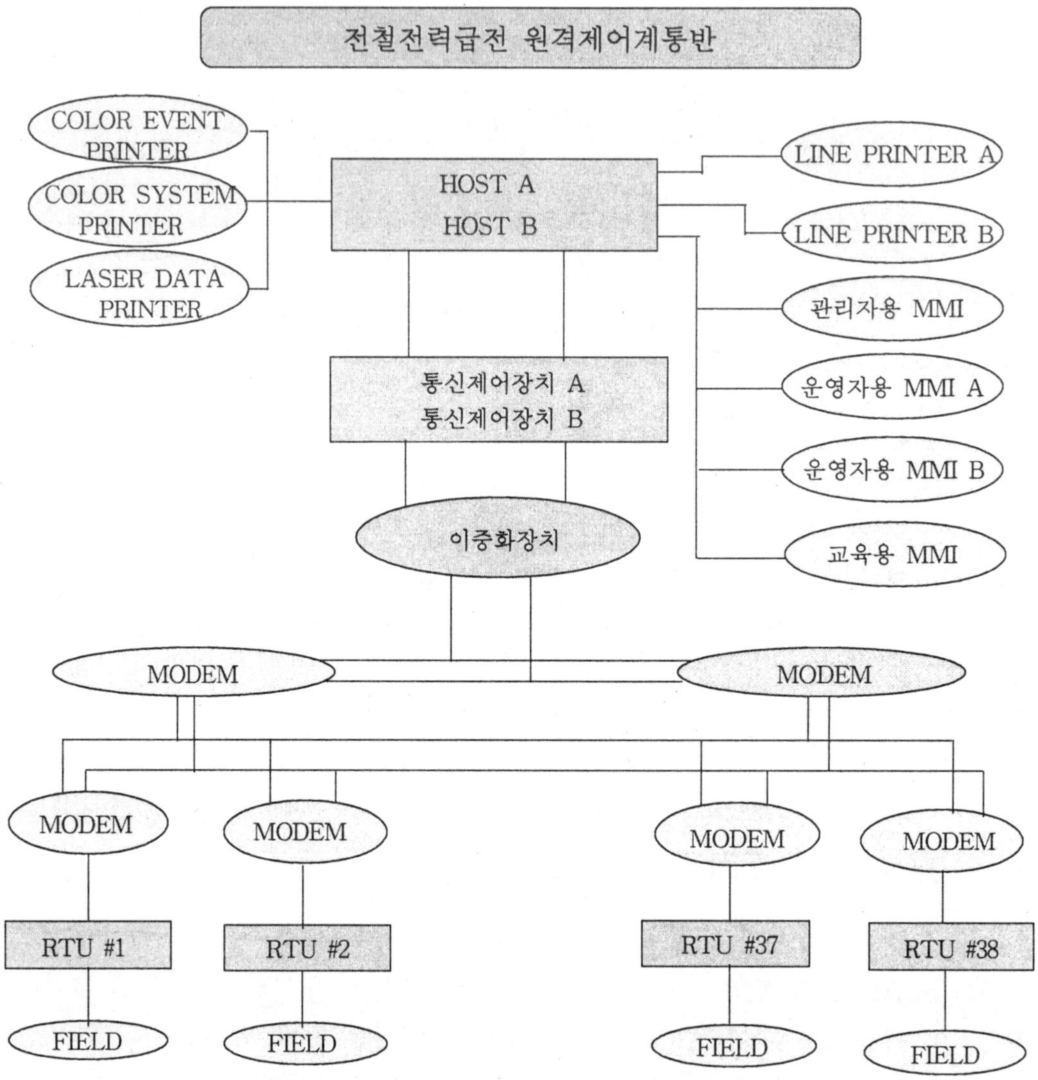

※ 그림 2-13 SCADA 시스템 계통반(전철전력급전 원격제어계통반) ※

※ 그림 2-14 SCADA 중앙 HOST 및 전기사령실 맵보드(영주) ※

3. 실습결과 및 고찰

① 고압배전반의 정의 및 목적을 이해하고 설명할 수 있다.

② 차단기의 종류를 알고 특징을 설명할 수 있다.

③ 차단기 정격차단용량을 구할 수 있다.

④ 소내 작업을 하기 위하여 차단기, 단로기 조작 순서를 이해하고 인터록에 대하여 설명할 수 있다.

⑤ 계기용 변류기 종류를 알고 설명할 수 있다.

⑥ 배전반 계기의 종류를 알고 표시영문을 이해하고 있다.

⑦ 직렬 및 병렬콘덴서의 설치목적을 이해하고 예비 제어전원 필요성을 알고 있다.

⑧ GPT, ZCT 용도를 알고 결선도를 이해하고 있다.

⑨ 각종 배전반 및 계전기 용어를 이해하고 있다.

⑩ 원방감시제어장치인 SCADA 시스템의 계통을 이해하고 설명할 수 있다.

실습 3

철도구내 저압설비의 이해

1. 실습목적

철도구내 저압설비를 이해하고 분전함 및 각종 옥내배선 유지보수를 포함하여 전력 기초이론과 전문기술 축적을 목적으로 한다.

2. 관련이론

(1) 철도(청사, 역사 등) 저압수전 계통도

(a) 저압분전반

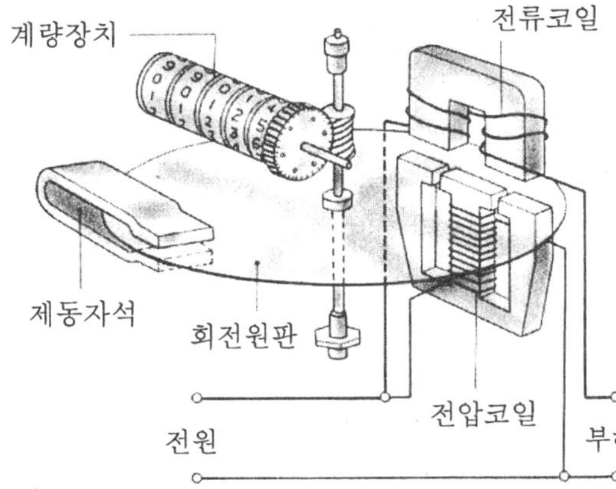

(b) 적산전력량계 내부구조

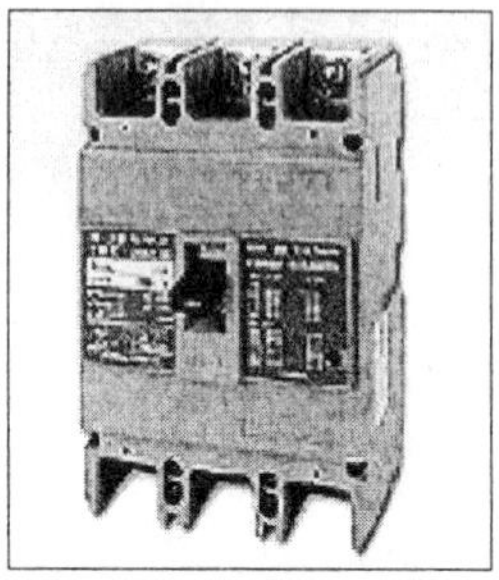

(c) 배선용 차단기

(d) 누전차단기(ELB)

※ 그림 3-1 저압분전반 내부설치 부품 ※

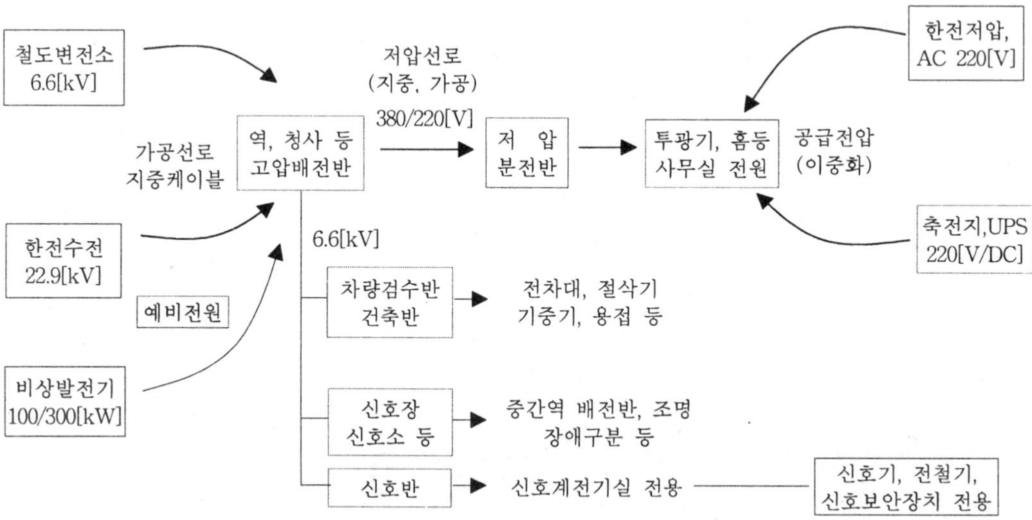

※ 그림 3-2 철도 저압선로 계통도 ※

(2) 철도전기 기초

(가) 술어와 단위

① **전류[A]** : 전하가 운동하는 현상. 세기는 어떤 단면을 통해 1초 동안 흐르는 전하(단위 : 쿨롱 [C])의 양으로 측정되고, 그 단위를 암페어라 하여 기호 A로 나타낸다. 또한 전류의 방향은 양전하가 흐르는 방향으로 정한다. 전류가 전해질이나 도체 속에 넓게 분포되어 있을 때는 전류밀도가 이용되는데, 전류밀도란 단위넓이의 단면을 통해 흐르는 전류이며 크기의 단위는 [A/m^2]이다.

즉, 전기와 전선 속을 흐를 때 1초간에 전선의 어느 한 점을 통과하는 전기의 량

1[mA]=1/1000[A], 1[mV]=1/1000[V], 1[kV]=1000[V]

② **전압[V]** : 두 점 사이의 전위차 또는 어떤 점의 전위를 기준으로 한 다른 점의 전위. 앞의 것과 같이 두 점을 지정하는 경우 <저항의 양끝 전압>이라고 표현한다. 발전기나 전지와 같이 두 점이 출력단자임이 명백할 때는 <발전기의 전압> <전지의 전압> 등으로 표현하기도 한다. 뒤의 것의 경우 전자기기 등에서 새시를 기준으로 한 회로 각부의 전위를 전압이라고 하는 경우도 있다. 전압이 생기는 근원이 되는 작용을 기전력이라고 하며 전기회로나 물체에 전위차를 주는 것을 <전압을 가한다>라고 한다. 즉 두 점 사이에 1[C]의 전하를 움직이는데 1[J]의 에너지가 필요할 때, 그 두 점 사이의 전압을 1[V]로 정한다. 또 교류전압은 크기가 끊임없이 변화하고 있으므로 일주일 동안의 전압의 순간값을 제곱하여 평균을 구하고 그 제곱근의 값을 전압으로 하는데, 이를 실효값이라 한다.

③ **전기회로** : 전원의 한 극에서 나와 도선을 타고 저항 등의 부하(負荷)를 통해 전원의 다른 극으로 들어간다. 이렇게 한 바퀴 도는 경로를 전기회로라 하고, 회로 속의 도선 이외의 요소를 회로소자라 한다. 직류회로에서 회로소자는 주로 저항이고, 교류회로에서는 그 밖에 코일 등의 인덕턴스나 콘덴서 등의 커패시턴스, 변압기 등의 상호인덕턴스 등도 포함된다.
예를 들어 손전등에서는 건전지가 전원인데 스위치를 넣어 회로를 닫으면 전류는 건전지의 양극에서 나와 꼬마전구의 필라멘트를 통해 건전지의 음극으로 돌아간다. 또 전차의 경우 변전소에서 송전선을 통해 가선(架線)으로 보내지고, 팬터그래프에서 전차로 흘러들어 전류제어기·전동기를 통해 차량에서 선로로 흘러 변전소로 들어간다. 전류의 분기점을 가진 회로를 회로망이라 하고 직류 회로망의 전류분포에서는 키르히호프의 법칙이 성립한다.

④ **저항[Ω]** : 전기의 흐름을 저지하려는 힘.

⑤ **전력[W]** : 단위 시간내에 도체나 전기기기 등으로 소비 또는 발생하는 전력에너지의 량. 1[V]에서 1[A]가 흐르고 있는 전로의 전력은 1[W]라 한다.

1[kW]=1000[W], 1[MW]=1000[kW]

※ 단상전력 : V×A×cos θ(역률)[W]

3상전력 : $\sqrt{3}$×V×A×cos θ(역률)[W]

⑥ 유효전력[kW] : 교류회로에서 전압과 유효전류(전압과 동일한 위상의 성분)와의 곱에 비례하는 양. 무효전력에 대응되는 말이다. 단상교류의 경우 실효값으로 나타낸 전압 수치(단위 : 볼트 [V])와 유효전류 수치(단위 : 암페어 [A])와의 곱이 유효전력(단위 : 와트 [W])이 된다. 대칭 3상교류의 경우에는 전압을 선간전압(線間電壓) 실효값으로, 유효전류를 선전류(線電流) 실효값으로 나타낸 경우, 유효전력은 이들 곱의 배이다. 유효전력 수치는 단순히 전력이라 불리는 평균전력과 같다. 일반적인 부하를 등가적으로 저항과 콘덴서(또는 리액터)와의 병렬접속으로 간주하면, 저항 전류와 전압과의 곱이 유효전력이고, 콘덴서 전류와 전압과의 곱이 무효전력이 된다. 콘덴서는 평균적으로는 전력을 소비하지 않으므로, 전체 전력의 평균값은 저항의 전력평균값과 같다.

즉, 전원에서 공급되어 부하중에서 소비되어 버리는 에너지의 단위 시간당의 량으로 유효전력 $= EI\cos\Phi$이다. 단 Φ는 전압 E와 전류 I와의 위상차 각이다.

⑦ 무효전력[Var] : 전력 계통 요소의 전압을 일정하게 유지하고, 안정된 에너지의 수송을 확보하며, 송전(送電)손실을 최소화하기 위한 전력통제. 교류(交流)전력에는 전기에너지의 실제인 유효전력과, 실제적인 일은 하지 않지만 유효전력의 흐름을 원활하게 하는 무효전력이 있다. 그러나 송전선에 생겨나는 전압 강하(降下)는 무효전력에 비례하여 커지는 성질이 있다. 또한 수요가(需要家)가 소비하는 유효전력이 변화하면 그에 따라 필요로 하는 무효전력도 변화한다. 그러므로 송전선의 전압 강하도 변화하므로 그대로 두면 전력 계통 안의 전압을 일정하게 유지할 수 없게 된다. 이 때문에 변전소나 장거리 송전선 중간의 개폐소에 각종 무효전력 설비를 하여 무효전력을 흡수·발생시켜 전압을 일정하게 유지해야 한다. 이것이 무효전력 제어이며, 이를 위해 설치된 무효전력 설비를 조상설비(調相設備)라고 한다. 조상설비에는 중부하(重負荷)때 생겨나는 전압 강하를 방지하는 병렬(竝列)콘덴서, 경부하(輕負荷)때 생겨나는 전압 상승을 제어하는 분로(分路)리액터, 무효전력의 흡수·발생을 연속적으로 변화시키는 동기조상기(同期調相機), 사이리스터의 개폐제어작용을 이용한 정지형 조상기 등이 있다. 이 밖에 단권(單捲) 변압기의 탭을 새로 바꾸어 전압

을 일정하게 유지하는 부하시(負荷時) 탭절환(切換)변압기도 이용되고 있다. 전기에너지를 직접 변화시키는 유효전력의 제어의 영향이 광범위하게 미치는 데 비해 무효전력 제어의 효과는 좁은 범위에 한정된다.

⑧ **피상전력[VA]** : 교류의 부하 또는 전원의 용량을 표시하는 전력, 전원에서 공급되는 전력이다. 즉,

피상전력=유효전력+무효전력

⑨ **전력량[kWh]** : 어느 일정한 전력이 어느 시간 일하여 사용한 전기의 양이다. 즉, 전력[W]가 1시간일 한 전력량은 1[Wh]이다.

1[kWh]=1000[Wh]

⑩ **인덕턴스[H]** : 회로의 전류 변화에 대한 전자기유도에 의해 생기는 유도기전력의 비를 나타내는 상수. 유도계수라고도 하며, 자체유도의 자체인덕턴스와 상호유도의 상호인덕턴스의 총칭으로 보통은 앞의 것을 말하고 MKSA단위는 헨리(H)이다.

⑪ **임피던스[Ω]** : 교류회로에서 전류통과를 저지하려는 것.

⑫ **리액턴스[Ω]** : 교류회로에서 교류(사인파)전류가 흐르기 어려움을 나타내는 양. 임피던스의 허수부(虛數部)이다. 교류회로에서 전류의 흐름을 막는 요소는 저항, 인덕턴스, 커패시턴스이다. 이 중 저항을 흐르는 전류는 저항의 양끝의 전압과 위상이 같지만 인덕턴스를 흐르는 전류는 인덕턴스의 양끝의 전압에 대한 위상이 90° 늦고, 커패시턴스를 흐르는 전류는 커패시턴스의 양끝의 전압에 대한 위상이 90° 앞선다. 인덕턴스에 의한 리액턴스를 유도성 리액턴스, 커패시턴스에 의한 리액턴스를 용량성 리액턴스라 한다. 교류회로의 리액턴스는 회로의 자기인덕턴스, 상호인덕턴스, 커패시턴스, 주파수에 의해 값이 정해진다.

⑬ **역률(力率)** : 교류회로의 유효전력과 피상전력과의 비(比)이다.

⑭ **실효값** : 교류로서 직류와 동일한 효과를 나타내는 평균값, 즉 시시각각 변화하고 있는 교류를 전열기(역률 100[%])에 통하게 할 때, 직류와 동일한 발열효과를 나타내는 평균값이다.

⑮ **전압강하(電壓降下)** : 전원과 부하와의 사이의 배선저항 및 리액턴스에 의하여

전압은 강하하고 부하말단의 전압은 전원전압보다 얕아진다. 이 전압의 강하를 말하는 것으로서, 옥내배선의 경우에는 부하전류에 배선의 저항을 곱한 것으로서 계산해도 지장이 없다.

⑯ **효율** : $\frac{\text{출력}}{\text{입력}}\times 100 = \frac{\text{출력}}{\text{출력}+\text{손실}} = \frac{\text{입력}-\text{손실}}{\text{입력}} = 100[\%]$

(나) 전압의 종별

① **저압** : 직류 750[V] 이하, 교류 600[V] 이하

② **고압**

㉠ 직류 750[V] 초과~7,000[V] 이하

㉡ 교류 600[V] 초과~7,000[V] 이하

③ **특고압** : 7,000[V] 초과

(3) 예비전원(비상제어용) 축전지 및 충전장치의 이해

(가) 개 요

인공적으로 전기를 발생시키는 장치를 일반적으로 발전기라 하고, 이 발전기를 크게 나누어 물리적 에너지를 이용한 것과 화학적 에너지를 이용하는 것으로 나눌 수 있다. 전자는 수력, 화력, 원자력 등의 각종 발전장치가 대표적이고 후자는 소위 전지가 있다.

전지는 전기를 발생하기도 하고 충전 가능한 것을 말할 수 있는데, 한 번 전기를 발생하여 소모시키면 그 기능을 상실하는 1차 전지와 전기를 발생하여 소모시켰더라도 외부로 부터 전기를 충전하면 다시 사용 가능한 2차 전지로 나눈다. 1차 전지의 대표적으로는 건전지가 있고, 2차 전지로는 연축전지와 알카리 축전지가 있다.

전기를 소모시키는 것을 방전, 새로이 전기를 외부로부터 받는 것을 충전이라 말하며, 이 방전과 충전을 자유롭게 할 수 있는 것이 바로 축전지이다. 그리고, 축전지에 새로운 전기를 공급하기 위한 설비가 필요하게 되는데 통상 충전장치라 말한다.

전철 및 전력 배전반의 제어용 전원 DC 110[V]를 얻기 위하여 AC 110/220[V]를 공급받아 이를 정류하여 사용하고, 또한 신호보안설비의 예비전원, 역사 사무

통신기기 및 중요보안설비가 만약의 정전사태를 대비하여 축전지를 구비하고 있으나 충전장치와 축전지의 기능을 제대로 이해하지 못함으로 인하여 적시에 적당한 유지보수가 이루어지지 못하여 배전반 제어 및 예비전원으로서 기능이 불가능한 경우가 종종 발생하고 있으므로 서전에 충분한 유지보수 능력과 축전지 관리에 최선을 다하여야 한다.

(나) 축전지(Storage Battery)

① 구비 조건

㉠ 충·방전에 의한 화학변화가 가역적(可逆的)일 것.

㉡ 충전에 의한 전극물질의 재생이 양호하여 가능한 한 많은 횟수의 충전과 방전이 가능할 것(보통 1000회 이상).

㉢ 충전에 요하는 전력이 적을 것, 즉 효율이 높을 것.

② 연축전지(鉛蓄電池)

㉠ 주요부분 : 양극판, 음극판, 격리판, 전해액, 전조

㉡ 양극판 : 산화납(PbO_2)

㉢ 음극판 : 해면상의 납(Pb)

㉣ 격리판 : 목재박판, 유공에보나이트판, 다공경질고무

㉤ 전해액 : 순황산(H_2SO_4)

㉥ 비 중 : 1.20~1.30(20[℃])

㉦ 전 조 : 유리, 에보나이트

㉧ 기전력 : 2[V]

㉨ 음극판 및 양극판은 수매에서 수십매가 교차로 조합되어 있고 양단이 음극판이므로 음극판이 양극판보다 1매 더 많다.

㉩ 극판의 구부러짐, 작용 물질의 탈락 현상을 방지할 목적으로 격리판이 있다.

㉪ 각 극판에는 소량의 황산바륨($BaSO_4$) 등의 불활성 팽창제를 섞어 충전 및 방전에 따른 수축을 방지하여 용량의 감소를 막는다.

③ 알카리축전지

㉠ 주요부분 : 양극판, 음극판, 격리판, 전해액, 전조

㉡ 판구조 : 니켈 도금한 가는 구멍이 뚫린 마대강판

㉢ 양극판 : 활성화 물질 수산화니켈을 압착 고정

㉣ 음극판 : 활성화 물질 카드뮴 분말을 압착 고정

㉤ 격리판 : 합성수지(염화비닐)

㉥ 전해액 : 가성가리 용액

㉦ 비중 : 1.20(20[℃]) ※ 한냉지대에서는 1.24(20[℃])

㉧ 전조 : 합성수지

㉨ 기전력 : 1.2[V]

④ 축전지 용량

㉠ 완전 충전상태에 있는 축전지를 어떤 일정한 전류로서 방전시켜 방전 종지 전압까지 얻을 수 있는 총 전기량 또는 전력량을 축전지 용량이라고 한다. 전자를 Ampere-hour 용량, 후자를 Watt-hour 용량이라고 부르며 각각 Ah, Wh로 표시한다.

㉡ 거치용 축전지는 10시간율 용량으로 표시하며 Ah가 널리 사용된다. Ah는 전기량의 단위로서 회로 중에 흐르는 전류와 시간과의 적(積)으로 표시된다. 예를 들면 5[A] 전류가 10시간 흐른 경우에 그 전기량은 50[Ah]가 된다.

㉢ 알카리 축전지 중에는 5시간율을 적용하는 경우도 있다.

㉣ Wh는 전력량의 단위로 Watt와 시간의 적(積)으로 표시되고, 사용하는 경우가 드물다.

⑤ 방전종지전압

㉠ 일반적으로 축전지는 어느 정도까지 방전하면 그 후의 전압 강하는 대단히 급격하게 떨어져 버리기 때문에 축전지의 방전은 전압이 급강하하는 점에서 그쳐야 한다.

㉡ 만일 그 이상 방전을 계속하면 얻어지는 전기량이 적을 뿐만 아니라 축전지 자신에 악영향을 준다. 이 방전중지전압을 방전종지전압이라 하며 방전율에 따라 일정하지 않다.

⑥ 부동충전(Floating Charge)

㉠ 축전지의 자기방전에 필요한 전류를 공급하여 즉시 방전 가능한 상태로 충전하는 방식이다.

㉡ 충전전압이 너무 높으면 과충전 상태가 되어 증류수의 소비가 크고 수명도 단축된다.

㉢ 연축전지 부동충전전압 : 2.15[V]

※ 1조=6개 축전지, 9조를 사용할 경우 : 2.15×6×9=116.1

㉣ 알카리 축전지 : 1.40~1.45[V]

※ 제작회사에 따라 1.42~1.45[V]를 요구하는 경우

※ 81개를 사용할 경우 : 1.40×81=113.4, 1.45×81=117.45(보통 116[V] 적용)

※ 90개를 사용할 경우 : 1.40×90=126, 1.45×90=130.5(보통 128[V] 적용)

⑦ 균등충전(Equalizing Charge)

㉠ 장시간 동안 부동충전 상태로만 지속시키면 방전종지전압에 빨리 도달하게 되어 용량이 감소하는 방전기능 저하상태가 되고, 활성화 작용물질이 바닥에 가라앉아 수명이 단축된다.

㉡ 연축전지는 양극판의 황산연이 불활성의 백색 황산연으로 변화하는 설페이션 현상이 발생하여 축전지의 용량이 감소된다.

㉢ 따라서 개개의 축전지를 평균화·활성화하기 위해 정기적으로 행하는 일종의 과충전을 균등충전, 균압충전, 또는 승압충전이라고 한다.

㉣ 연축전지는 3개월에 1회, 알카리 축전지는 6~12개월에 1회 균등충전을 할 필요가 있다.

㉤ 연축전지 균등충전전압 : 2.25[V]

※ 1조=6개 축전지, 9조를 사용할 경우 : 2.25×6×9=121.5

㉥ 알카리 축전지 : 1.50~1.55[V](제작회사에 따라 1.52~1.55[V]를 요구하는 경우도 있다)

※ 81개를 사용할 경우 : 1.50×81=121.5, 1.55×81=125.55 [보통 124[V] 적용]

※ 90개를 사용할 경우 : 1.50×90=135, 1.55×90=139.5 [보통 136[V] 적용]

⑧ 충전장치(정류기)

㉠ 축전지에 공급하는 전원은 직류로서 입력전원 교류를 직류로 변환시키는 장치를 충전장치 또는 정류기라 한다.

㉡ 전철변전소 및 전기실 등에 설치된 충전장치는 변압기, 실리콘정류소자(다이오드, 싸이리스터), 평활회로(콘덴서, 코일, 저항), 충전전류 조정장치, 감시 및 보호장치, 부하전압조정장치 등으로 구성되어 있다.

㉢ 정류소자 선택 : 용도, 효율에 따라 경제성을 감안하여 적용범위를 정한다.

㉣ 정류소자

· 단결정 반도체 : 아산화동, 황산동, 산화티탄,

· 다결정 반도체 : 게르마늄, 실리콘, 탄산규소

📖 참고

①

표 3-1 전선의 허용전류

공칭단면적	소선수/직경	허용전류	공칭단면적	소선수/직경	허용전류
5.5[mm^2]	7/1.0[mm]	49[A]	100[mm^2]	19/2.6[mm]	298[A]
8.0[mm^2]	7/1.2[mm]	61[A]	125[mm^2]	19/2.9[mm]	
14[mm^2]	7/1.6[mm]	88[A]	150[mm^2]	37/2.3[mm]	395[A]
22[mm^2]	7/2.0[mm]	114[A]	200[mm^2]	37/2.6[mm]	469[A]
38[mm^2]	7/2.3[mm]	162[A]	250[mm^2]	61/2.3[mm]	556[A]
50[mm^2]	19/1.8[mm]	190[A]	325[mm^2]	61/2.6[mm]	650[A]
60[mm^2]	19/2.0[mm]	217[A]	400[mm^2]	61/2.9[mm]	
80[mm^2]	19/2.3[mm]	257[A]			

② 케이블의 허용온도

- 저가스압 케이블 : 75[℃]
- 합성고무절연 케이블 : 80[℃]
- OF 케이블 : 80[℃]
- 파이프압력형 케이블 : 80[℃]
- CV 케이블 : 90[℃]
- SL 케이블 : 100[℃]

축전지내부(제어전원용)

큐비클(축전지반)외부

※ 그림 3-3 배전반 제어전원용 예비축전지 ※

(4) 철도 차량용 견인 전동기(電動機 : Electric Motor)

철도 차량용 견인(牽引) 전동기는 크게는 직류 전동기와 교류 전동기로 구분되며, 현재 우리나라에서 사용되는 견인 전동기는 수도권 1호선에 운행중인 저항제어 전기동차, 산업선에 운행중인 전기 기관차 및 디젤 기관차에는 직류 직권전동기를 사용하고 있으며, 과천선, 일산선에 운행중인 전기동차에는 교류 전동기인 3상 농형(籠型) 유도(誘導)전동기를 사용하고 있으며, 고속열차에서도 교류 3상 동기전동기를 사용하고 있다.

(가) 직류 직권전동기

직류 전동기 중에서도 직류 직권전동기는 큰 기동 토크와 부하의 변동에 적용하는 토크를 내는 변속도 전동기로 속도제어와 회전방향의 변환이 용이하는 등 우수한 특성을 가지고 있으므로 전기차, 기중기 등의 전동기로 널리 사용되고 있다.

직류 전동기를 사용하는 전기차량은 직류 구간에서는 전기차의 직류 1,500[V]를 직접 견인전동기 회로에 가압(加壓)시키면 되나, 교류구간에서는 교류 2.5[kV]를 주 변압기에서 견인 전동기 회로에 적합한 전압으로 변환시키고 이것을 주 정류기(整流器)에서 정류시켜 직류 1,500[V]로 만든 다음 견인 전동기회로에 가압시키면 된다.

① **직류 직권전동기의 구조** : 직류 직권전동기의 구조는 전기자, 정류자, 계자(界磁), 브러쉬 및 계철(繼鐵)로 구성되어 있다. 외부에서 전기자 쪽으로 전기를 넣어주면 전기자는 전자력에 의해서 전동기로 되어 회전하게 되고, 원동기로 전기자를 회전시켜 자속을 끊으면 기전력이 발생한다.

(나) 교류 3상 유도전동기

교류 기기에는 유도전동기 외에 주파수를 변환하는 유도 주파수 변환기, 교류 전력을 발생시키는 유도 발전기 및 교류 전압을 조정하는 유도전압 조정기 등 응용분야는 대단히 넓으나, 기본을 이루는 것은 유도전동기이다.

유도전동기는 많은 전동기 중에서 가장 많이 사용되는데 그 이유는 우선 손쉽게 교류전원을 얻을 수 있고, 구조가 간단하고 가격이 저렴하며, 기계적으로 튼튼해서 고장이 적기 때문이다. 이런 이유로 가정에서 사용하는 소용량의 동력에는 단상용 유도전동기가 사용되며, 각 공작의 동력용, 또는 양수, 정비, 인쇄, 방적 등의 동력으로 사용하는 등 기계동력이 필요한 모든 곳에 3상 유도전동기가 사용되고 있다.

① 유도전동기의 구조 : 3상 유도전동기는 회전자의 구조에 의해서 농형과 권선형으로 분류되어 있다. 3상 유도전동기의 주요 부분은 회전자장을 만들기 위하여 3상 권선을 감은 고정자(stator)와 회전 자속(자장)에 끌려서 도는 회전자(rotor)로 되어 있다.

② 유도전동기의 원리(플레밍의 왼손법칙과 오른손법칙)

㉠ 플레밍의 왼손법칙 : 모터의 내부에서 로타(회전자)에 작용하는 힘의 원리를 설명하는 것이다. 이는 일정한 크기의 자계속에 하나의 도선을 놓아두고, 이 도선에 전류를 흘리면 도선에 힘이 작용하게 된다. 이때, 전류와 힘, 그리고 자계의 방향 사이의 관계를 나타낸 것이 왼손법칙이다.(단, 이것은 회전자에 도선을 감았을 경우 바로 적용이 되나, 회전자가 자석으로 되어 있고, 고정자에 도선을 감아 여기에 전류를 흘려줄 경우는 도선이 받는 힘의 방향과 반대방향으로 회전자가 힘을 받게 된다.)

이 왼손법칙은 $F = B \times V = B \times I_r$의 벡터의 곱으로 표시된다.

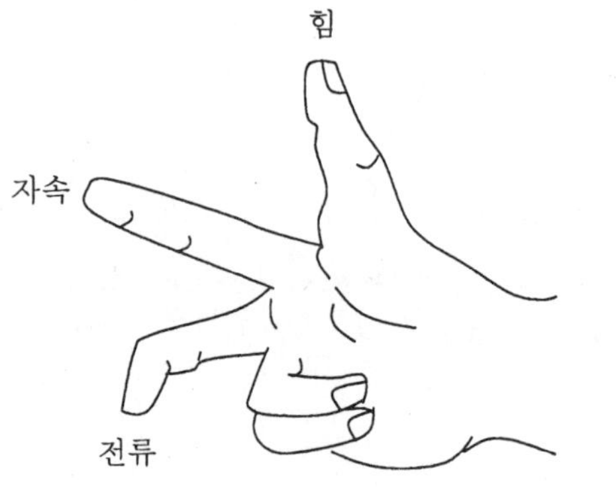

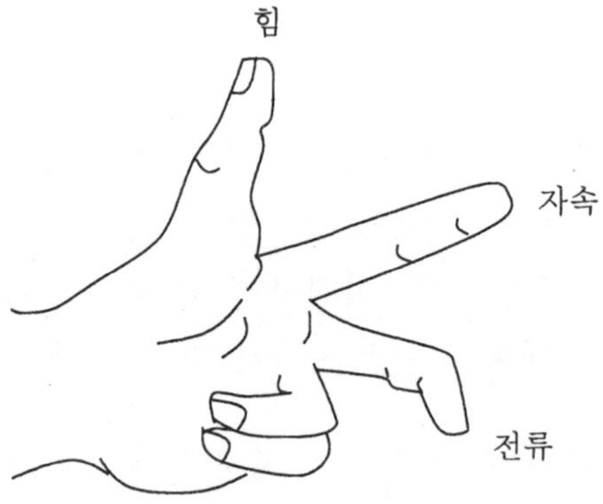

※ 그림 3-4 플레밍의 오른손법칙(G) ※ ※ 그림 3-5 플레밍의 왼손법칙(M) ※

㉡ 플레밍의 오른손법칙 : 이것은 일정한 자계속에 놓여있는 도선을 외부의 힘으로 움직여주었을 때 움직이는 도선에 유도전류가 흐르게 된다. 이때 움직이는 속도와 자계의 방향, 그리고 전류의 방향 사이의 관계를 나타낸 것이 오른손법칙으로서, 이를 발전기의 원리라고도 한다.

$E = F \times B$ 또는 $-E = B \times F$의 벡터의 곱으로 표시된다. 즉, 도선에 생기

는 유도전압은 회전자의 속도에 비례하여 커진다.

3. 실습결과 및 고찰

① 철도 저압수전 계통도를 이해하고 설명할 수 있다.

② 큰 역구내 및 청사의 예비전원 목적과 종류를 설명할 수 있다.

③ 철도전기의 기초용어에 대하여 이해하고 있다.

④ 무효전력과 유효전력을 이해하고 설명할 수 있다.

⑤ 축전지의 종류와 관리방법에 대하여 이해하고 있다.

⑥ 부동충전과 균등충전에 대하여 이해하고 설명할 수 있다.

⑦ 최근 철도에서 가장 많이 사용하고 있는 3상 유도전동기에 대하여 이해하고 플러킹(역회전)을 설명할 수 있다.

⑧ 플레밍의 오른손/왼손법칙을 이해하고 설명할 수 있다.

⑨ 접지걸이 설치방법과 주의사항을 알고 있다.(이하 붙임물)

⑩ 접지걸이 취급시 궤도(접지측)와 전선로측 우선취급 순서를 이해하고 있다.

⑪ 접지저항 측정방법을 이해하고 설명할 수 있다.

실 4 습

직류 전철변전소 계통도 이해

1. 실습목적

현재 서울지하철 등 일부 기타지역에 사용하고 있는 직류 전기철도 방식(DC 1,500[V])을 이해하고 교류계통과 비교하여 전문기술 습득을 하는데 목적이 있다.

2. 관련이론

(1) 직류 변전설비의 개요

직류급전구간에는 변전소(SS : Sub Station) 및 급전구분소(SP : Sectioning post) 간을 1구간으로 하여 방면별, 상하선별로 급전한 것을 표준으로 하고 있다. 상, 하 방면별 외에 큰 역구내, 차량기지 등에 별도의 단독 급전회로를 구성한다. 각 회선은 이상시에 고속도 차단기에 의하여 다른 계통과 분리 되도록 되어 있으나 정상 급전시에는 전압강하의 경감, Section에서의 Arc방지 때문에 급전선과 변전소 및 급전구분소 모선을 전기적으로 연결하여, 인접 변전소와 병렬급전 방식으로 하고 있다.

이 방식은 변전소간의 중간점에 상하의 급전선을 직류모선으로 연결하고, 급전회로의 저항을 낮게하여 전압강하를 경감시키는 방식이 있는데, 복선구간의 시간대에 따라 상・하선의 부하가 크게 다른 구간에 유효한 방식이다.

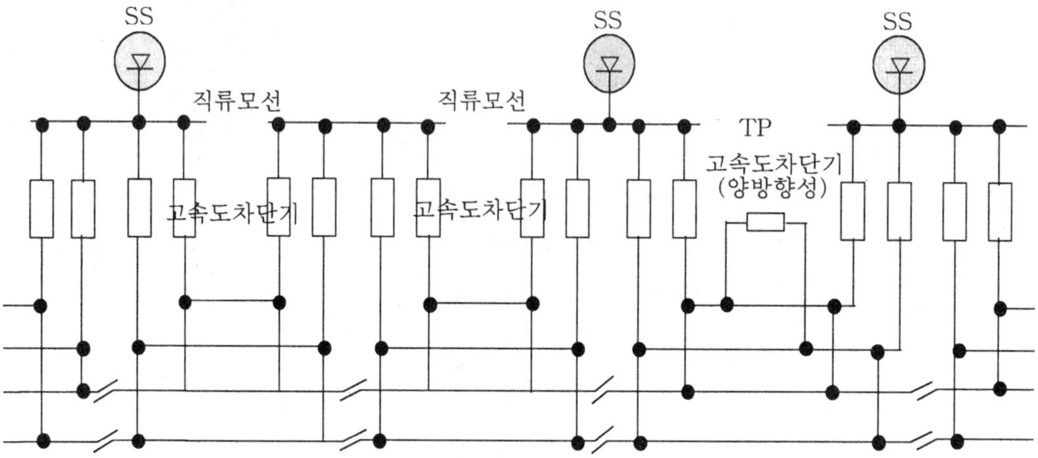

※ 그림 4-1 직류급전구간의 급전계통 ※

📖 참고

✍ 정류기(⏚ : Rectifier)

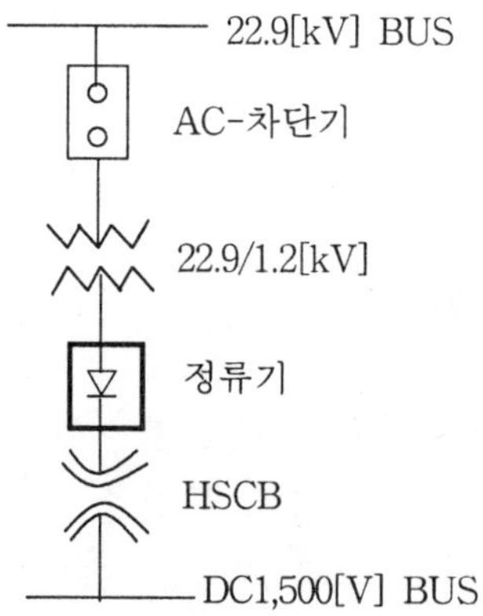

※ 그림 4-2 직류정류기 계통 ※

직류전동차를 구동하기 위한 전력을 전차선에 공급하기 위하여 한국전력으로부터 수전한 교류전력을 직류전력으로 변환하는 장치를 정류기라고 한다. 현재 지하철 정류기의 정류용 소자(素子)로는 다이오드(Diode)를 사용하는 방법과 싸이리스터를 사용하는 방법이 있는데 서울 지하철에서는 실리콘 다이오드(Silicon diode)를 부산지하철에서는 싸이리스터(Thyristor)를 사용하고 있다.

정류방식으로는 3상 또는 6상 전파정류방식의 6펄스방식(서울지하철 1, 2호선)과 12펄스(서울지하철 3, 4호선 5~8호선 및 기타도시 지하철)방식이 채용되어 운용하고 있다. 외국의 경우도 70년대 이전에 건설된 구간은 주로 6펄스방식이, 그 이후에 건설된 구간은 12펄스 방식이 많이 사용되고 있다.

(가) 직류 전철변전소 계통의 구성

직류변전소의 변전설비는 전동차에 직류를 공급하는 직류계통과 각 역사 전기실을 통하여 조명, 동력, 신호, 통신, 역무자동화설비 및 기타 역사운용설비에 전력을 공급하는 교류계통을 구성한다.

전기철도의 주 에너지원은 전력이다. 지하철 전력은 한국전력으로 부터 수전된 특고압 22.9[kV]인 전기를 강압하여 직류로 변성한 후 전차선로를 통하여 전동차용 전원으로 공급하는 직류급전계통과 고압으로 강압하여 배전선로를 통하여 각 역사 전기실로 보낸 다음 저압으로 변성하여 사용하는 고압 배전계통으로 구성되어 있는데 이러한 전력공급 기능을 갖춘 곳을 직류변전소라 한다.

직류변전소는 교류변전소보다 복잡한 교직변환장치가 설치되기 때문에 보조기 및 부속장치가 필요하게 된다.

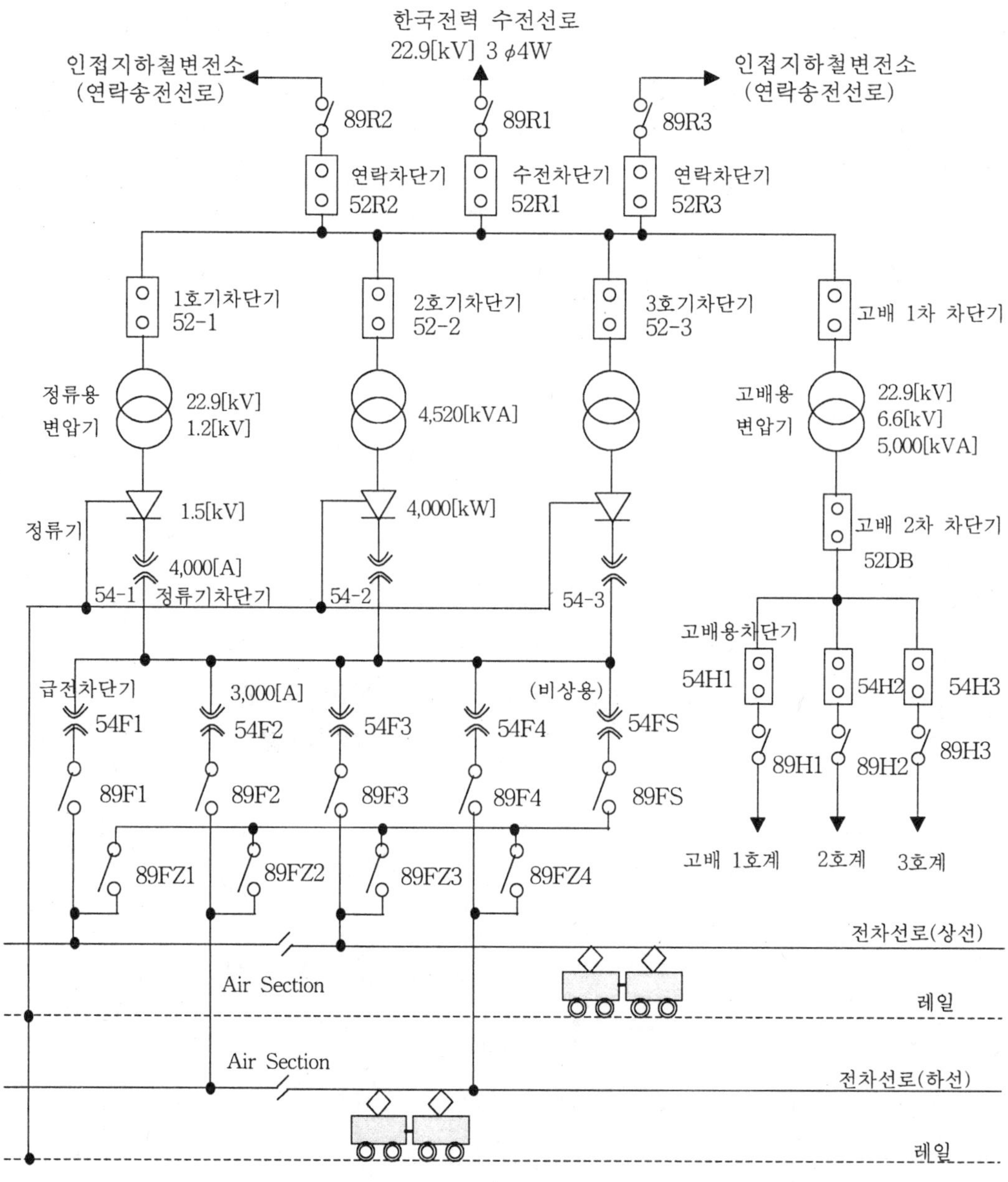

※ 그림 4-3 직류변전소 계통도 ※

(나) 직류 고속도차단기(HSCB : High Speed Circuit Breaker)

직류변전소에서 정류기로부터 출력된 DC 1,500[V]를 전차선에 공급하는 주(主)차단기 및 급전(Feeder)용 차단기를 직류 고속도차단기(HSCB : High Speed Circuit Breaker)라 하는데, 직류회로에서는 교류회로와 달리 고장전류의 극성이 일정하며 교류와 같이 $\frac{1}{2}$싸이클마다 0점을 통과하지 않는다. 때문에 낮은 전압의 아크(arc) 단락이라도 고장전류가 지속되고 자연 소멸할 가능성은 적다. 따라서 고장개소의 확대를 방지하기 위하여 될수록 빨리 고장회로를 분리시켜야 하므로 직류 고속도 차단기를 사용한다. 이 차단기는 사고전류와 과부하전류를 구별하여 선택 차단하는 능력이 필요하다. 사고시 차단은 직류회로의 이상(異常)전류 발생시 고속도로 개극(開極)하는데 이때는 단위시간당 전류 증가율(Δi)을 가지고 부하전류와 구별하여 차단하게 한다.

표 4-1 고속도차단기의 종류

종류	과전류 자동차단기능	사용장소
정방향성	정상전류 방향만 검출	54 : 실리콘정류기 2차 정극측 54N : 회전변류기 2차 부극측 54F : 급전용
역방향성	정상전류 역방향만 검출	54P : 수은정류기 2차 정극측
양방향성	양방향 검출	54F : 급전용

직류 고속도차단기는 아직까지 국내생산이 안되고 있어 외국에서 수입하여 사용하고 있다(서울지하철 1, 2호선은 일본 Hitachi 및 Fuji社 제품, 3, 4호선은 영국 Whipp & Bourne社 제품, 5~8호선은 스위스 Secheron社 제품).

(2) 강체 전차선로

전차선로의 가선방식에 있어 지하구간에 적합하도록 개발되어진 가선방식으로 도시지하철구간의 대표적인 방식이다. 일반적으로 커티너리식의 가공전차선을 지하구간에 채용하는 것은 협소한 공간에서의 전차선 단선에 따른 안전상 문제와 보수작업이 곤란하고 터널단면이 대폭적으로 확대되기 때문에 건설비가 과다하게 소요되는 문제점이 있다. 그러므로 초기에는 이러한 것을 보완하기 위하여 제3궤조 방식을 사용하다가 도시지하철 구간에 적합하고 단선의 우려가 없는 새로운 지하구간용의 가공전차선 방식으로 개발된 것이 강체레일을 가공으로 하는 강체전차선 조가방식이 출현하게 되었고 현재에는 세계 각국의 지하구간의 전차선로 가선방식으로 널리 사용하게 되었다.

강체전차선은 트롤리 와이어를 강체에 완전하게 일체화 시켜서 고정한 것으로 터널 등의 천장에 애자 또는 측면에 브래키트를 설치하고 여기에 강체전차선을 조가하는 방식이다.

강체 전차선로의 장점은 무엇보다 터널구조물의 단면 높이를 축소할 수 있어 건설비를 절감할 수 있을 뿐만 아니라 전주, 빔이 없고 트롤리 와이어가 도체 성형재와 일체로 되어 있기 때문에 장력장치, 곡선당김장치, 진동방지장치가 불필요하다. 따라서 설비가 간단하기 때문에 보수유지가 쉽고 커티너리 조가식의 경우와 같은 단선의 염려가 거의 없고 응급처치 역시 간단하다. 또한 직류급전방식에서는 강체 전차선이 충분한 전기적 용량을 갖고 있기 때문에 급전선을 별도로 시설할 필요가 없다.

강체 전차선로의 단점은 팬터그래프가 강체 전차선에 습동하여 운행될 때 이에 대한 추종성(追從性)이 없어 집전특성이 나쁘기 때문에 전기차 운행속도에 한계가 있으며 유연한 가요성이 없으므로 상대적으로 트롤리 와이어의 마모가 많게 된다. 특히 요철부분에 국부적인 아크로 인하여 특정개소의 마모가 심하고 팬터그래프의 습판의 손상이 많다.

강체 전차선의 조가방식에는 대표적으로 직류강체 전차선로의 T-Bar방식과 교류강체 전차선로의 R-Bar방식이 있다.

표 4-2 강체조가방식의 비교(R-Bar와 T-Bar의 특성 비교)

구 분	R-Bar	T-Bar	비 고
단면적	2,214[mm^2]	2,642[mm^2] 본체+이어 (2,100+542)	Long Ear 271[mm^2]×2
단위중량	5.8[kg/m]	5.6[kg/m]	
허용응력	16[kg · f/mm^2]	11[kg · f/mm^2]	
전차선 지지방식	R-Bar직접지지	Long Ear부착지지	
구 조	간단하다	복잡하다 Long Ear부착지지 250[mm]마다 볼트 조임	
강체 지지간격	10[m]	5[m]	
강체 연결	12[m]마다 특수판 연결	10[m]마다 알곤용접연결	

구 분	R-Bar	T-Bar	비 고
평행개소	평균 400[m]마다 설치 자동신축조절 (Expansion Element) (최대 500[m])	평균 200[m]마다 설치 (최대 250[m])	1구간
전차선 가선방법	자동가선 (1일 15[km])	수동가선 (1일 5[km])	
곡선반경에 따른 강체 구부리기	자동 굴곡 R=120[m]까지	특수 공구 사용 굴곡	
허용속도	160[km/h]	80[km/h]	
비고	유지보수, 시공이 쉽다		

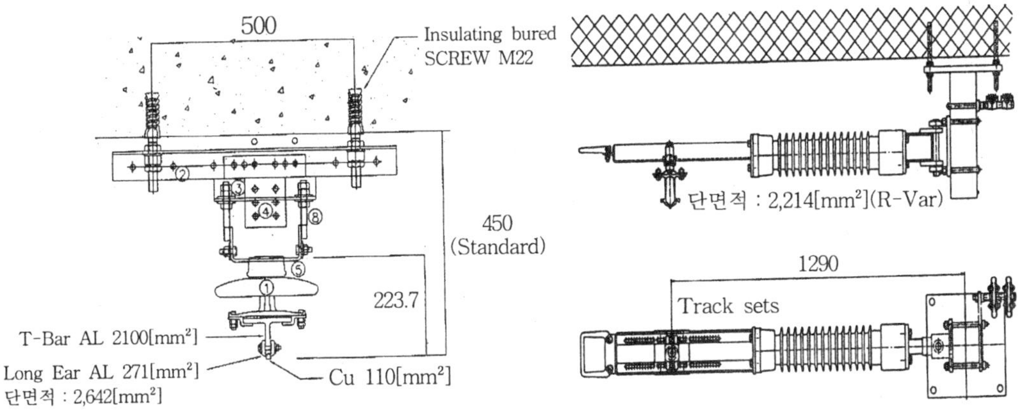

(a) T-Bar DC 1500[V]　　　　(b) R-Bar AC 25[kV]

※ 그림 4-4 강체 조가방식의 종류 및 형상 ※

강체 전차선로를 설계할 때 기본적으로 노선의 조건, 운전조건, 차량조건, 전기공급조건 등을 고려하여 가선방식을 결정하게 된다. 강체 전차선 가선방식에서 가장 먼저 고려하여야 할 것은 노선의 최대속도이며 이것은 최대 허용 Sag와 Support간의 간격, Support간의 최대 허용 높이 차, 최대 경사차 등을 결정한다.

📖 참고

✍ 직류 변전설비

· 급전 타이포스트(TP : Tie post) : 복선구간에서 전차선을 병렬 급전할 수 없는 단말부분의 상선과 하선을 차단기를 통해서 접속할 수 있도록 한 설비
· 정류 Post(RP) : 급전구간의 레일과 대지간의 누설전류 경감을 목적으로 설치하는 것으로 누설전류를 경감하기 위하여 변전소를 설치하는 대신에 변전소 설비에서 고속도차단기를 생략하여 건설비를 절감시킨 것이다.
· 정류기(整流器) : 교류 전압량의 반주기 동안은 다이오드가 순방향 바이어스로 동작하고 음의 반주기 동안 다이오드는 역방향 바이어스로 되어 교류전류는 한쪽방향으로만 흐르는 것이 된다. 이때 다이오드는 교류전류를 정류했다고 하며 이 다이오드를 정류다이오드라 한다.

3. 실습결과 및 고찰

① 직류 변전설비의 개요 및 계통도를 이해하고 설명할 수 있다.

② 교류 급전방식과 직류급전방식을 이해하고 비교 설명할 수 있다.

③ 직류 고속도차단기 목적을 이해하고 있다.

④ 강체 전차선의 종류와 특징을 이해하고 있다.

⑤ 강체 전차선로 설계시 고려사항을 이해하고 있다.

⑥ T-Var, R-Var방식의 특징을 비교 설명할 수 있다.

⑦ 강체 전차선로 높이 및 편위 등 교류 가공전차선과 비교하여 설명할 수 있다.

붙 임

붙임 1

전차선 접지걸이장치 설치도

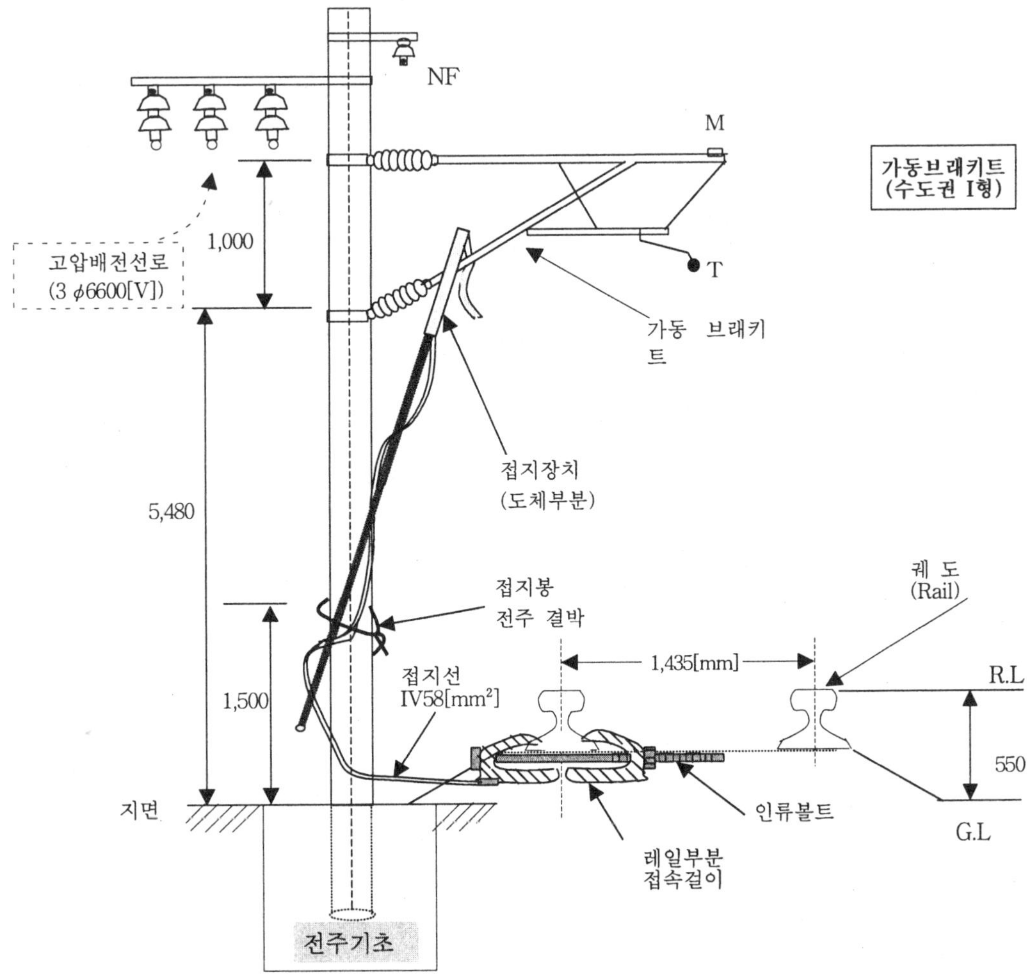

※ 그림 1-1 역간 접지장치 설치도 ※

1. 설치방법

① 검전기로 전차선 단전을 확인한다.
단, 작업책임자 있는 경우에는 지시에 의하여 설치한다.

② 전주와 직선상 근접한 궤도(Rail)의 침목과 침목사이 중간지점에 레일부 접속걸이를 설치하고 접속부에는 사전에 불순물(녹, 이물질 등)을 제거하야야 한다.(접촉저항을 고려하여 스패너 등으로 인류볼트를 충분히 조임한다)

③ 전선로측 접지장비는 전주 및 장간애자 등에 부딪치지 않도록 천천히 들어올려 가동브래키트 경사파이프(도체부분) 하단에 근접(200[mm])하여 잠시 여유를 두어 이상이 없으면 접지장치 도체부의 갈라진 부분을 파이프에 걸쳐놓고 접지봉을 적당한 힘으로 잡아당긴다.

④ 접지봉 및 접지선은 DL운행 또는 재료운반, 작업자 이동 등에 지장이 없도록 지상 1.5[m] 부근에 접지봉과 접지선을 합쳐서 그림 1-1과 같이 전주에 결박한다.

⑤ 역구내, 검수차고선 등 가동브래키트 방식이 아닌 경우에는 하부스팬선의 크램프, 인류볼트, 스프링밸런서 접속부 등의 금속부분에 접지장치 도체부를 접속한다.

⑥ 당일 작업이 종료되고 작업책임자의 접지장치 제거 지시에 의하여 결박줄을 제거한다.

⑦ 전선로측 접지부을 먼저 제거하고, 레일측 접속걸이를 완전 해체한다.

2. 주의사항

① 접지장치를 설치하기전 반드시 검전기로 전차선 단전여부를 확인하여야 한다.

㉠ 단전착오로 인한 접지장치 지락사고시 작업원의 감전 및 약전류전선의 장애초래(지중 통신케이블, 각종 신호보안장치 제어회선, 지중매설 저압선 등)

㉡ 변전소 보호장치 동작으로 차단기 개방 및 급전구간(약 40[km]) EL 운행중지

㉢ 변전소, 구분소 인근 지락사고시 소내 기기손상 및 감시, 통신, 제어회선 등 장애

㉣ 대지전압 상승으로 보안기, 방전기(GP) 동작

② 접지걸이 걸때는 접지측을 먼저 취급하고 뗄때는 전선로측을 먼저 취급한다.

③ 일정기간 연속작업을 시행하더라도 당일작업이 종료되면 반드시 궤도측 접속걸이는 레일로부터 완전히 해체하여 안전한 장소에 보관해야 한다.
(인근 주민의 조작우려, 통행에 지장, 시설소 궤도작업 지장, 도난 등)

④ 전선로측에 접지부를 설치할 때는 기 시설물과 접촉되지 않도록 접지봉을 두 손으로 안전하게 들어올리고 접지장치 도체부를 브래키트 주파이프에 완전 접속하기전에는 접지 리드선을 만지지 말 것(오취급에 따른 감전 및 화상우려 등).

⑤ 전차선로에 접지를 설치할 경우 전차선의 국부마모, 변형, 단전착오에 따른 지락 사고시 전차선의 손상 등으로 반드시 금속 도체부분에 설치한다.

⑥ 접지장치를 설치하고 접지봉과 접지 리드선 일체를 전주에 묶어 열차운행 및 작업원 통행에 지장을 주지 않도록 안전조치를 하여야 한다.

⑦ 작업책임자는 당일 작업시작전 접지장치 취급자를 지정하여야 하고 취급자로 지정된 자는 가능한 작업종료후 접지장치 궤도부 해체까지 본인이 시행하여야 한다.

⑧ 작업도중 접지장치 취급자 변경시에는 반드시 당일 작업책임자의 지시에 따라야하고 작업책임자는 변경사실을 관련자에게 통보하여야 한다.

⑨ 작업시작전 당일 접지걸이 설치장소 및 전주번호를 감독부서(전기사령)에 명확히 알려야 하고 반드시 숙지하고 있어야 한다.

⑩ 접지장치는 반드시 작업구간 양단 끝지점에 각 1개소 설치하여야 한다.

㉠ 변전소 근무자 및 전기사령의 오취급으로 인한 통전

㉡ 운전사령의 착오로 단전구간 전기기관차 운행 승인

㉢ 역, 기관차고 등 단전구간 착오로 입환 및 전기기관차 팬터그래프 오버 등

㉣ 기관사 운전조작 미숙 또는 졸음 운전으로 인한 단전구간 진입, 정지위치 실당

⑪ 접지장치 취급자는 당일 작업이 종료되기전 접지걸이 설치장소 부근에 도착하여 작업책임자의 지시에 따라야 하며 취급자와 사전에 통신연락(무전기, 휴대전화, 사전에 약속한 수신호기 등) 방법을 강구하고 조치해야 한다.

⑫ 접지걸이를 설치할 때와 철거할 때는 반드시 지적환호를 이행할 것.

⑬ 기타 안전사항은 감독자의 지시에 따라야 한다.

(당일 작업책임자는 관련 부서와의 단전협의, 작업안전조치, 인원배치 등 총괄 지휘 하여야 하며, 특히 작업개소 인근 열차운행상황을 무전기로 감청하고 이례사항 발생 또는 확인이 필요한 경우에는 관련 상호간 정보교류가 긴밀하게 이루워져야 한다)

붙임 2

접지저항 측정

접지저항(接地抵抗)이란『접지된 도체와 대지간 저항을 말한다. 접지된 도체에 교류의 시험전류를 흘리고 이때의 도체 전위 상승을 시험 전류로 나눈 값으로 한다.』고 KSC1310에 규정되어 있다. 접지되는 도체에는 피뢰침, 전력설비, 통신설비, 전기방식 설비 등이 있는데 접지 목적에는 통신 설비의 잡음 저감, 전기회로 중일부로서의 대지(지구) 이용, 보안(낙뢰, 감전, 누전, 지락사고 등)을 목적으로 하는 것 등이 있다. 접지저항은 일반적으로 다음 3종류의 저항으로 성립된다.

① 접지도선의 저항, 접지극의 도체저항
② 토양의 저항
③ 접지전극 표면과 토양의 접촉저항

접지극의 분극 현상을 방지하기 위하여 접지 저항계에는 주파수 20[Hz] 이상의 교류전압을 사용한다. 실용적인 측정기는 발진 주파수 안전성 등을 고려하여 50[Hz] 정도 이상의 교류를 사용하고 있다. 접지저항계는 전기공사 현장에 상비하도록 정해져 있다. 자가용 전기공사 업무, 일반용 전기공사 업무를 하는 모든 영업소에서도 상비하지 않으면 안된다.

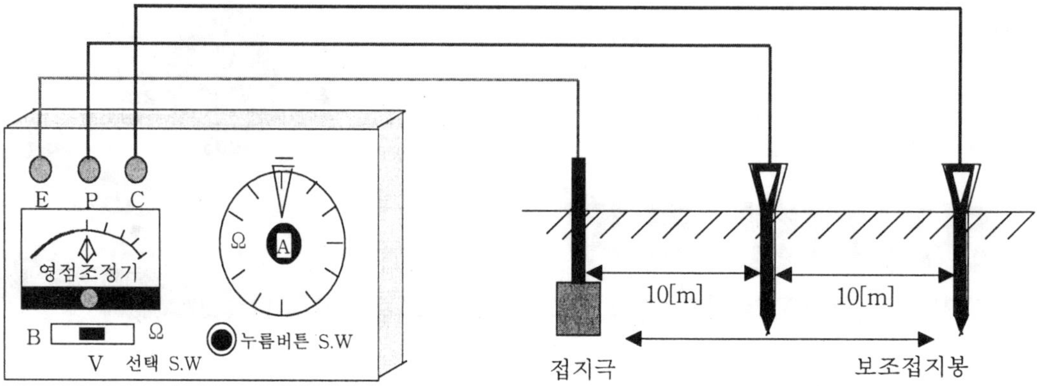

※ 그림 2-1 접지저항 측정기 설치도 ※

1. 측정방법

① 접지저항을 측정하고자 하는 접지극 부근 적당한장소에(측정기와 5[m] 이내) 측정기를 바닥 수평을 유지하여 설치한다.

② 접지저항계 전원확인 : 그림 2-1의 선택 S.W를 "B" 선택하고 누름버튼 S.W를 눌러 영점조정기의 눈금이 좌측 적색부분 안에 있는지를 확인한다. (내장 건전지가 신품일수록 영점조정기의 눈금이 좌측 가장자리로 움직임)

③ 보조 전극의 매설 : 접지 저항을 측정하고자 하는 접지극 E에서 거의 일직선으로 약 10[m] 간격마다 전압용 보조전극 P와 전류용 보조전극 C를 그림 2-1과 같이 땅속에 깊이 박는다.

④ 측정용 전선설치 : 연결용 전선 각 5[m], 10[m], 20[m]용 전선을 구별하여 접지저항계와 접지극에 연결하고 접촉저항이 크지 않도록 적당한 힘으로 충분히 조임한다.

⑤ 접지극의 전선연결 : 접지극 측정단자는 접속점 볼, 너트를 해체하여 피측정물과 기접지를 분리해야 하며 전선연결 지점에는 불순물이나 녹 등을 사전에 깨끗이 정리하여 접속불량이 없도록 해야 한다.

⑥ 지전압(地電壓)이 작은지 확인 : 일반제품은 등가 지전압 10[V]에서 시험을 하고 있으므로 이 전압 이하에서 접지저항을 측정한다. 지전압이 클 경우에는 P나 C의 매설 위치를 바꾸든가, 아니면 부근의 고압 또는 대전류 회로를 열어 사용중인 전기기계를 일시 정지시킨 후에 접지저항을 측정한다.

⑦ 접지저항의 측정 : 선택 S.W를 [Ω]위치로 이동하고 누름버튼을 누르고 지침이 마름모꼴 중앙에 가르키도록 둥근다이알의 A를 돌리면서 조절한다.
⑧ 접지저항의 측정값 : 둥근다이알의 상부 지표선 아래에 표시된 오옴값이 구하는 접지저항 값이다.
⑨ 측정작업이 완료되면 연결선이 흐트러지지 않도록 가지련히 둥근 형상으로 감고 보조접지극은 흙을 털어내고 연결선과 동일 장소에 보관한다.

2. 주의사항(접지저항 측정시)

① 보조접지극 설치시 지하 매설물이 없는지 사전에 확인하여야 한다.
② 접지극과 보조접지극의 설치 각도는 ∠EPC 30°이내로 할 것.(가능한 일직선)

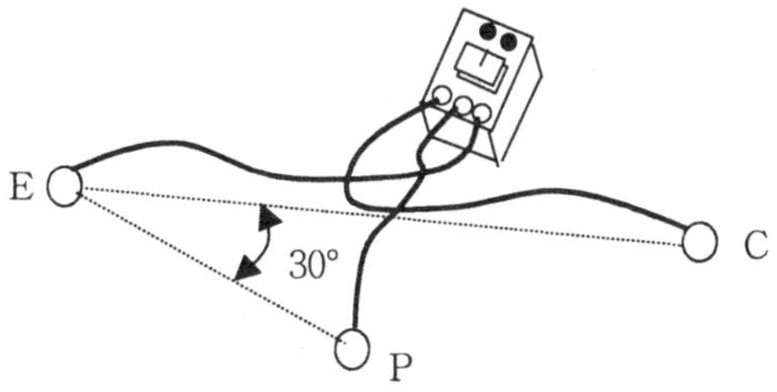

※ 그림 2-2 보조접지극 설치 각도 ※

③ 상기 그림 2-2와 관련 EP의 길이는 EC의 반일것 $\left(\frac{1}{2}\right)$
④ 보조접지극 설치 전 줄자로 거리를 확인하고 표시해 주어야 한다.
⑤ 보조접지극 설치장소가 부적절(콘크리트, 모래땅 등)할 경우에는 보조접지망을 보조접지극 설치지점 바닥에 깔고 그 위에 보조접지봉을 설치하여 몰로 충분히 적신 후 측정한다.
⑥ 측정시 기록사항
 ㉠ 측정 연 월 일
 ㉡ 일기, 기온, 강우의 유무(비가 갠 후인가, 가물었을 때인가 등)
 ㉢ 접지극의 형상 등(치수, 매설깊이, 매설방법, 봉, 판, 구리, 탄소)
 ㉣ 지형, 지질
 ㉤ 측정기의 시방, 측정자

⑦ 시판용 접지저항계의 본체는 다종 다양함으로 사용전 반드시 설명서를 충분히 이해하고 측정할것.(접저저항계 본체 뚜껑 등에 기재되어 있으므로 이것을 사전에 읽어두면 현장에서 쉽게 측정할 수 있다.)

📖 참고

✍ 절연저항 측정

전기 절연의 양호, 불량 또는 절연 성능의 열화정도를 판정하는 데는 보통, 절연저항의 대소 또는 그 값의 경년 변화를 판단 기준으로 한다. 절연저항은 절연저항계(메가라고도 한다)로 측정하며, 측정대상물은 각종 전기기기, 케이블, 가공선로, 통신기기 등이 있으며 측정시 주의사항은 다음과 같다.(그림 2-3 참조)

① 절연저항계의 정격전압은 측정 전로의 정격전압에 가까운 상위 전압을 고른다.

② 측정전 건전지 전압을 확인하고 절연저항계 E와 L을 단락하여 0점임을 확인한다.

③ 절연저항계 E와 L을 개방하여 지침이 ∞(무한대)를 가리키는지를 확인한다.

④ 시험용 코드 선단을 단락시켜 지침이 0을 가르키면 코드가 양호한 것으로 판단한다.

⑤ 절연저항계를 수평인 바닥에 고정하여 지시값을 읽어서 오차를 줄인다.

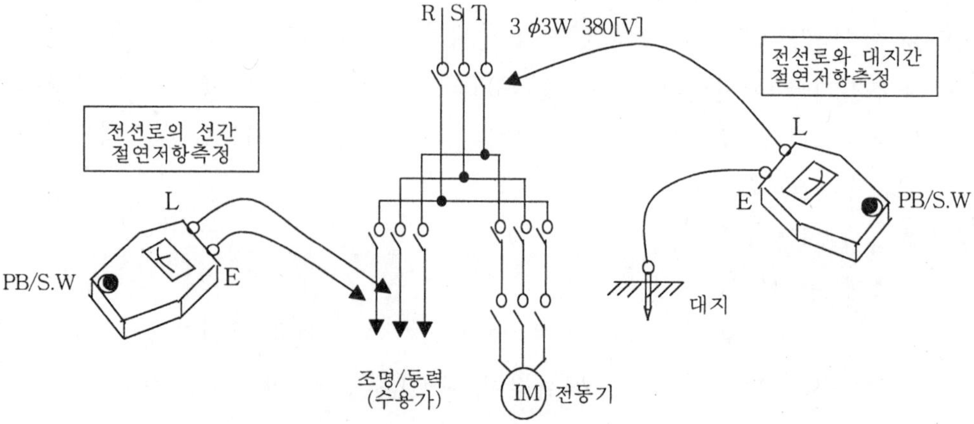

※ 그림 2-3 절연저항 측정의 예 ※

표 2-1 접지저항 측정기록표

접지저항 측정표				결재	담 당	계 장	과 장

계기명 :
측정일 : 2000년 0월 0일 요일 날씨 : 측정자 : 홍 길 동 (인)

장 소	회로명	측정값[Ω]	기준값[Ω]	결 과	비고
00~00간 28호	피 뢰 기	8.2	10	양 호	04년 3. 4 보강

표 2-2 절연저항 측정기록표

절연저항 측정표

계기명 :
측정일 : 2000년 0월 0일 요일 날씨 : 측정자 : 홍 길 동 (인)

장 소	회로명	기준값 [MΩ]	측정값[MΩ]			결 과	비고
			L_1-L_2	L_1-E	L_2-E		
00역(사무실)	홈 투광기	0.2	∞	∞	20	양 호	04년 7. 4 지중화공사
	보일러실	0.2	∞	20	15		

붙 3 임

변전소 차단전류 계산 및 옥내 변전설비

1. 보호계전기(保護繼電器)의 개요(概要)

AT 변전소 급전측의 보호계전기는 44(거리계전기), 50(선택단락계전기)이 설치되어 있으며 그 밖에 79(재폐로), 27(저전압) 계전기가 있다. 선로측 과부하나 고장(사고)시에 동작하는 계전기는 44, 50이고 79는 재폐로 계전기이며 44와 연동하고, 50계전기 단독 동작시에는 일반적으로 동작하지 않는다(특수한 경우는 제외).

그 이유는 50을 44의 후비 보호계전기로 생각한다는 것인데 보호계전기 협조에서는 후비 보호계전기가 동작할 경우 재폐로는 특별한 경우를 제외하고는 동작하지 않는다.

예 단, 설정은 임의(중앙선 00SS)

※44는 Tap이 R=10, X=12에 설정되어 있으며 50은 2.5에 설정되어 있다.

(1) 44 트립전류 계산

Z(선로측 임피던스)= Z(계전기 설정값)×PT비/CT비

I(고장전류)= V/Z

Z(계전기 설정값)= $\sqrt{(10^2+12^2)}=15.6[\Omega]$

Z(선로측 임피던스)=15.6×500/120=65[Ω]

PT비 55000/110=500

CT비 600/5=120

∴ 고장전류 I=55000/65=846[A]

50000/65=770[A]

만약, 급전전압이 40,000[V]라면 40,000/65=615[A], 30,000[V] 라면 30,000/65=461[A]에서 동작 함.

정리

따라서 급전전압에 따라 트립 전류가 변하는 것을 볼 수 있다.

· 사고시 전압강하

주변압기 33[MVA] 중 M좌 15, T좌 15, 고배 3[MVA]를 차지, 각 상별(M, T) 주변압기 %Z가 9.6[%](T, M좌 동일한 것으로 보고 또한, 계산상 10[%]로 보면) 정격부하시 전압강하가 10[%], 그러니까 5,500[V]가 강하됨.

역률 1인 경우이며 역률이 0.8일 경우 제곱에 반비례하므로 0.8×0.8=0.64가 되어 55,000×0.64−5500=29,700[V]이다. 하지만 휠타(병렬콘덴서)가 있어서 변압기 자체는 거의 역률 1로 계산하여야 한다. 또한 역률이 1로 보아 만부하시 5,500[V] 전압강하가 생긴다.

∴ 사고전류는=정상전류 / %Z 이므로 약 10배의 전류가 흐름.

(변압기 2차측 단자 AF−TF 단락시)

실제로 변압기 2차측에서 단락될 경우는 거의 없으며 선로 중간부분이 대부분인데, 선로 임피던스를 생각하면 대략 3~4배 전류가 흐른다고 본다.(단, 병렬운전 하므로 정상 및 사고 전류는 두배가 됨). 순시값(과도순간)은 4~5배 정도 흐를 수 있지만 차단기가 전류상승 도중에 동작(보호계전기 동작)하므로 보통 500~600[A](00SS의 경우) 정도가 흐른다.

여기서 변압기의 정격전류는 상별 181[A]이다. 병렬운전하고 있으므로 362[A] 정격전류이며, 따라서 사고시의 전압강하는 평상시의 약 두배 정도 된다.

사고시의 전류 600[A] 흐르면 변압기 자체 전압강하는 5500×2=11000[V]이며, 55000−11000=44000[V]이다. 따라서 사고시(보호계전기 동작시)의 거리계전기가 인식하는 전압은 44000[V] 정도가 된다.

단, 고장전류는 44000/65=676[A]에서 트립된다. 또 계통 구성을 보면 콘덴서는 급전 모선에 접속되어 있고, 급전 PT는 모선에서 인출된 부분에 차단기 2차측에 접속되어 있다. 이것은, 콘덴서 전단(수전측방향)으로만 역률이 1이라는 점이다.
따라서 모선이하(PT설치위치)에서는 역률이 1이 아니라는 것이다. PT에서 사고시의 전압은 44000[V]보다 더 낮을 것으로 생각된다.
반대로 600[A]에 기준으로 삼아보면 65×600=39000[V] 까지 강하한다.
∴ 44계전기는 평형 사변형으로 보호범위가 설정되는데 사변형의 기울기는 65도다.(고정값) 그래서 부하역률 및 사고시의 역률이 사변형의 뾰족한 부분(모서리)에서는 트립전류가 작고, R(역률1)에 가깝거나 X(역률0)에 가까우면 트립전류는 커진다.

(2) 50 계전기의 동작특성

선택단락계전기란 용어의 의미는 선로 부하 중 단락을 선택한다는 의미이며, AT변전소에 설치된 50계전기는 전류변화율 계전기라고 한다.(△I형) 즉, 전류가 얼마가 흐르는가 또는, 전류의 파고값이 얼마나 변화해야 동작한다는 것이 아니라 일정 시간 내에 얼마만큼의 변화율을 가지고 변동하는가를 감지하여 동작하는 것이다.

50 계전기도 제2고조파에 대한 고려가 되어 있다. 따라서 Tap 2.5라는 것은 계전기측에서(CT 2차측) 초당 2.5[A]가 변해야 동작한다.

2.5×600/5=300[A]. 즉 초당 300[A]가 상승(율)하여야 동작하며,(전류 상승직선의 기울기) $dI/dt=300$[A]에 동작한다. 일반적인 선로부하는 전류가 천천히 변하며. 만약부하가 갑자기 변하는 요인이 있다면 동작 할 가능성이 있다. 55,000[V] 측에서 초당 300[A]가 변하는 부하는 거의 없다고 본다.

이 50계전기의 유래는 중부하 선로, 즉, 선로가 어느 정도긴 구간에서 부하 전류가 큰 곳에서는 부하전류가 수천 [A]가 되는 곳이 있다면, 그곳의 단자를 단락 시켜도 선로 임피던스 때문에 부하전류보다 그리 많지 않은 곳이 된다.

다시 말하면 부하전류와 사고 전류가 비슷한 선로에서 고장을 찾아내는 계전기이다.

일반적인 과전류 계전방식으로는 선로 전류가 1000[A]라면 이 전류가 부하전류

인지, 사고전류인지를 구분 할 수 없으며, 따라서 선택단락계전기(전류변화율계전기)는 부하 전류가 1000[A]가 흐르는데 갑자기 300[A]가 뛰었다면 그것을 사고로 판단, 동작하는 계전기이다.

2. 옥내 변전설비

산업선 일부 전철변전소는 한전수전(154[kV]/55[kV], 66[kV]/55[kV]) 옥내용으로 설치되어 주변환경을 고려함은 물론 보수점검의 성력화 등 전기철도 변전설비 효율 극대화에 기여하기 위하여 기존변전소는 무인화하고 신설 전철변전소는 옥내변전소로 추진, 또한 구분소 보조구분소는 90년대 후반에 이미 무인화로 운용중이며 점차 변전소로 확대하고 있다.

(1) 옥내 전철변전소 시설물(동해SS)

(a) 66[kV] 옥내변전소 수전반

(b) 옥내용 주변압기 66[kV]/55[kV] 30[MVA]

(c) 옥내변전소 GIS

(d) 옥내변전소 급전반 55[kV]

(e) 옥내변전소 전자배전반(제어)

(f) 무인변전소(SS, SP, SSP) 영상감시장치

※ 그림 3-1 옥내변전소 시설물 ※

(2) 변전소 제어기기 번호와 보조부호

(가) 번호

번호	명 칭	번호	명 칭
1	주제어기 개폐기 또는 계전기	25	동기검출장치
2	기동 또는 폐로 지연계전기	26	정지기 온도계전기
3	조작 개폐기	27	교류부족 전압계전기
4	주제어 회로용 접촉기 또는 계전기	28	경보장치
5	정지개폐기 또는 계전기	29	소화장치
6	기동차단기, 접촉기, 개폐기 또는 계전기	30	기기의 상태 또는 고장표시장치
7	조정 개폐기	31	계자변경차단기 접촉기 또는 계전기
8	제어전원 개폐기	32	직류역류계전기
9	계자극전환 개폐기, 접촉기 또는 계전기	33	위치개폐기 또는 위치검출장치
10	순서개폐기 또는 프로그램조정기	34	전동순서 제어기
11	시험개폐기 또는 계전기	35	브러쉬 조작장치 또는 스립링 단락장치
12	과속도개폐기 또는 계전기	36	극성 계전기
13	동기속도개폐기 또는 계전기	37	부족전류계전기
14	저속도개폐기 또는 계전기	38	축받이 온도계전기
15	속도조정 장치	39	(예비번호)
16	표시선 감시 계전기	40	계자전류 계전기 또는 계자상실 계전기
17	표시선 계전기	41	계자차단기, 접촉기 또는 개폐
18	가속, 감속접촉기 또는 계전기	42	운전차단기, 접촉기 또는 개폐
19	기동운전 절환접촉기 또는 계전기	43	제어회로의 절환접촉기, 개폐기 또는 계전기
20	보기변	44	거리계전기
21	주기변	45	직류 과전압계전기
22	(예비번호)	46	역상 또는 상 불평형 전류 계전기
23	온도조정 계전기	47	결상 또는 역상 전압계전기
24	탭 절환기구	48	지체검출 계전기

번호	명 칭	번호	명 칭
49	회전기계 온도계전기	75	제동장치
50	단락선택계전기 또는 지락선택계전기	76	직류 과전류계전기
51	교류전류계전기 또는 지락 과전류계전기	77	부하조정장치
52	교류차단기 또는 접촉기	78	반송 보호위상비교 계전기
53	여자계전기 또는 여호계전기	79	교류 재폐로계전기
54	직류 고속도 차단기	80	직류 부족전압계전기
55	자동역률조정기 또는 역률계전기	81	조속기 구동장치
56	스립계전기 또는 동기이탈검출계전기	82	직류 재폐로계전기
57	자동전류조정기 또는 전류계전기	83	선택접촉기, 개폐기 또는 계전기
58	(예비번호)	84	전압 계전기
59	교류 과전압계전기	85	신호 계전기
60	자동전압평형조정기 또는 전압평형계전기	86	폐쇄 계전기
61	자동전류평형조정기 또는 전류평형계전기	87	전류자동계전기
62	정지 또는 개로계전기	88	보기용 접촉기 또는 개폐기
63	압력계전기	89	단로기
64	접지계전기, 지락과전류계전기, 지락과전압계전기	90	자동전압조정기 또는 자동전압 조정계전기
65	조속장치	91	자동전력조정기 또는 전력계전기
66	단속계전기	92	문(출입, 창, 통풍)
67	교류전력 방향계전기 또는 지락방향계전기	93	(예비번호)
68	혼입 검출기	94	자유트립접촉기 또는 계전기
69	흐름 계전기	95	자동 주파수조정기 또는 주파수계전기
70	가감 저항기	96	정지유도기 내부고장 검출장치
71	정류소자 고장검출장치	97	런너
72	직류차단기 또는 접촉기	98	연결장치
73	단락용 차단기 또는 접촉기	99	자동기록장치
74	조정변		

(나) 보조부호

보조부호	명 칭	보조부호	명 칭
A	교류, 공기, 자동, 전류, 양극, 조속기 구동장치, 경보, 단권, 보조	LA	피뢰기
		M	계기, 전동기, (主)
B	벨, 모선, 단선, 벨트, 제동, 축받이	N	중성, 질소 (−)극
C	공통, 제어, 냉각, 반송, 크럿치조작, 보상기, 폐로, 축전지	O	외부, 개로
D	직류, 열화, 다이얼, 흡출관, 배전	P	1차, 파이롯트, 전력, 압력 (+)극, 펌프, 위치
DS	단로기	Q	무효전력, 기름
E	비상, 여호, 여자	R	수전, 복귀, 수신, 실내, 저항, 조정, 원방, 기록, 올림
F	급전선, 화재, 퓨즈, 고장, 선풍주파수 부동	S	정지, 단락, 신호, 2차, 송신, 동작, 소레노이드, 섹션, 부(副)
FL	여과기		
G	지락, 격자, 보조발전기, 구리스가스	S.P	단독, 병렬
H	소내, 높이, 전열, 보지	T	변압기, 시한, 트립, 터빈
IL	연동쇄정	V	전압, 진공, 전자변
K	3차 음극	W	물, 우물, 표시선
L	램프, 고배선, 선로측, 쇄정, 저압, 내림	Z	부져, 임피던스
		XYZ	보조장치
m	중간위치에 개폐기	ϕ	상
h	상한위치에 개폐기	a	개폐기 또는 동작을 주체와 같이 하는 것, 또는 부세될 때 폐로한 것.
l	하한위치에서 접촉하는 것		
r	잔류접촉	b	a와 반대동작 하는 것

별첨 1

실습보고서 작성[공통]

실 습 보 고 서

과목 :

제목 :

담담교수 :

실습날짜 : 년 월 일

제 출 일 : 년 월 일

학과 : 학번 : 이름 :

조 또는 공동실습자 명단 :

별첨 2 실습보고서 첨부물

00실습 보고서

제 목		
실습내용		
실습결과		
기타토의 (결론)		
평 가		담당교수 (인)

별첨 3

각종 Report 첨부물(예)

제목 : 000 변압기 및 절연방식 분석

1. 00 변압기 종류 및 특징

가.
나.
다.

2. 절연방식의 종류

3. 기타사항 및 첨부자료

평 가		담당교수 (인)

전차선로 및 시설유지보수

2014. 8. 12 인쇄
2014. 8. 16 발행

판 권
소 유

저 자 : 박창옥 · 정이섭 공저
발행자 : 이진권
발행처 : 도서출판 **태영문화사**

주 소 : 서울특별시 강서구 초원로 38
전 화 : 2661-8751
F A X : 2661-8798
등 록 : 1998년 11월 12일 제 2-2682호

정가 25,000원